VILLE DE NIMES.

QUESTION DES EAUX.

©

QUESTION DES EAUX.

Peut-on dériver du Gardon, pendant l'été, mille pouces d'Eau salubre?

PAR M. LE DOCTEUR

JULES TESSIER-ROLLAND,

Vice-Président du Conseil-général du Gard,
Membre de l'Institut des Provinces et de plusieurs Sociétés savantes.

In concedendo jure aquæ ducendæ, non
tantum eorum in quorum loco aqua oritur,
verum etiam eorum ad quos aquæ usus pertinet,
voluntas requiritur, id est eorum ad quos usus
aquæ debebatur; nec immeritô.
Cum enim minuatur jus eorum, consequens
fit exquiri an consentiant.
(Lex 8, ff. de aq. et aq. pluv. arcend.)

NIMES.

DE L'IMPRIMERIE BALLIVET ET FABRE,
RUE DE L'HOTEL-DE-VILLE, 11.

1853.
1854

VILLE DE NIMES.

QUESTION DES EAUX.

PEUT-ON DÉRIVER DU GARDON, PENDANT L'ÉTÉ,
MILLE POUCES D'EAU SALUBRE ?.

INTRODUCTION.

Je disais à la fin de ma publication précédente :
« Pour terminer mes *Etudes* et mon *Histoire des eaux de Nimes*, en
» les résumant ;
. » Pour réduire aux dimensions d'une simple brochure ce que con-
» tiennent de plus utile les quatre gros volumes que j'ai publiés,
» Il ne me reste plus qu'à classer, dans une rapide analyse, les prin-
» cipes généraux, incontestables, de l'approvisionnement d'eau pour les
» populations agglomérées,
» Et, les règles une fois posées, à examiner succinctement tous les pro-
» jets d'alimentation pour Nimes, mis en avant jusqu'à ce jour, à l'effet
» de montrer comment ils se rapprochent ou s'écartent des principes
» obligatoires.
» Une fois ce dernier travail rédigé, ce qui sera, pour ainsi dire, une
» mise en ordre avec condensation de mes publications précédentes, —
» *ma tâche sera* certainement accomplie (1). »

(1) *De la Reconstruction de l'Aqueduc romain*, page 147, in-4°.

Toutefois, au moment où je m'occupais de résumer ainsi mes publications précédentes, j'ai senti qu'il était nécessaire, pour qu'aucun point ne restât incertain et douteux, de traiter encore avec détail une question des plus importantes, sur laquelle je n'avais pas suffisamment insisté, et dont les éléments ne se trouvent qu'épars çà et là dans mon ouvrage; j'ai compris que, dans l'état où les choses en sont venues, il faut catégoriquement prouver :

Qu'il est impossible de dériver du Gardon mille pouces d'eau salubre à l'étiage.

En effet, du moment où la ville de Nimes veut exclure l'emploi des machines pour son approvisionnement, elle ne peut s'adresser pour remédier à sa disette d'eau qu'à trois provenances :

Le Rhône supérieur ;

Le haut Gardon ;

Les sources d'Uzès.

Mais l'adduction des eaux du Rhône est trop coûteuse ;

Et le choix ne peut réellement s'agiter qu'entre le produit du Gardon et celui des sources d'Eure.

Or celles-ci ont les avantages incontestables :

D'une pureté plus grande ;

D'une obtention facile et sans entraves par simple achat ;

D'une adduction par une voie déjà tracée, qu'il ne s'agit que de rétablir, entreprise dont la dépense modérée peut se calculer avec l'exactitude la plus rigoureuse.

Pour le Gardon, au contraire, ses eaux, à l'étiage, sont toujours impures, quelquefois dangereuses ;

Les prises ou dérivations, sans machines, telles qu'on les propose, sont impossibles en fait et en droit ;

Les frais d'adduction seront énormes, et ne peuvent d'avance être appréciés d'une manière assez exacte, pour qu'une société quelconque en fasse l'objet d'un forfait, *sans réserves* ;

Enfin, quand même on trouverait à traiter sur ce point avec une compagnie sérieuse, ce ne serait jamais qu'à des prix bien au-dessus des ressources de la ville.

Jusqu'ici tous les désavantages, on le voit avec évidence, se trouvent du côté du Gardon ; — mais qu'est-il donc possible d'alléguer pour se mettre, en apparence du moins, dans une position meilleure avec cette provenance ?

Ce qu'on allègue : une seule chose, malheureusement impossible à réaliser.

On promet de dériver du Gardon pendant toute l'année et de conduire à Nîmes un grand volume d'eau, dont la valeur, comme force motrice, dont les produits industriels et agricoles compenseront, même avec de très-brillants avantages,

Les indemnités énormes qu'en exigerait le détournement et qu'on n'a jamais mises en ligne de compte ;

Les frais plus considérables encore d'adduction qu'on cherche vainement à atténuer outre mesure,

Et les vices de qualités sur lesquels, très-prudemment, on n'a pas ouvert la bouche.

Mais se taire sur les obstacles et les inconvénients n'est point les faire disparaître. Ceux que nous avons énumérés sont certains, et la seule compensation offerte pour les balancer, le grand volume d'eau promis, est une chimère, du moins pendant les ardeurs de l'été.

Ce fait prouvé, le système croule dans son ensemble.

Car, si l'on ne peut constamment dériver du Gardon *même deux mille pouces d'eau*, les sacrifices énormes que la ville serait obligée de faire devant rester sans une compensation raisonnable, il est évident qu'une pareille entreprise ne doit plus, ne peut plus se réaliser, *et dès-lors on ne doit, on ne peut plus penser qu'à la restauration de l'aqueduc romain.*

Que sera-ce donc si je prouve, non-seulement qu'une dérivation constante de deux mille pouces ne peut pas être proposée aux dépens du Gardon, — mais qu'il est impossible d'en obtenir la moitié ;

Qu'il est impossible de détourner de cette rivière, pendant l'été, mille pouces d'eau salubre.

Une fois cette vérité bien établie, là restauration de l'aqueduc romain devient certaine.

On conçoit que ce point, dont je vais m'occuper, est de la plus haute importance dans la question des Eaux de Nimes. Pour le traiter convenablement, je diviserai mon travail en quatre chapitres.

Je mentionnerai, dans le premier, les oppositions, les objections qui ont été successivement faites aux divers systèmes de dérivations projetées;

Dans le second, j'établirai quelle est la quantité d'eau que débite le Gardon à l'étiage, en la déterminant soit par de nombreux jaugeages directs, soit par la dépense des usines et le nombre d'heures par jour pendant lequel leur action est possible en été;

Le chapitre suivant traitera des droits des riverains pour empêcher l'exécution de toute dérivation qui leur serait préjudiciable, ou, du moins, pour être préalablement indemnisés de tout dommage;

Dans le dernier, enfin, je parlerai des droits, des usages et de la justice protectrice de l'administration.

Quant aux dépenses qu'entraîneraient les divers systèmes de dérivation du Gardon pour Nimes, — comme cette dépense diffère nécessairement avec chacun d'eux, — je ne m'occuperai de ce point, capital aussi, que lorsque j'en serai à la revue promise de tous les projets soumis au concours. Je me borne seulement à prévenir ici qu'elle ne peut qu'être écrasante toutes les fois qu'on s'adresse au Gardon supérieur et cela par suite de la disposition physique du parcours obligé de l'aqueduc, par suite des chances aléatoires qui s'y présentent et qui rendent impossible l'exactitude de toute estimation faite à l'avance.

Au reste, ne le perdons pas de vue, comme la quantité d'eau qu'on promet serait le seul avantage de cette provenance, qui n'offre sous tous les autres rapports que d'énormes inconvénients, — on doit résolument l'abandonner, si les promesses faites à cet égard ne peuvent être réalisées.

CHAPITRE PREMIER.

Oppositions, Objections faites à tous les projets successifs d'amoindrissement du Gardon.

> « La première condition, c'est que le cours
> » d'eau qu'on veut mettre à contribution con-
> » serve en été une portée suffisante pour
> » qu'on puisse y prélever, pendant les plus
> » grandes sécheresses, le volume d'eau dont
> » en a besoin........
> » On doit ensuite s'assurer, sans retard,
> » s'il est possible d'en obtenir la concession
> » de l'administration publique, qui peut seule
> » en attribuer régulièrement l'usage. »
>
> NADAULT DE BUFFON. — *Des Canaux*
> *d'irrigation*, t. II, p. 193 et 194.

I.

Puisage entre Collias et Lafoux.

De tous les projets mis en avant jusqu'à ce jour, et demandant de l'eau au Gardon pour l'approvisionnement de Nîmes, celui que j'avais présenté au concours de 1847, et qui puisait le liquide au moyen de pompes établies au Pont-du-Gard, était certainement très-inoffensif, tant pour les communes que pour les propriétés riveraines ; — car il ne réclamait que le quinzième environ de l'eau que la rivière débite à l'étiage sur un point d'ailleurs peu éloigné de son confluent avec le Rhône.

Malgré cela, les réclamations furent, à mon grand étonnement, vives et nombreuses.

Huit communes protestèrent en amont du barrage projeté ; — puis celle sur le territoire de laquelle se faisait le barrage même, — et deux en aval.

Les communes supérieures étaient : Lézan, Cardet, Massannes, Maruéjols, Cassagnoles, Boucoiran, La Calmette, Dions.

2

D'après elles : « Ce projet risquait de créer , en faveur de Nimes , un privilége sur les eaux du Gardon qui pouvait nuire aux droits des riverains pour les irrigations et les usines et les menaçait , à l'avenir , de difficultés et de procès.

» On gènerait ainsi la faculté que les riverains ont d'établir de nouvelles prises d'eau pour l'irrigation , d'augmenter le nombre de leurs usines ; — Nimes s'y opposerait peut-être un jour , et toutes les communes doivent sauvegarder les droits qui leur appartiennent sur les eaux du Gardon ; — elles doivent s'opposer d'une manière absolue à tout usage d'une fraction du volume d'eau qui impliquerait une servitude préjudiciable pour l'ave-nir. On proteste donc contre la réalisation de tout projet tendant à dimi-nuer les droits naturels des riverains et l'usage que nos lois et la position des lieux les autorisent à faire du contenu total de la rivière , dans le pré-sent et à jamais : « Mis à contribution même au Pont-du-Gard , le » Gardon ne pourrait pas fournir , en été , huit cents pouces d'eau pour » Nimes , sans un grave préjudice envers les communes inférieures au » barrage...»

En résumé, l'opinion de ces huit communes était : — que mon projet , bien que tous les travaux fussent exécutés fort en aval de leur territoire , créerait en faveur de Nimes un privilége sur les eaux de la rivière , qui nuirait aux droits et usages des riverains supérieurs , tant pour les irriga-tions et usines existantes que pour celles qu'on voudrait établir plus tard.

La commune de Collias, sur laquelle le barrage en faveur de Nimes devait être emplacé : — « Se regardera, si mon projet s'exécute , comme paralysée dans ses intérêts agricoles et industriels ; — elle voit une cause d'insalubrité dans la diminution des eaux dont elle proclame l'insuffisance actuelle ; — elle dit : — Notre pays sain jusqu'à ce jour ne sera bientôt plus qu'un invalide fiévreux ; — elle réclame contre la diminution du produit de la pêche.... »

Sa commission municipale considérant : — « Que, par l'exécution de ce projet, les intérêts physiques et matériels de la commune de Collias seront entièrement compromis; — qu'il est attentatoire à la salubrité générale , au bien-être de la population, — qu'il constituerait une servitude à perpétuité, et que la prise des eaux du Gardon serait désormais un sujet de contestation entre Nimes et la commune ; — considérant qu'à l'époque des sécheresses le volume des eaux serait insuffisant pour les emplois anciens et nouveaux, la commission municipale de Collias, disons nous, s'oppose formellement et à l'unanimité à l'exécution du projet. »

En aval de ce point, il éprouva l'opposition de deux communes encore, qui pourtant confinent au Rhône, celles de Comps et de Montfrin.

Suivant la première : « Les puits tariraient et la commune n'a pas d'autres sources ; — la rivière se transformerait en marres d'eau stagnantes et délétères ; » — le conseil municipal se prononce donc à l'unanimité contre le projet.

Celui de Montfrin s'attache à la même idée, mais il la développe avec plus de détails. — « Considérant, dit-il, que le territoire de cette commune doit une grande partie de sa fertilité aux infiltrations des eaux de la rivière, aux abondantes rosées qu'elles occasionnent, et qui, dans la saison d'été, y entretiennent une fraîcheur indispensable à la végétation ;

» Que réduire le volume du cours d'eau, c'est diminuer d'autant ces infiltrations, ces rosées si nécessaires, et nuire considérablement à la fertilité de cette vallée dont le sol léger et sablonneux a besoin, plus que tout autre, d'être rafraîchi ;

» Que la commune de Montfrin n'ayant qu'un seul puits alimenté par le Gardon, dont l'eau soit potable, tous les autres, sans exception, ne donnant qu'une eau douce et de mauvaise qualité, — il est bien à craindre que, lors des fortes chaleurs, la bonne source ne soit considérablement diminuée, sinon tarie tout-à-fait, et que les habitants ne soient réduits à la dure nécessité d'user d'une eau dégoûtante et malsaine ;

» Qu'il est hors de doute que, la rivière ne coulant plus à plein lit, il se formera çà et là des mares d'eau stagnantes dont les émanations délétères doivent influer d'une manière funeste sur la santé de la population communale;

» Considérant enfin que la jouissance de toutes les eaux qui traversent son territoire est, pour une commune, une propriété sacrée, dont elle ne peut être dépouillée sans injustice ;

» Que, sous un régime de liberté, le respect pour les droits de tous ne doit plus être une fiction :

» Par ces motifs, le Conseil, justement alarmé des conséquences désastreuses qui résulteraient pour la commune de Montfrin de l'adoption du projet Teissier, déclare, à l'unanimité, s'y opposer de tout son pouvoir...»

Mais de quoi s'agissait-il donc dans notre projet ?

Il était question seulement de puiser au Pont-du-Gard de six à huit cents pouces d'eau pour Nîmes, c'est-à-dire bien moins du douzième de ce que roule la rivière en cet endroit : et l'on voit pourtant la gravité des alarmes, la vivacité des oppositions (1).

Certainement plusieurs de ces plaintes étaient ridicules, toutes très-exagérées, et je dus les réfuter en 1848 (2) ; car, comment pouvaient raisonnablement se plaindre les neuf communes supérieures au barrage de dérivation ? il ne leur était fait ni grief, ni préjudice.

Quant aux communes inférieures, si elles avaient pu prouver que la prise d'eau, faite pour Nîmes au Pont-du-Gard, leur causait un dommage réel, bien qu'il ne s'agit que d'une faible portion du débit de la rivière, elles auraient eu le droit de se plaindre et de se faire indemniser ; mais l'état des choses n'était point tel.

Quoi qu'il en soit, le nombre et l'ardeur des plaignants, même quand le mal ne pouvait les atteindre, doit nous prouver combien les riverains du Gardon regardent comme une chose importante qu'il ne soit rien changé à l'état naturel de cette rivière, et avec quelle énergie ils défendraient leurs droits réels s'il étaient un jour menacés.

Ce qui portait les communes supérieures à réclamer, c'était une prévoyance craintive ; elles se disaient : — « Le gouvernement peut régler le partage des eaux entre tous les riverains sur les courants qui ne sont ni navigables, ni flottables, et les riverains ont seuls le droit de profiter de la distribution ;

» Admettre un co-usager de plus, nous imposer, pour ainsi dire, un

(1) Voyez mon *Histoire des Eaux*, tom. II, p. 874 à 893.
(2) Voyez, *loc. cit.*, p. 898 à 949.

associé envahisseur et puissant, c'est nous exposer à être, tôt ou tard, par un règlement administratif, réduits dans nos jouissances, même en amont du barrage nimois..... »

« Repoussons donc une admission trop dangereuse. »

En thèse générale, ce raisonnement n'est pas dépourvu de logique et les dangers redoutés auraient peut-être pu se réaliser un jour, s'il avait été question d'un barrage à établir, en faveur de Nimes, à Boucoiran, à Tornac, à Anduze, en un mot, dans un lieu quelconque supérieur aux localités où le Gardon disparaît sous les graviers et cesse de couler à l'étiage ;

Mais il n'en était point ainsi pour notre projet où la dérivation ne devait s'effectuer qu'à Collias. En effet, quoi que fassent les riverains supérieurs, il renaîtra toujours beaucoup plus d'eau au moulin Labaume que les pompes mues par le courant n'en pourront élever au Pont-du-Gard, et, dès-lors, ni le gouvernement, ni la ville de Nimes ne peuvent avoir aucun motif de gêner les riverains supérieurs dans l'exercice des droits et des facultés que la loi leur accorde comme une conséquence de leur position.

Notre projet était donc complètement inoffensif pour tous les intérêts. On n'en saurait dire autant des dérivations supérieures.

II.

Dérivations projetées à Boucoiran.

J'ignore si le projet de dérivation d'une partie du Gardon, à prendre à Boucoiran, excita de grandes résistances alors que MM. Blachier et Delille mirent, les premiers, cette idée en avant ; l'époque en est déjà bien éloignée de nous : presque toutes les pièces relatives à ce projet se sont perdues, et il est probable d'ailleurs qu'on n'en était pas encore à la formalité des enquêtes, quand la révolution survint.

Quoi qu'il en soit, lorsqu'en 1826, et puis, six ans plus tard, en 1832, il fut question, suivant le projet Valz, de prendre à Boucoiran, dans le canal Calvière, deux mille sept cents pouces d'eau dérivés du Gardon, pour les conduire à Nimes,

Et lorsque, d'après le projet Perrier, qui n'était qu'une variante de celui-ci, il s'agissait de détourner l'entière fourniture du canal Calvière pour notre ville :

Toutes les communes riveraines du Gard s'émurent, s'alarmèrent, et les protestations les plus vives s'élevèrent de toutes parts contre de pareilles idées.

Appelées d'abord à se prononcer sur le préjudice qui pouvait résulter pour elles de la prise d'eau projetée par M. Valz, toutes les localités voisines de la rivière, en aval du barrage de Ners, formulèrent de sérieuses oppositions.

Les communes situées entre Ners et Russan prétendirent :

« Que les eaux de fuite du canal Calvière filtraient au travers du gravier du lit du Gardon, et maintenaient les *gourds* dans un état convenable pour tous leurs usages ;

» Que ces gourds étaient le seul moyen d'alimentation d'eau que la nature avait mis à leur disposition ; — que la dérivation projetée aurait pour effet de les tarir, et d'obliger, par suite, les habitants à quitter le pays ; — on ajoutait que l'infiltration des eaux de fuite du canal Calvière, s'étendant au travers des graviers de la plaine, entretenait la fraicheur des terres superposées et contribuait puissamment à leur fertilité. »

Les communes plus inférieures, depuis St-Nicolas jusqu'à Comps, soutenaient : — « Que ces mêmes eaux du canal Calvière, qui, à la vérité, pendant l'étiage, disparaissent entièrement sous les graviers à partir de Dions, — n'en servent pas moins à alimenter les sources de St-Nicolas et de Sanilhac, qui tariraient dans le cas où l'on réaliserait le détournement du contenu de ce bief pour Nimes, et qu'alors le produit du bas Gardon serait insuffisant pour leurs besoins.»

La Commission d'enquête qui fut nommée à cette époque pour apprécier les oppositions des communes reconnut :

« Qu'en effet les *gourds* sont alimentés par les filtrations qui ont lieu dans les graviers du lit de la rivière, — et que les eaux de fuite du canal Calvière sont la cause principale de cette alimentation ;

» Que ces *gourds* doivent être conservés pour l'usage des communes supérieures, et que, par conséquent, *la quantité d'eau à dériver du canal Calvière devait provisoirement être réduite à seize cents pouces, représentant environ le quart du volume total, pour ne pas s'exposer à altérer les conditions de renouvellement et de salubrité de ces gourds ;*

» *Qu'ainsi les communes inférieures n'auraient point à souffrir.....*»

La Commission d'enquête avait de très-bonnes intentions, sans doute; mais malheureusement à cette époque on n'avait pas assez étudié le régime du Gardon, et des observations postérieures ont prouvé que, nonseulement seize cents pouces faisaient souvent plus que le quart du débit du canal Calvière, *mais, même plus que la totalité de ce débit, et que la dérivation à Boucoiran, non-seulement de seize cents pouces, mais* DE MILLE, *est loin d'être constamment possible....*

Conformément aux conclusions de cette Commission, mais dans des termes qui devaient mieux sauvegarder les intérêts des riverains, et d'après l'avis du Conseil des ponts-et-chaussées, le ministre concéda l'*autorisation de dériver pour Nîmes le quart, du débit du canal Calvière....*

La compagnie Valz voyant alors que la fourniture qui lui était accordée serait loin de répondre constamment à ses espérances et aux combinaisons d'emploi par elle faites, — renonça à son projet. Résolution très-sage, puisque des mesurages exacts démontrèrent quelques années après que le débit total du canal Calvière prenant toutes les eaux du Gardon à Boucoiran, pouvait descendre à bien moins de mille pouces.

Après les étiages de 1822, de 1823, de 1836, de 1839, il devint évident pour tout le monde que la ville de Nîmes devait renoncer à l'exécution du projet Valz, tant que la concession resterait limitée au quart du volume d'eau du canal ; mais comment l'augmenter, alors que pendant les très-grandes sécheresses et bien qu'on n'ait encore rien détourné du canal Calvière, les gourds qui alimentent les communes tarissent à peu près tous, excepté les plus voisins de ce canal, comme celui qui se trouve vis-à-vis St-Chaptes ?

Dans d'aussi fâcheuses conjonctures, M. Perrier crut trouver un moyen de concilier deux choses, à mon avis inconciliables, c'est-à-dire prendre au Gardon beaucoup d'eau pour Nîmes, sans ruiner les communes riveraines inférieures à la prise, et il demanda résolument au gouvernement l'autorisation de dériver la totalité des eaux du canal Calvière. Une nouvelle enquête devint indispensable.

Lorsqu'en 1840, l'information administrative fut ouverte sur le système de M. Perrier, — parmi les communes inférieures au barrage de dérivation, les oppositions n'émanèrent pas de deux, Comps et Montfrin, qui seules ont protesté contre mes idées; — mais il arriva ce qu'on avait déjà observé pour le projet Valz : — *toutes les populations réclamèrent à la fois.*

C'est qu'alors elles devaient croire leur avenir menacé, et faire, en conséquence, parvenir leurs doléances à qui de droit. En effet, toutes les communes ne pouvaient que s'émouvoir à la proposition d'intercepter, par le barrage de Ners, toutes les eaux du Gardon en été, pour les conduire à Nimes par une rigole à pente.

Mais, par quel moyen l'auteur d'un système pareil pouvait-il faire cesser les craintes et les plaintes légitimes des populations menacées ? C'est ce qu'il nous reste à examiner.

Pour calmer les communes en amont de Saint-Nicolas, M. Perrier promit à chacune *des abreuvoirs, des lavoirs, des fontaines, à construire à leur profit, mais aux dépens de la ville de Nimes qui serait même chargée de l'entretien à perpétuité.* L'eau devait être prise dans le canal de dérivation projeté.

Certaines communes adhérèrent à ces propositions, d'autres refusèrent; mais l'administration supérieure ne se départit pas de la résolution qu'elle avait déjà prise de n'accorder pour Nimes que les vingt-six centièmes des eaux du Gardon, laissant à l'usage des riverains les soixante et quatorze centièmes restants.

Cette distribution pouvait être réalisable, sauf indemnité toutefois aux riverains pour la valeur de l'eau qu'on détournerait de son lit naturel; mais, avec ou sans indemnité, tout fractionnement du cours d'eau était la mort du système, et la concession de la totalité impossible.

En effet, même dans les limites de la concession accordée, comme au véritable étiage le canal Calvière ne roule pas quatre mille pouces d'eau salubre , on ne pouvait pas en dériver mille pouces en tout temps : et le mince produit qu'on aurait obtenu , aurait dû être filtré pour devenir potable. Dès-lors, les produits de l'entreprise ne répondaient plus aux frais énormes qu'elle devait entraîner avec des percés de dix à douze mille mètres de longueur en pleine roche, avec des tranchées aux abords , si profondes qu'elles eûssent été plus coûteuses que les percés eux-mêmes.

Toutefois en 1840 les craintes des communes riveraines ne se manifestèrent pas moins qu'en 1827 , et le rapporteur de la commission d'enquête du projet Perrier nous a conservé la substance de leurs protestations dans une analyse fidèle et animée que voici (1) :

« Le cours du Gardon qui traverse ou baigne notre territoire est un bienfait de la Providence qui n'est pas sans inconvénient , bien s'en faut. Presque chaque année , des inondations viennent , au printemps et surtout en automne, couvrir et ravager nos champs. Si vous nous enlevez le petit cours d'eau qui nous reste pendant l'étiage , les maux si énormes et si souvent renouvelés produits par ces débordements vont se trouver sans aucune compensation.

» Plus de fraîcheur dans l'air pour amortir les chaleurs brûlantes de l'été et défendre notre végétation contre une sècheresse corrosive ;

» Plus de ces infiltrations bienfaisantes qui s'étendent au-dessous de nos plantations pour les ranimer et les conserver.

» Au lieu d'un cours d'eau vivifiant , source de santé et d'abondance , nous n'aurons plus à nos portes qu'une série de flaques stagnantes , ou un filet d'eau verdâtre, dont les exhalaisons vont corrompre l'air que nous respirons :

» De là , les miasmes dangereux dont les fièvres épidémiques seront la conséquence inévitable ;

» Plus d'irrigations possibles , même par suite d'un simple abaissement de niveau , pour nos jardins potagers , l'une de nos principales ressources alimentaires ; plus de possibilité de conservation pour ces nombreuses usines , moulins à blé , moulins à huile , qui constituent également l'une

(1) *Avis de la Commission d'enquête sur le projet Perrier* , du 14 au 23 avril 1840 , rédigé par M. Félix de Lafarelle , secrétaire.

de nos richesses ou plutôt l'un de nos principaux moyens d'existence.

» Vous parlez de réparer par des indemnités le dommage que vous occasionnerez ; mais sont-ce là des dommages pécuniairement réparables ?

» *Que pouvez-vous nous donner à la place de notre Gardon ?* Et je dis *notre* avec confiance , car il est bien à nous.

» La Providence nous l'avait donné, et la loi est venue consacrer cette appropriation. Qui ne sait qu'aux termes de notre législation actuelle , les cours d'eau non navigables , ni flottables (car le Gardon n'a été déclaré tel qu'à partir des écluses de Lafoux) sont la propriété exclusive des riverains?

» Eux seuls peuvent en disposer , et ne dussent-ils perdre que le droit de pêche, cela suffirait pour que cette propriété se trouvât nécessairement violée. Si M. de Calvière a un droit de prise d'eau sur le Gardon pour l'usage de ses moulins, c'est à l'expresse condition de la rendre à son cours naturel après l'avoir fait servir à ses usines et à ses irrigations.

» En vendant la fuite de son canal , il vendrait donc ce qui ne lui appartient pas ; il disposerait de ce que la nature et la loi ont , d'un commun accord , attribué à nous tous propriétaires riverains inférieurs. »

Quand il eut vu , surtout par l'étiage extrême de 1839 , l'impossibilité d'alimenter la ville de Nimes seulement avec une fraction de ce que roule le canal Calvière , M. Perrier , comme nous l'avons déjà énoncé, s'ingénia pour trouver un moyen de remédier à cet état de choses désastreux pour son projet.

« Je conçus, dit-il , la pensée qu'il serait possible *d'obtenir la conces-*
» *sion totale des eaux du bief Calvière pendant les trois mois d'été , sans*
» *compromettre en aucune façon les intérêts des communes riveraines, —*
» *et pour cela , il m'a paru qu'il suffisait de faire la dérivation non-seule-*
» *ment au profit de la ville de Nimes , mais encore au profit de toutes les*
» *communes , qui pouvaient être intéressées dans cette question ; — je me*
» livrai alors , pour chacune d'elles, au projet de fontaines abondantes ,
» avec des abreuvoirs et lavoirs spacieux à côté, alimentés par l'aqueduc
» principal.... »

Les communes de Sauzet, Saint-Geniès, La Rouvière, La Calmette, Brignon, Moussac, Saint-Chaptes, Dions et Russan, avaient combattu le projet de dérivation ; toutes, Brignon et Boucoiran exceptés, acceptèrent la proposition faite, *à condition que les fontaines, lavoirs, abreuvoirs promis seraient établis et entretenus aux frais de la ville de Nîmes,* (ce qui n'était pas certainement une petite charge), *et seraient alimentés en tout temps, quel que fût le degré de sécheresse de la rivière.*

« D'ailleurs, ajoute M. Perrier, tous dommages, quels qu'ils soient,
» qui pourront être causés directement ou indirectement par la mise à
» exécution du projet, *seront payés par la ville conformément à la loi,*
» *elle ne veut ni ne peut s'y soustraire* (c'était, ce me semble, l'engager
» dans un inconnu qui devait être désastreux pour ses finances); *les*
» *intérêts des propriétaires seront garantis par la réserve des droits des*
» *tiers, qui sera faite expressément dans l'acte de concession.....*

» Quant au cours inférieur du Gardon, depuis Saint-Nicolas, et
» aux communes qui réclament sur ce parcours, nous dirons, *qu'à partir*
» *du moulin Labaume, il y a, en aval à l'étiage dix fois et peut-être*
» *vingt fois plus d'eau qu'à Ners* (1).....

» Le volume le plus bas auquel le Gardon soit descendu (en 1839),
» *un peu à l'amont de l'entrée du canal Calvière, a été de onze cent*
» *soixante-et-dix-sept pouces,* et il eût été très-facile, avec une légère
» dépense, d'introduire dans ce canal la presque totalité de 1,177 pouces :
» *de sorte que le volume d'eau qui eût été fourni à Nîmes par l'aqueduc*
» *projeté, ne fût pas descendu, à l'époque du plus bas étiage de 1839,*
» *au-dessous de sept à huit cents pouces,* déduction faite des pertes qui
» auraient lieu dans le parcours et par un étiage extraordinaire (2) »

Cette apologie du projet Perrier, faite par lui-même, me paraît en être la réfutation la plus énergique.

Millions à dépenser pour percer des montagnes ;

(1) C'est là ce qui rend mes projets exécutables, tandis que ceux qui s'adressent au Gardon supérieur ne le sont pas.
(2) Archives de la mairie. — Liasses du projet Perrier.

Déboursés considérables de constructions de fontaines, de lavoirs, d'abreuvoirs dans dix communes;

Servitude perpétuelle d'entretien de tous ces ouvrages à la charge de la ville de Nîmes;

Indemnité, dont le chiffre n'est pas même indiqué, à payer aux riverains dépossédés du cours d'eau;

Et tout cela, pour ne pas arriver à être sûrs d'une fourniture de mille pouces d'eau salubre; — car l'eau du Gardon est complètement impotable, quand son débit descend aussi bas !.....

Que les conseillers municipaux, que la majorité même des habitants d'une commune consentent au projet de mise à sec d'un cours d'eau quelquefois éloigné des habitations, — pourvu que sur la place publique du village, ou tout à côté, on construise une fontaine, un lavoir, un abreuvoir commodes,

Cela se conçoit très-bien : tout le monde habite le village;

Mais tout le monde n'y est pas propriétaire et surtout propriétaire riverain.

On comprend que les travaux projetés puissent plaire à la majorité des habitants, bien qu'on en dépouille quelques-uns; — ainsi s'explique l'adhésion facile des communes à un projet désastreux pour les riverains;

Mais cette minorité de propriétaires a aussi ses droits.

Comme seuls ils supportent les inconvénients de la rivière, ils doivent seuls en avoir les profits : — ainsi le veulent l'équité et la loi. — Le nombre, ici, ne doit pas influer sur la décision, et ce n'est pas principalement l'opinion des communes qui peuvent n'avoir aucun intérêt, mais bien celle des propriétaires riverains, nécessairement vulnérables dans ce cas, qui est réellement importante, et qui doit motiver les déterminations à prendre.

Aux yeux des hommes impartiaux, les observations suivantes, émanant de propriétaires lésés, doivent avoir plus de poids que les adhésions de dix communes où la majorité de la population se compose de gens qui, ne perdant rien, ne seraient pas fâchés de participer à certains avantages

qu'on leur offre comme une indemnité. La majorité des populations , en
pareil cas, s'inspire plutôt du profit ou de l'agrément qu'elle espère que
du sentiment du malheur de ceux qu'on dépouille.

Plusieurs propriétaires de la commune de Brignon firent contre le projet
Perrier une opposition conçue en ces termes :

« En notre qualité de propriétaires et d'habitants riverains du Gardon ,
nous venons faire opposition aux délibérations des conseils municipaux
des communes situées sur cette rivière, qui, au nom des habitants, ont
consenti à céder à la ville de Nîmes la totalité des eaux du canal Calvière
depuis le quinze juin jusqu'au quinze septembre, et, pendant l'autre partie de l'année, un minimum de *treize cent cinquante litres par seconde* ;

» Et, à plus forte raison , *sommes-nous opposants à celle du conseil
municipal de La Rouvière*, qui ne touche au Gardon par aucun point de
son territoire, et qui, dans aucun temps, n'est obligée de recourir à cette
rivière pour se procurer de l'eau....

» Nous fondons notre opposition aux délibérations des conseils municipaux sur leur incompétence, en ce qui se rapporte aux eaux du canal
Calvière, et sur ce qui ne serait rien moins que l'aliénation de toutes les
eaux de la rivière pendant quatre ou cinq mois de l'année.

» Or, si le conseil municipal peut consentir ou refuser l'aliénation des
biens communaux, d'un chemin , d'une place publique, — l'eau de la rivière qui baigne son territoire n'a jamais été considérée comme un bien
communal. Si tous les habitants ont le droit d'en user , mais seulement à
son passage sur le bord des chemins et des lieux publics,— *les propriétaires
riverains ont seuls le droit de la dériver pour arroser leurs champs qu'elle
traverse* , à la charge de la rendre à sa sortie à son cours naturel. Et ,
quand même on déciderait que l'eau de la rivière est une chose communale , comme elle tomberait alors en communauté avec les autres communes riveraines, ou , tout au moins, — pour la commune située sur une
rive, avec celle qui l'est sur la rive opposée, — il faudrait nécessairement,
pour cette aliénation, l'assentiment des communes co-propriétaires......

» Sur une demande faite au gouvernement par MM. Benjamin Valz et
Fauquier, tendant à leur faire obtenir la concession de la fuite des eaux

du canal Calvière , M. le Préfet du Gard fit publier un avis aux riverains sur cette dérivation : il nomma une commission d'enquête. Celle-ci examina les oppositions des communes et des particuliers ; elle entendit même contradictoirement les objections et les réponses orales des délégués des communes riveraines et de M. le Maire de la ville de Nimes.

» Ne se croyant pas assez instruite, après maintes réunions, sur un objet d'une aussi haute importance , la commission d'enquête nomma une sous-commission de trois membres chargée de vérifier sur les lieux le mérite des déclarations, de faire le jaugeage des eaux du Gardon à son plus bas étiage , et de donner sur le tout son opinion motivée.

» La sous-commission remplit son mandat , et le rapport *rédigé par M. Perrier, auteur du projet actuel de dérivation, en éleva le maximum aux vingt-six centièmes des eaux de la rivière.*

» Le conseil des Ponts-et-Chaussées, consulté par le gouvernement , émit un avis conforme, malgré les nouvelles observations de la ville de Nimes ; et , le 31 mai 1838, une commission nommée par le conseil municipal de cette ville, pour examiner le mérite du projet Perrier (celui de M. Valz étant mis à l'écart), conclut à son adoption, quand même la ville n'obtiendrait la concession que des vingt-six centièmes des eaux.

» C'est donc , lorsque toutes les formalités exigées par la loi ont été remplies ; lorsqu'il ne reste plus à prendre qu'une disposition législative qui autorise , modifie ou refuse la dérivation demandée par la ville de Nimes, *selon que les motifs d'opposition, que nous nous proposons de déduire dans un mémoire au gouvernement, seront appréciés ;*

» C'est donc enfin, lorsque, sur la foi de tous ces préliminaires remplis, les intérêts menacés doivent se croire à l'abri de toute atteinte , — que tout est remis en question.... qu'une nouvelle commission nommée va s'occuper encore d'examiner si la dérivation totale ou partielle doit être autorisée ou refusée ; — qu'elle va s'occuper même des indemnités à accorder aux communes riveraines qu'elle sera d'avis de déposséder...

» Et cela, quand un jury créé par la loi a seul le droit de déterminer ces indemnités, et avant même qu'une loi ait autorisé les travaux pour la confection desquels la dépossession aurait lieu (1) ? »

La commune de Collias persiste à s'opposer à la dérivation projetée par M. Perrier, avec autant force qu'elle s'était opposée au projet Valz, et avec sa prolixité ordinaire, tandis que le propriétaire du moulin Labaume demande, dans tous les cas, une indemnité de huit mille francs, en vertu des articles 1382 et 1383 du Code civil.

Les fontaines, lavoirs et abreuvoirs promis par M. Perrier aux communes qui l'avaient exigé, devaient coûter deux cent trente-huit mille francs, suivant son estimation : on peut compter sur trois cent mille francs sans crainte ; et, comme des conduites, dépassant souvent mille mètres de longueur, établies en tuyaux de poterie, sont très-sujettes à dérangement, en ne supposant que trois pour cent d'entretien, ce sera neuf mille francs, soit un capital de cent quatre-vingt mille, de sorte, qu'en frais d'établissement ou de conservation, il en coûterait, à Nimes, environ cinq cent mille francs pour désintéresser les communes qui ont bien voulu accepter ce moyen de transaction.

Mais, nous l'avons vu, toutes les communes n'adhérèrent pas, — des réclamations privées se produisirent d'ailleurs, — et, comme en cette matière, les conseils municipaux ne lient pas les particuliers, les intérêts de chacun peuvent toujours se manifester et se défendre.

C'est ce que comprirent un grand nombre d'habitants de Boucoiran et de Nozières ; ils disaient, le 18 mars 1840, dans une réclamation adressée au ministre de l'intérieur :

« Qu'il résulte d'une sentence arbitrale du 5 juin 1793, intervenue entre M. le marquis de Calvière et les délégués de la commune de Boucoiran-Nozières, que ledit M. de Calvière n'est maintenu dans la propriété du canal qu'à condition d'en jouir comme par le passé, par conséquent, avec l'obligation de supporter les droits d'irrigation et de servitude acquis aux propriétaires riverains; — que ledit canal établi sur les fonds commu-

(1) Brignon, le 12 avril 1840.—Suivent les signatures. —Archives de la mairie,— liasses du projet Perrier.

naux doit être maintenu, ayant été sollicité par les habitants, comme enrichissant e fertilisant leur territoire ;

» Considérant que le droit des propriétaires riverains ne serait pas, au surplus, moins sacré pour l'opposition à la vente desdites eaux, s'il n'était basé que sur la prescription, attendu que la loi ne regarde en aucune manière à la cause et à l'origine d'un droit pour la garantie des entreprises des tiers; qu'elle ne prend en considération que la certitude de son existence;

» Considérant que ledit canal, quoique propriété privée, se trouve donc, en faveur des propriétaires riverains, assujetti aux mêmes droits, sous le rapport de l'usage des eaux quant à l'irrigation, que le sont les cours d'eau publics non navigables ni flottables ;

» Qu'il importe à la commune de Boucoiran-Nozières d'être maintenue dans son ancienne possession, les intérêts ci-dessus signalés étant si multipliés qu'ils se confondent avec l'intérêt général de la commune ;

» Considérant, sous un autre rapport, que la commune est aussi, depuis un temps immémorial, en possession des droits de lavage, puisage et arrosage dans le même canal, et qu'elle entend exercer ses droits dans la plus grande latitude;

» Considérant que si la ville de Nîmes devenait concessionnaire des eaux du Gardon, et autorisée, comme le demande son conseil municipal par délibération des 16 et 17 septembre 1839, à dériver, *du quinze juin au quinze septembre, la totalité des eaux du canal des moulins Calvière,* elle priverait une grande partie du territoire de cette commune de Boucoiran et Nozières des eaux dans la plus grande sécheresse; et, d'une plaine riante et fertile, ferait une plaine stérile et aride, ce qui emporterait la moitié du revenu des habitants, — tandis que les autres communes riveraines du Gardon, telles que Brignon, Moussac, St-Chaptes, etc., seraient privées en été de l'eau pour l'abreuvoir des bestiaux et pour boire, vu que les puits de ces communes sont alimentés par le Gardon;

» Considérant qu'il ne serait pas équitable que la ville de Nîmes fût autorisée à priver une contrée d'un bienfait que la divine Providence lui a donné, tout en se voyant exposée aux crues du Gardon qui parfois arrachent les arbres, emportent la surface du terrain, et, dans d'autres endroits la propriété entière, n'y déposant que du sable et des cailloux....;

» Considérant, en outre, qu'il existe trois moulins appartenant au susdit M. de Calvière, que ledit canal fait tourner, et où, dans le courant de l'été, les habitants de deux lieues à la ronde viennent moudre leur blé, ainsi que des boulangers et des propriétaires de la ville de Nîmes; et que, s'ils étaient détruits par l'exécution du projet en question, les chalands de ces usines ne sauraient où aller faire moudre leur approvisionnement;

» Considérant, en même temps, que, quoique la surface du lit du Gardon paraisse à sec au plus fort de la sècheresse, l'infiltration a lieu dans les propriétés riveraines dudit Gardon, vu qu'en creusant à la profondeur d'un mètre on trouve l'eau dans presque tous les endroits de ladite plaine;

» Considérant que les divers droits de la commune pourraient être compromis, notamment celui d'irrigation, par les innovations que devrait nécessiter l'entreprise projetée si elle était autorisée; et que l'on conçoit en effet qu'un changement apporté à la pente et à la direction, l'exhaussement ou l'abaissement des eaux dudit canal pourraient rendre impraticables les moyens d'irrigation des propriétaires riverains et les réduire à la condition de ceux qui sont dans l'impuissance d'user des eaux ;

» Considérant que la commune de Boucoiran serait bien malheureuse si le projet Perrier était autorisé par le gouvernement, en se voyant privée des eaux.... ce qui serait contraire à l'équité, aussi bien qu'à la loi écrite...

» Par ces motifs, la généralité des habitants proteste :

» 1° Contre toute innovation qui pourrait porter atteinte à la possession dans laquelle ils sont depuis un temps immémorial des droits précités ;

» 2° Contre toute innovation qui, sous quelque prétexte que ce puisse être, tendrait à rendre impraticable, ou seulement plus difficile le mode d'existence de ces mêmes droits....(*Suivent soixante-huit signatures*) (1).»

Sans connaître alors ces diverses oppositions, que je n'ai retrouvées que plus tard dans les archives de la Mairie. — Je disais pourtant déjà en mars 1843, en parlant du projet Perrier :

(1) Archives de la Mairie. — Liasses du projet Perrier.

4

« J'ai montré qu'en acceptant les devis tels qu'ils sont présentés, mais en ajoutant à la rigole en projet trois choses nécessaires et omises : — des parois, un radier, une voûte en maçonnerie ;

» J'ai montré qu'en construisant des bassins de repos et de clarification pour les eaux, — des conduites dans la ville pour les distribuer, — des fontaines et des lavoirs pour qu'on pût s'en servir, la dépense de tous ces ouvrages irait à quatre millions et demi.

» Il existe encore dans le projet beaucoup d'autres omissions ; — on l'éprouve du moins quand on exécute tous les devis qui s'appliquent à de grandes entreprises.

» Ainsi, par exemple, a-t-on bien tenu compte de l'indemnité considérable à donner à M. de Calvière pour la cession de ses eaux ?

» De l'indemnité à laquelle ont droit tous les propriétaires de Boucoiran qui se servent actuellement des eaux du canal Calvière pour arroser leurs fonds ?

» Cette difficulté s'aplanira sans doute avec de l'argent, mais il s'en présentera immédiatement d'autres qu'il faudra résoudre par le même moyen. Je me contenterai d'en citer une seule, qui me paraît très-grave.

» Si l'on prend à l'étiage toute l'eau du Gardon, il faudra donner un dédommagement convenable aux communes qu'en privera d'une ressource *qui leur appartient de droit naturel*, et qui leur est indispensable.

» La Commission d'examen du projet Perrier, en 1839, ne manqua pas d'en faire l'observation et de dire : — « Il faudra dans l'intérieur même » des villages, des fontaines, lavoirs et abreuvoirs, alimentés par de l'eau » abondante, toujours vive et fraîche, en remplacement des *gourds* du » Gardon. . . . .

» Bien entendu que ces constructions et leur entretien seront en entier » à la charge de la ville de Nîmes. . . . . »

» Mais, bientôt une réflexion bien naturelle se présenta à l'esprit du jury. — Les communes de Brignon, de Moussac, de St-Chaptes ne sont pas situées sur la rive droite du Gardon : — elles sont, au contraire, sur sa rive gauche ; — on ne peut donc, sur le parcours de la rigole à pente leur faire des lavoirs, des abreuvoirs, des fontaines, et, pourtant, leur droit est le même que celui des autres villages.

»S'il'on prend toute l'eau du Gardon, ces communes ne peuvent subsister.

» Le cas était embarrassant; voici comment le jury d'examen essaya de résoudre la difficulté :

« Il restera, dit-il, à étudier s'il ne sera pas possible de desservir les » communes de Moussac, de St-Chaptes avec des sources situées sur la » même rive, *pour éviter la construction d'une conduite, prenant l'eau* » *dans la rigole même, et traversant la rivière...* (1) »

» Ce serait, en effet, une singulière chose que de prendre toute l'eau du Gardon par le canal Calvière, et de l'amener par une rigole dans les terres sur sa rive droite, sans s'inquiéter si cette eau est nécessaire aux villages riverains. Je conçois bien que, si ceux de la rive droite éprouvent un besoin d'eau indispensable après qu'on aura mis la rivière à sec, il sera possible de prendre de l'eau à la rigole et de la leur conduire à grands frais; jusqu'ici ce ne sera que plaie d'argent pour Nimes, dont je dois pourtant tenir compte en passant.

» Mais, évidemment, les villages de la rive gauche ne pourront pas puiser à la rigole en projet. Pour sortir de cet embarras, *on serait bien heureux de rencontrer quelques sources situées sur la même rive;* mais, comme on n'en trouvera pas, on sera forcé d'en venir *à la construction d'une conduite, prenant l'eau dans la rigole même, et traversant la rivière.* Cette conduite, marchant à reculons, est un expédient de détresse que le jury aurait bien voulu éviter ; — mais comment faire ?...

« Eh ! bon Dieu, diront les habitants de Moussac, de St-Chaptes, » auxquels devront se joindre ceux de Cruviers et de Brignon, et de tant » d'autres lieux habités dont on ne parle pas : — épargnez les frais de cette » conduite à rebours, qui aurait pour but de nous donner des eaux de la » rivière, que vous commencez, à tort, par nous prendre ; — laissez » donc couler dans son lit naturel l'eau dont vous voulez nous faire » l'aumône ; — vous économiserez beaucoup d'argent, et puis, pensez » un peu aux habitants de Russan, de Vic, de St-Nicolas, qui ont

(1) *Rapport du jury d'examen sur le projet Perrier,* 1839, p. 20.

» besoin du Gardon comme nous, et jusqu'auxquels vous ne pensez pas
» à conduire votre rigole de secours....»

» Sur ce simple exposé, tout lecteur intelligent aura facilement aperçu
dans quels embarras, dans quelles contradictions on se jette lorsqu'on
veut demander à une rivière beaucoup plus d'eau qu'elle n'en peut
donner.

» Pour tous les projets qui ont leur point de départ à Boucoiran, le
manque d'eau, sa mauvaise qualité et l'énormité de la dépense formeront
toujours des objections capitales.

» Aux quatre millions et demi de déboursés nécessaires que nous avons
déjà trouvés, il faudra joindre encore les indemnités qui seront dues : —
à M. de Calvière pour la cession de ses eaux, — aux habitants de Boucoiran qui ont le droit de jouir du contenu de son canal, — aux usiniers
et riverains de toutes les communes inférieures pour la privation de leurs
forces motrices, de leurs droits d'irrigation ; — les frais des abreuvoirs,
lavoirs, fontaines et conduites d'eau des divers villages de la rive droite,
et nécessairement les frais (non d'un aqueduc rétrograde qui traverserait
le Gardon, ce qui serait au moins très-singulier), mais d'une rigole à
pente, commençant sur la rive gauche au même point que celle de la rive
droite, c'est-à-dire au barrage de prise d'eau du canal Calvière, et desser-
vant les villages de la rive gauche comme l'autre desservirait les villages
qui sont sur le bord méridional de la rivière ; car, évidemment, Brignon, Moussac, Cruviers, St-Chaptes, St-Nicolas, Russan, Vic, et les
habitations disséminées autour ne trouveront pas, à point nommé, dans
leurs territoires des sources pour suppléer au Gardon, et ne peuvent pas
se passer d'eau,

» Ceux qu'on déposède doivent être indemnisés, c'est incontestable ;
— si l'on enlève aux communes, aux usiniers, aux riverains la jouissance
de l'eau du Gardon, contre tous leurs droits naturels, — il faut qu'on leur
en donne sous une autre forme ; — il faut que les facilités, que la proximité compensent le volume ; — ou bien ils ont plein à une indemnité
pécuniaire.

» La ville de Nimes doit être prévenue pour préparer ses ressources et se résigner à des sacrifices dont l'ensemble n'ira pas à moins de six millions (1). »

Et encore, nous devons le répéter, malgré cette énorme dépense, en supposant de la part de l'Etat des concessions dans des limites auxquelles il n'arrivera jamais, — Nimes ne sera pas assuré de pouvoir amener constamment mille pouces d'eau dans ses murs.

Nous avons vu qu'en 1839 le canal Calvière ne roulait pas ce volume, même en réunissant toute l'eau du Gardon :

Nous ferons connaître, dans le chapitre suivant, tout ce qu'offre d'irrégulier le régime de cette rivière torrentielle dont nous mentionnerons les jaugeages connus......

On se résignera, dira-t-on, à la dépense;

On se soumettra peut-être à n'avoir pas à l'étiage, par la provenance de Boucoiran et en la payant trois fois plus cher, beaucoup plus d'eau qu'on n'en peut obtenir de la fontaine d'Eure;

On fermerait, si on le pouvait, l'oreille aux justes oppositions des usiniers et des riverains inférieurs......

Mais une considération qui doit couper court à toute idée d'approvisionnement d'eau pour Nimes à Boucoiran ou en amont : c'est *la mauvaise qualité de l'eau du Gardon supérieur à l'étiage.*

J'écrivais déjà le 25 mai 1844 :

« Malheureusement, dans le projet par lequel on se propose de dériver pour Nimes les eaux prises à Boucoiran, il est constant que, pour être pur, ce liquide est loin d'avoir une vitesse suffisante soit dans le canal de M. de Calvière, soit à cause des écluses de chaque moulin.

» A Anduze, à Alais, l'eau des deux Gardons est déjà sale et vaseuse en été; — à Lézan, à Lascours, à Cardet, à Vézénobre, à Maruéjols, elle est fièvreuse, d'une saveur désagréable pendant les grandes chaleurs; — elle ne s'est pas améliorée quand elle arrive à Ners. Ces qualités pernicieuses ne font que s'accroître dans le canal de M. de Calvière, et dans les trois écluses de ses moulins où l'eau s'amasse lentement, où elle croupit, où des masses de végétaux se décomposent, où se lave tout le linge des

_____

(1) Voyez *Histoire des eaux de Nimes*, tome I, page 185 à 243.

habitants des villages voisins, — où barbotent constamment des animaux immondes (1). »

Nous aurions dû ajouter à ces motifs d'exclusion ceux des égoûts infects, du produit des cloaques, des filatures de cocons des villes d'Alais et d'Anduze, qui se dégorgent, pour chacune, dans son cours d'eau respectif, et les saturent d'immondices et de corruption, quand ils sont presque réduits à rien à l'étiage.

Nous aurions dû prévenir que l'activité toujours croissante des exploitations minières et des établissements métallurgiques dans les vallées supérieures du Gardon, altérait les eaux par des principes minéraux qui nuisent à leur bonne qualité pour le lavage et les teintures, à leur salubrité pour les usages domestiques.

Ainsi l'ocre et tous les oxides de fer sont maintenant en telle proportion dans la rivière, que les graviers de son lit et de ses bords, autrefois blancs comme l'albâtre, se teignent, depuis quelques années à la fin de l'été, d'une forte couleur de rouille.

Mais, aujourd'hui, le Gardon traîne ou dissout des substances bien moins innocentes que l'argile et le fer. Les exploitations de ses bords le chargent de détritus séléniteux, de pyrites ferrugineuses ou cuivreuses, d'antimoine, de zinc, de pyrites arsénicales, vrai poison pour les animaux et pour l'homme ; et cette infection délétère des eaux s'accroît incessamment.

On ne doit pas douter un instant que l'eau prise aux sources d'Uzès ne soit d'une qualité bien supérieure.

L'eau du Gardon lui-même, quand elle renaît au moulin Labaume, est d'une nature irréprochable, parce qu'elle a filtré dans les sables, dans les graviers sur un parcours de trois ou quatre lieues et que d'ailleurs, dans ce trajet souterrain, où elle pénètre les fissures des rochers et le sein des montagnes même, son volume est au moins quadruplé par l'adjonction des sources qu'elle rencontre dans cette voie mystérieuse.

Sous le rapport de la salubrité, ce qu'il y a de plus avantageux pour

(1) Voyez mon *Histoire des Eaux*, tome I, page 702 à 718.

Nimes, c'est donc ce que firent les Romains , c'est-à-dire, de prendre à
Uzès des eaux vives et pures de sources à leur émergence du rocher , —
ou bien , en cas d'impossibilité ou d'insuffisance , de recourir à celles du
don , mais seulement en les puisant au moulin Labaume , à Collias , à
Saint-Privat. A Lafoux déjà l'eau commence à subir les altérations que
la chaleur porte à leur point extrême sur le Gardon supérieur : toute dérivation doit être complètement répudiée à Boucoiran et en amont.

La conclusion de ce sous-chapitre est, ce me semble : — Quand on
peut avoir , par la reconstruction de l'aqueduc romain et en ramenant
les sources d'Eure , deux mille pouces d'eau pendant huit mois et six
cents pouces au moins à l'étiage ;

Quand on peut , en ajoutant un million et demi à la dépense, puiser
dans le Gardon , sous la triple arcature romaine , un millier de pouces
d'eau salubre en été, ce qu'on ne saurait trouver ailleurs ,

On ne doit nullement penser à la provenance de Boucoiran , qui ne
donnera pas constamment mille pouces d'eau dans la saison aride ;

Et cette fourniture incertaine, pour laquelle il faudra dépenser plus de
six millions , sera toujours , quand la rivière débitera peu d'eau , mauvaise au goût, malsaine et souvent dangereuse.

III.

Prises d'eau en aval d'Anduze et d'Alais.

Serait-on plus heureux en essayant la dérivation du Gardon sur une
seule de ses branches , celle d'Anduze par exemple , et en aval de cette
ville ?

On sent facilement que si la longueur des percés de la chaîne de montagnes qui couvre Nimes vers le nord , diminue parce qu'on relève la prise
d'eau et qu'on attaque moins bas les collines interposées entre la vallée du
Gardon et celle du Vistre ;

D'autre part, , la dérivation devient plus longue ;

La quantité d'eau dont on peut disposer est moindre ;

Et, surtout, le nombre des communes et des propriétaires riverains qui auraient à souffrir du détournement des eaux devient plus considérable.

La comparaison entre les deux dérivations à opérer aux environs de Boucoiran et en aval d'Anduze, faite au point de vue des difficultés et de la dépense, ne doit point trouver sa place ici : nous y reviendrons plus tard. Nous ne nous occuperons dans ce chapitre que de la quantité d'eau à détourner et des inconvénients à infliger aux populations riveraines.

En 1822, lorsque MM. Delpuech et Durand proposaient l'établissement d'un canal de navigation d'Alais à la mer, avec une rigole d'alimentation pour Nimes, ils voulaient prendre l'eau nécessaire, à la fois dans les deux Gardons d'Anduze et d'Alais.

Les communes limitrophes de ces deux rivières torrentielles, menacées dans leur existence, firent rédiger pour la défense de leurs droits un mémoire où nous lisons :

« Aux moulins de Boucoiran, on est obligé de suspendre le travail deux ou trois fois dans les vingt-quatre heures, pendant les mois d'août et de septembre, pour laisser ramasser dans les écluses l'eau nécessaire à leur alimentation...

» Aucun des villages situés sur les bords du Gardon n'est totalement privé de ses eaux ; *il est vrai qu'elles coulent en très-petite quantité*, mais la nature, qui a tout prévu, a disposé, à des distances très-rapprochées, sur toute la longueur de son lit (dans les parties où le courant est interrompu à l'étiage), des gouffres qui, formés dans ses crues par sa grande rapidité, et entretenus en été par le filet d'eau courante qui les traverse, fournissent toujours aux besoins des habitants des lieux voisins de cette rivière, et aux infiltrations qui fertilisent le sol...

» Le moulin Calvière fait mouvoir trois usines d'une utilité indispensable au pays (il y en a cinq maintenant), et il en ferait mouvoir deux fois autant sur sa longueur. Il arrose une grande partie des terres qui le bordent, et, prolongé, il pourrait arroser toute la plaine de Brignon, Moussac, Sauzet, Saint-Geniès et Dions (1).

» La plupart des propriétaires qui habitent les bords du Gardon n'envoient pas leurs troupeaux à la montagne, et c'est précisément au moment où le besoin d'eau se fait le plus sentir, qu'en descendent ceux qu'on y a envoyés. L'eau de la rivière est d'une utilité absolue pour cette branche d'exploitation rurale...

» Les auteurs du projet ont créé au Gardon une masse d'affluents imaginaires, tous à sec en été (page 4), et le plus considérable d'entr'eux, le Droude par exemple, ne coule jamais au mois d'août (page 12).

» Selon MM. Delpuech et Durand, des crues mensuelles maintiennent au Gardon une masse d'eau considérable; — avec des allégations, on en ferait un fleuve navigable; — mais la vérité est que la pénurie d'eau se fait généralement sentir depuis le mois de juin jusqu'à la fin de septembre. Elle commence plus tôt ou finit plus tard, suivant que les pluies du printemps ont été plus ou moins abondantes; mais il est rare que son cours soit bien rétabli avant le premier octobre. Si quelque pluie d'orage emplit son lit, ce n'est guère qu'à la fin d'août ou en septembre, et cette eau disparaît ordinairement en deux jours.

» L'eau du Gardon est la source de la prospérité des communes riveraines; si on les en privait, elles ne sauraient exister. Elles sont toutes agricoles, il est vrai; mais les intérêts de la culture doivent-ils être sacrifiés à celui de l'industrie et du commerce ?

» La prairie d'Alais est peuplée de hameaux, de jardins, de métairies habitées; — au voisinage se trouvent les villages de Montmoirac, de Montèze, de Saint-Hilaire, de Vézénobres, de Ners, et les hameaux qui en dépendent.

» Sur le Gardon d'Anduze se trouvent les habitations éparses de son riche vallon, le hameau de la Magdelaine, les villages de Boisset, Gaujac, Ribaute, Les Tavernes, Attuech, Lascours, Massillargues, Lézan, Cardet, Cassagnoles, Maruéjols, et tous ces lieux habités ont besoin des eaux du Gardon, qui traverse ou longe leur territoire.

(1) Une association s'est récemment formée pour l'exécution de cet utile projet.

5

» Les émanations rafraîchissent l'air, les infiltrations fertilisent le sol ; — on abreuve au Gardon les bestiaux toute l'année, — on en charrie l'eau pour des filatures nombreuses, et les moulins des Tavernes et de Cassagnoles sont aussi nécessaires à la contrée que ceux de Boucoiran.

» En aval de ce gros bourg, Sauzet, Saint-Geniès, Laseours et Cruviers, Brignon et Moussac, Saint-Chaptes, Dions, Russan, Saint-Nicolas, ne pourraient, sans les plus grands dommages, voir amoindrir par des prises d'eau supérieures le cours déjà si misérable des deux Gardons réunis.

» En été, les moulins Labaume, de Saint-Privat et de Lafoux n'ont pas trop de toutes les ressources que le Gardon leur fournit dans son intégrité, et les villages de Sanilhac, de Poulx, de Vers, de Remoulins, de Fournès, de Sernhac, de Meynes, ont intérêt à ce que la rivière ne soit pas trop appauvrie...

« Toutes ces communes, disent les auteurs du projet, *considèrent le* » *Gardon comme leur patrimoine,* tandis qu'il n'est pour elles qu'un » vaste ravin en été, et un torrent dévastateur en hiver. »

» A cette injuste raillerie, les défenseurs des communes intéressées répondent avec raison :

« *S'il s'agit de la propriété des eaux, nous pensons avec les habitants* » *qu'on ne pourrait la leur contester sans injustice.* C'est parce que » cette rivière coulait dans leur contrée que leurs pères y bâtirent, et leur » possession remonte trop haut pour n'être pas un titre à les conserver » pendant la saison où l'usage en est pour eux d'une indispensable uti- » lité...

» S'il s'agit des eaux sous le rapport des dévastations que les proprié- » taires riverains ont à en souffrir, — comme la dérivation projetée ne » les garantirait d'aucun de ces ravages, il ne peut y avoir de doute sur » le choix de la contrée à qui la préférence est due.... »

» Il est de notoriété publique qu'à Anduze le lit de la rivière s'exhausse rapidement et d'une manière très-nuisible, sous les murs de la ville. Le barrage à construire à la Magdelaine doit nécessairement faciliter, en amont, les dépôts des graviers que la rivière entraîne dans ses crues ; le lit s'exhaussera donc encore plus rapidement , et toute la partie basse , c'est-à-dire la plus riche et la plus agréable de cette ville , ne sera à chaque crue qu'un cloaque inhabitable.

» Pourrait-on, sans injustice, anéantir la population la plus faible, pour améliorer le sort d'une population plus nombreuse ? Sans doute , la répartition de la fortune d'un homme riche améliorerait le sort d'un grand nombre d'individus de la classe indigente ; mais faudrait-il l'ordonner pour cela ?

» S'il s'agissait d'une route à construire , d'un monument à élever , il faudrait choisir sans hésiter la contrée ou la ville la plus peuplée ; *mais il s'agit ici d'un objet de première nécessité à enlever à une contrée pour fournir à une autre un élément de prospérité !...*

» L'agriculture éprouverait des pertes énormes dans la vallée du Gardon , si on lui dérobait une portion , *si faible qu'elle fût* , des eaux de cette rivière.

» *L'impossibilité d'exécution du projet nous dispense de nous occuper des dédommagements offerts.....* Comment, d'ailleurs, indemniserait-on les riverains du Gardon , les habitants d'une contrée riche et fertile en productions de toute espèce, des pertes qu'ils éprouveraient par la privation de l'eau , source véritable de tous leurs avantages ?

» Comment les dédommager de la privation d'un élément indispensable à leur existence?

» Or , il ne s'agit ici de rien moins que de l'existence de vingt-neuf communes , non compris Anduze et Alais , lesquelles comptent plus de vingt-mille habitants (1). »

On voit que les riverains du Gardon ont eu, dans tous les temps, d'excellents motifs à opposer à tout projet de dérivation des eaux de cette rivière, quelle qu'en pût être la quantité, et que ce détournement fût projeté à Boucoiran , ou en amont, sur le cours des Gardons d'Alais ou d'Anduze.

_____

(1) Depuis 1822 , cette population s'est considérablement augmentée.

Extrait d'une brochure intitulée : *Observations sur le mémoire publié par les auteurs du projet de canal d'Alais à Nîmes et à la mer.* — Uzès , chez George , 1822. — Brochure de 29 pages in-4°.

Que pouvaient opposer à cette défense si légitime les partisans de ces projets de dérivation?

Ecoutons les habitants les plus éclairés de Nimes, les hommes d'élite que la ville a chargés de la défense de ses prétentions, — nous verrons s'ils parviennent à nous convaincre qu'il est possible, convenable et juste de prendre un volume d'eau considérable dans la vallée du Gardon pour le transporter dans celle du Vistre au détriment des propriétaires naturels.

Cette conquête serait si contraire à l'équité qu'on doit la regarder comme irréalisable ; elle répondrait bien imparfaitement, d'ailleurs, à des espérances trop légèrement conçues.

Nous savons qu'au concours de 1848 le projet Valz fut jugé le plus favorable aux intérêts de la ville. Ce projet, qui dérivait les eaux du canal Calvière au travers de la chaîne de montagnes qui couvre Nimes au nord, n'était qu'un remaniement des projets de MM. Blachier et Delille, — comme M. Perrier n'a fait, depuis, que modifier le parcours de M. Valz.

Celui-ci se retira, parce que sa compagnie avait mis pour clause à l'exécution de ses idées qu'il lui serait permis de dériver la totalité, ou, du moins, la moitié des eaux contenues dans le canal Calvière, *tandis que le gouvernement ne voulut accorder en faveur de Nimes que la dérivation du quart.*

Pendant que cette question de quantité se débattait, M. Talabot proposa de dériver au-dessus d'Alais et au-dessous d'Anduze une partie des cours d'eau de chacune de ces villes ; — le Conseil municipal, indécis, donna mission à des hommes très-recommandables de comparer ce projet avec ceux dont l'origine était à Boucoiran, et de lui indiquer auquel il devait accorder la préférence.

M. Alphonse de Seynes fut le rapporteur de la Commission et déposa, en juin 1852, un travail dans lequel nous trouvons :

« Le projet de M. Valz est un de ceux qui furent présentés au concours de 1827.

» Alors, il ne s'agissait d'amener à Nimes qu'un volume de trois cents pouces fontainiers , quantité jugée depuis beaucoup trop faible; mais l'auteur a modifié son projet de manière à pouvoir établir , pour la ville, une fourniture de mille pouces.....

» L'eau est prise à la fuite de l'avant-dernier moulin de M. de Calvière, près du village de Boucoiran , pour arriver à Nimes , à dix mètres au-dessus du pavé du pont de la Bouquerie , soit à la Fontaine , au niveau du fond du bassin ovale. La compagnie se réserve la propriété de tout ce qui excèdera mille pouces dans la dérivation.

» *L'exécution du projet Talabot se trouve liée à celle du chemin de fer d'Alais à Beaucaire* : le même pont sur le Gardon d'Anduze, placé près de Lézan , servira pour le passage des waggons et pour celui des eaux dé-rivées du *Gardon d'Alais*.

» La rigole pour Nimes aura donc deux prises alimentaires , l'une établie aux rochers de Tornac au-dessous d'Anduze , l'autre en amont de la ville d'Alais, et ces deux canaux d'amenée se joindront au-dessous de Lézan.

» Après plusieurs chutes , employées comme force motrice dans le bois des Espeisses , les eaux viendront , comme dans le projet de M. Valz , dé-boucher à Nimes à la hauteur du bassin ovale de la Fontaine,

» Dans le projet Talabot , Nimes aura huit cents pouces d'eau en toute propriété, *et , dans le cas où une dérivation plus forte serait autorisée (1), la compagnie exécutante doit partager le surplus avec la ville,* »

Comme on le pense , l'un des points essentiels dont la Commission mu-nicipale devait se préoccuper , c'était celui de la salubrité des eaux pro-mises , et voici comment elle s'exprime à cet égard :

« Les eaux de la rivière du Gardon , *dans leur état normal* , sont salu-bres ; bien que , dans les lieux qu'elles parcourent , elles ne soient pas employées à la boisson de l'homme. On ne voit pas que les animaux do-mestiques, qui s'en abreuvent toute l'année , soient sujets plus qu'ailleurs aux maladies épizootiques , et nous croyons que si les eaux du Gardon ne sont pas généralement appliquées à la boisson de l'homme , c'est que, dans un climat aussi chaud que le nôtre , on préfère , surtout l'été , les eaux de source ou de puits à cause de leur fraîcheur.

(1) Ce doute était fort sage.

» D'un autre côté, les eaux du Gardon sont sujettes à devenir troubles au moindre orage, et répugnent par leur peu de limpidité. Ces deux causes nous paraissent les seules qui leur font préférer les eaux souterraines pour les usages domestiques.

» Pendant un trajet aussi long que celui qu'elles parcourront avant que d'arriver à Nîmes, les eaux auront le temps de se dépouiller d'une grande partie de leurs dépôts ; par conséquent, elles arriveront dans un état de limpidité convenable (1).

» Dans l'un et l'autre projet, les eaux dans les parties de rigole à découvert, conserveront une température au moins aussi élevée que celle qu'elles auront acquise dans le lit de la rivière ; elles se rafraîchiront ensuite pendant leur trajet dans les galeries souterraines, mais elles tendront à se réchauffer de nouveau à leur sortie des galeries (surtout dans les écluses des usines du bois des Espeisses) jusqu'au point de leur distribution dans la ville. *Au reste, cette question de changement de température ne peut être résolue d'une manière bien précise.*

» Dans le projet Valz, les eaux, traversant le village de Boucoiran, *pourront recevoir quelque atteinte* dans leur qualité, en raison des égouts du village, qui, suivant la pente des terres, se rendent dans le canal Calvière ; mais nous pensons que cette altération serait bien peu importante, *vu qu'elle n'aurait jamais lieu d'une manière continue, et que son effet sera rendu insensible par suite du long trajet que les eaux auront à parcourir avant que d'arriver à leur destination.*

» Le projet de M. Talabot, ne traversant aucun village, *ne sera pas soumis à une influence semblable.* Dans ce projet, les immondices qui pourraient être entraînées du côté de la rigole seront reçues dans un contre-fossé, et rien n'empêcherait M. Valz de pratiquer une pareille disposition....

» Sous le rapport de l'application à l'économie domestique et surtout

(2) C'est une erreur énorme. Le parcours total de la rigole de M. Valz était de 23,300 mètres, et les eaux devaient y cheminer pendant quinze heures. — Le trajet Talabot était de 48,000 mètres à parcourir en trente heures.

Or il faut au moins huit jours à l'eau limoneuse des crues du Gardon pour devenir parfaitement limpide : il en est de même pour celles du Rhin, du Rhône, de la Garonne, comme expériences nombreuses l'ont prouvé.

à l'industrie, les eaux du Gardon paraissent jouir de toutes les qualités convenables. Les conditions d'exécution de l'un et de l'autre projet permettraient de leur conserver ces mêmes qualités et garantiraient sous ce rapport l'utilité de l'entreprise. *Nous ajouterons néanmoins que les eaux de la Fontaine de Nimes devront être toujours préférées pour la boisson, et affectées autant que possible à cet usage* (1). »

Voilà donc que, pour le projet de M. Valz, le liquide est pris à la fuite du second moulin de M. de Calvière, c'est-à-dire qu'il arrivera à Nimes trouble en hiver, chaud en été, souvent fétide et imprégné de substances minérales nuisibles et même dangereuses. Cette eau traverse le village de Boucoiran où elle se charge de tous les immondices, et, après avoir séjourné au soleil dans des écluses vaseuses de moulins à blé, elle serait enfin jetée dans la rigole construite pour l'intérêt nimois.

Le projet de M. Talabot évite bien ces deux écluses, ainsi que les égoûts de Boucoiran ; — mais ne reçoit-il pas en compensation les déjections, les immondices de tous les ateliers, des filatures, des cloaques d'Alais et d'Anduze, et de plus l'eau n'aurait-elle pas croupi dans les biefs des usines nombreuses qu'on se proposait d'établir sur le revers méridional de la colline des Espeisses ?

La Commission municipale ne reproche aux eaux du Gardon que leur manque de fraîcheur, et, suivant elle, ce n'est qu'à cause de leur élévation de température que les populations riveraines n'en usent pas pour la boisson.

« Dans leur état normal, les eaux du Gardon sont salubres, dit-elle. » Mais qu'est-ce donc que cet état normal ?

Ce ne peut être, selon moi, que les eaux moyennes, pleines, non débordées, comme on les a une partie du printemps, de l'automne et de l'hiver.

La Commission est obligée de le reconnaître : — « Les eaux du Gardon » sont sujettes à devenir troubles au moindre orage, et répugnent par » leur peu de limpidité.... »

Or, elles sont chaudes en été pendant trois mois ; — elles sont vaseuses un mois et demi, soit durant le printemps, soit pendant l'automne et

(1) Papiers de M. Alphonse de Seynes.

l'hiver. Voilà donc que, pendant six mois de l'année, leur température ou leur peu de limpidité en font une mauvaise eau potable. Ajoutons que, pendant les grands froids; ce liquide étant à la température de l'atmosphère, sera loin de valoir le produit des sources d'Eure ou de Némausus qui, frais en été, tempéré en hiver et toujours pur et limpide, réunit toutes les qualités désirables.

Mais la Commission espère que, pendant un trajet de quinze heures, dans le projet Valz, — de trente heures, dans le projet Talabot, les eaux se purifieront et que, prises troubles à la rivière, elles arriveront limpides à Nîmes : c'est une erreur.

Nous l'avons dit, des expériences faites avec soin sur le cours de nos principaux fleuves, ont prouvé que, *même avec un repos parfait*, des eaux troubles n'étaient pas parfaitement clarifiées au bout de huit jours (1). Marseille éprouve dans ce moment d'énormes difficultés à dépurer les eaux de la Durance et fait de très-grands sacrifices sans atteindre le but désiré.

Le Gardon ne fournira donc, pendant près de deux mois, qu'un liquide impotable par suite des matières terreuses qu'il tient en suspension.

Dans un bief découvert, non voûté ni enfoui (l'aqueduc romain l'était partout), l'eau s'échauffera autant, si ce n'est plus que dans le lit de la rivière, ou conservera tout au moins la même température : — la Commission le reconnaît : mais elle espère que le liquide se rafraîchira dans les souterrains : — c'est une erreur encore ; sa masse et sa vitesse sont trop grandes, et il n'y séjourne pas assez longtemps.

On donne à la rigole, par économie, une pente très-forte dans les souterrains à l'effet de diminuer leur section, et, dès-lors, l'eau n'y restera guère que cinq heures sur quinze dans le projet Valz et trois sur trente dans le projet Talabot ; elle sortira des rochers avec une température à peu près égale à celle qu'elle avait en y entrant, glacée en hiver, tiède en été.

Elle sera donc, pendant six mois au moins, désagréable à boire, et la Commission laisse échapper une vérité, qui a bien plus de portée qu'elle

(1) *Voyez* le bel ouvrage de M. Terme, de Lyon, sur les *Eaux potables*.

ne pense, quand elle dit : — « *Le produit de la Fontaine de Nimes devra toujours être préféré pour la boisson.* »

Au reste, même dans ses paragraphes approbatifs, elle s'exprimait avec réserve : — « Les eaux dans leur trajet se débarrasseront *d'une grande » partie* de leurs dépôts.... La question de température ne peut être ré- » solue *d'une manière précise...* »

Mais les matières terreuses accumulées par les pluies ; — mais le froid de l'hiver, la chaleur de l'été sont-ils les seuls inconvénients des eaux pri- ses au Gardon ? — n'y en a-t-il pas de beaucoup plus graves, que la Com- mission passe complètement sous silence ?

Suivant elle, les eaux du Gardon sont salubres dans leur état normal : à la bonne heure, si l'on entend par là les eaux moyennes , alors que la température est douce , et le temps sec ; — mais malheureusement cet état normal est le plus court de l'année..

L'eau est chaude au moins pendant trois mois , vaseuse , trouble ou louche pendant deux, glacée deux mois aussi ; elle ne serait vraiment po- table que pendant cinq ou six mois de l'an et à l'époque où l'on en a le moins besoin à Nimes. Mais il reste encore l'inconvénient des matières suspectes que notre industrie métallurgique et minière y mêle de plus en plus, à mesure qu'elle se développe sur une échelle plus vaste.

Dans les eaux fortes , dans les eaux moyennes, ce mélange peut être sans inconvénient ; mais il n'en est plus de même quand la rivière baisse , que son eau s'échauffe et que, par conséquent, le liquide se sature de plus en plus de principes dangereux.

Toute dérivation du Gardon supérieur pour Nimes doit être proscrite en été, à cause du peu de volume et de la mauvaise qualité des eaux, et l'époque de la sècheresse aussi bien que celle des inondations doivent être comprises dans la catégorie des états anormaux si la Commission tient à maintenir son principe « *que dans l'état normal les eaux du Gardon » sont salubres.* »

Quand les deux Gardons d'Alais et d'Anduze sont réduits , chacun , à deux mille pouces de débit,

6

Quand leur lit de gravier commence à noircir sous l'eau, que les bords verdissent et se chargent de conferves ;

Quand l'eau échauffée par le soleil traîne lentement des filaments fétides, ordures agglomérées des populations et des industries riveraines, que le liquide n'a plus assez de volume pour tenir en dissolution,

Alors le produit du Gardon n'est plus ni potable, ni salubre : c'est un poison dégoûtant.

Quand l'été a été sec et chaud et que l'automne approche, on ne peut plus, sans inconvénient, même se baigner dans de telles eaux : *le Gardon est trop sale*, disent les riverains.

Alors, les populations voisines des flaques d'eau stagnantes et corrompues sont atteintes de fièvres marécageuses de mauvais caractère.

La déplorable impureté des eaux, le danger de leur voisinage augmentant dans la même proportion que leur volume diminue, — pourrait-on enlever aux riverains la moitié, les trois quarts du peu qu'ils ont encore ?

Ce serait, pour donner à Nîmes de la mauvaise eau pendant trois mois, décupler pendant le même temps la pénurie, l'aridité et l'insalubrité temporaire d'une contrée qui n'est déjà que trop affligée de l'exiguité de la rivière.

Non-seulement— « les eaux de la source de Nîmes devraient être préfé- » rées à l'étiage, » — comme la Commission a été forcée de le reconnaitre, — mais on devrait éviter avec soin de faire usage de toute celle qui proviendrait du Gardon supérieur.

Nîmes ne peut s'approvisionner d'eau salubre, irréprochable qu'aux sources d'Eure, ou dans le Gardon inférieur *depuis le moulin Labaume jusqu'à St-Privat*, alors que le Gardon supérieur a retrouvé ses qualités sanitaires par une filtration souterraine de trois ou quatre lieues pendant laquelle son volume est décuplé par des sources vives qui s'y joignent au travers de la roche néocomienne.

En aval de St-Privat, l'eau recommence à s'altérer en été, et sa qualité se dégrade à mesure qu'elle chemine vers le Pont-du-Gard, vers Lafoux, vers Montfrin, etc., et cela, en proportion du ralentissement de son cours, et de la diminution, par les infiltrations dans les graviers et l'évaporation dans l'atmosphère, de son mince volume qu'un soleil brûlant réchauffe de nouveau de plus en plus.

A partir de St-Privat, les inconvénients du Gardon supérieur reparaissent et s'aggravent successivement.

Après s'être occupée de la salubrité des eaux de cette rivière, la Commission en vient à examiner le volume qui s'y trouve à l'étiage. Ici encore elle commet des erreurs qui résultent du petit nombre des observations exactes qu'on avait faites à cette époque : cependant, la vérité commençait à se faire jour.

« M. Valz, dit-elle, à l'occasion du concours qui eut lieu en 1827 annonça un volume très-considérable d'après un jaugeage fait à l'embouchure du canal Calvière dans le Gardon ; mais, quelque confiance que nous accordions aux opérations d'un homme aussi exact dans ses recherches, nous préférons prendre pour base *un jaugeage officiel.*

» Si l'on avait en vue, ainsi que M. Valz s'y engagerait, de conduire à Nimes l'excédant du volume des eaux (sur mille pouces) pendant l'étiage, *il en résulterait, à cause du régime torrentiel du Gardon, trop d'éventualités pour assurer de véritables avantages à l'industrie. On se refuserait en général à établir des usines qui auraient à subir de telles chances par la pénurie des eaux employées à leur usage.....* »

Si telles étaient les idées de la Commission, quand il s'agissait de prendre sur les deux Gardons réunis, — qu'aurait-elle pensé qu'on pût faire avec la seule branche d'Anduze, comme élément de dérivation ?

Le jaugeage officiel, fait avant le rapport par MM. les ingénieurs des Ponts-et-Chaussées, fixa à cinq mille quatre cents pouces fontainiers la quantité des eaux des Gardons d'Anduze et d'Alais au bas étiage, et des jaugeages nombreux faits postérieurement ont prouvé, comme nous le verrons, que cette quantité pouvait devenir bien moindre.

Eh ! bien, quand le seul chiffre mis en avant était connu, le gouvernement ne permit la dérivation à Boucoiran, au profit de Nimes, que des vingt-six centièmes du débit du canal Calvière, soit douze cent vingt-quatre pouces, au cas où le canal pût attirer la totalité des eaux du Gardon ; ce

qui n'arrive jamais complètement ; car une partie de l'eau filtre toujours
au-dessous de cet ouvrage bâti sur le gravier.

Quant aux communes intéressées à empêcher le détournement des eaux
de la rivière, voici comment s'exprime la Commission municipale, naturellement portée à voir et à conclure conformément aux intérêts de la commune qu'elle représente :

« Lorsqu'en 1824, il fut question d'un canal de petite navigation
d'Alais au Cailar et à Aiguesmortes, les communes riveraines des Gardons
d'Alais et d'Anduze, *alarmées d'une dérivation de ces deux branches
de la rivière pour alimenter le canal projeté, s'opposèrent à cette dérivation*, et adressèrent des réclamations à cet égard au Conseil-général du
département, ainsi qu'au gouvernement. *Ces plaintes furent trouvées justes
et fondées, et il y fut fait droit, en obligeant les futurs concessionnaires à
un chômage annuel de quatre mois. Il s'agissait alors d'une dérivation de
la moitié des deux Gardons réunis.*

» *Les mêmes réclamations se renouvelleront sans doute, si les auteurs
des projets qui vous sont présentés veulent pousser leur fourniture d'eau
au-delà, et même à la moitié du volume d'eau donné par les deux Gardons.*

» Nous devons donc considérer comme illusoire la perspective d'un
canal de petite navigation et d'arrosage qui serait alimenté par les eaux
excédant le volume d'eau concédé à la ville. Cette idée, sur laquelle on
paraît beaucoup s'appuyer pour faire valoir l'un des projets présentés, *a
toujours été considérée comme inexécutable à cause du manque d'eau.....*»

Que serait-ce si, comme aujourd'hui, l'on voulait demander toute la
dérivation au seul Gardon d'Anduze, et ne se soumettre nullement au
chômage de quatre mois judicieusement exigé par le Gouvernement ?

MM. Delpuech et Durant ne promettaient alors, sans interruption, que
deux cents pouces d'eau à la ville de Nîmes.

Après avoir commencé par raisonner fort juste, la Commission municipale tombe tout-à-fait dans le faux quand elle ajoute :

« Si les réclamations de communes qui bordent le Gardon nous paraissent de quelque valeur quand il a été question d'une dérivation propre à alimenter un canal de navigation et d'arrosage, nous pensons qu'elles sont un peu exagérées du moment qu'il ne s'agit plus que d'une dérivation de mille à deux mille pouces..... (Il était toujours question de puiser à la fois aux deux Gardons d'Alais et d'Anduze.)

» Ce ne peut être que par des infiltrations souterraines que le Gardon entretient un peu de fraicheur sur ses rives, et c'est à la privation de ces infiltrations que se réduisirent en définitive les réclamations de ces communes, *objections pour lesquelles un chômage fut accordé quand il s'agissait d'un canal.*

»Nous admettons, ainsi que la Commission du Conseil-général , l'existence de ces infiltrations et leur utilité; mais nous pensons que si l'une ou l'autre des entreprises (Valz ou Talabot) obtenait une concession de trois mille pouces, les deux mille quatre cents pouces restants seraient suffisants et au-delà pour remplir les besoins des communes qui réclament...»

C'est très-bien ; mais si , par hasard , le débit des deux Gardons réunis descendait à la moitié du chiffre énoncé, ou si l'on ne voulait puiser qu'à l'une des deux branches, que deviendraient alors les communes riveraines ?

La Commission continue :

« Quant aux moulins, — comme ce sont des propriétés particulières , et qu'il sera toujours possible , par cette raison, de vaincre des obstacles semblables au moyen d'indemnités, nous pensons qu'il n'y a pas lieu de s'arrêter à cette objection.

» D'Anduze à Boucoiran il n'existe que trois moulins de quelque importance, y compris celui qui est en tête du canal Calvière : les moulins de Labaume et de St-Privat, placés à des points trop inférieurs aux prises d'eau de dérivation de l'un et de l'autre projet, sont alimentés bien plus par les eaux de leurs sources particulières et par celles de l'Alzon , un des principaux affluents du Gardon, que par les eaux du Gardon lui-même (1).»

Dans un rapport postérieur, fait au conseil municipal sur les mêmes

---

(1) Extrait du Rapport fait au conseil municipal en juin 1832, par MM. Plagnol, Alphonse de Seynes, etc. — (Papiers de ce dernier.)

projets, nous lisons d'autres détails qui ne sont pas sans importance; il y est dit :

« M. Valz suppose qu'il pourra conduire à Nimes le débit total du Gardon, estimé par lui à deux mille deux cents litres par seconde (9,836 pouces) : le jaugeage ne fut certainement pas fait à l'étiage véritable, — car des opérations exécutées avec le plus grand soin à Alais et à Anduze, *lorsqu'il s'agissait du canal de navigation,* prouvent que le Gardon d'Anduze débitait.................... 655 litres 2,735 pouces,
celui d'Alais........................ 583 — 2,518 —

Totaux........... 1,218 — 5,251 —

» Si, comme l'a pensé M. Valz, il était possible de s'emparer de toute l'eau du Gardon, on pourrait, au moyen de son projet, amener douze cents litres d'eau à Nimes; — cela serait fort beau, mais nous pensons que les intérêts des riverains apporteraient à un pareil projet des obstacles insurmontables; d'abord, il faudrait acheter en entier l'usine de Remoulins (Lafoux) sur le Gardon. Il est vrai que cette rivière disparaît entièrement dans la saison sèche; mais en résulte-t-il qu'on puisse sans inconvénient en changer le cours ?

» Nous sommes loin de le croire, et nous ne doutons pas que le résultat immédiat d'une pareille mesure ne fût une grande détérioration dans les belles plaines situées sur les deux rives du Gardon au-dessus de Dions. Sur beaucoup de points on blesserait bien des intérêts; mais, lors même qu'il n'en serait pas ainsi, il faudrait s'attendre aux plus énergiques réclamations de la part des nombreuses communes riveraines, et ces réclamations ne pourraient être entièrement rejetées par l'administration.....

» *Les oppositions des usines ne sont pas les plus graves, car elles se réduisent à une question d'argent, tandis que les oppositions des propriétaires riverains sont presque impossibles à vérifier, et, par conséquent, bien difficiles à aplanir.....*

» *Au reste, il ne paraît pas que, dans ce moment, les fabriques de Nimes aient besoin d'une bien grande quantité d'eau: cent cinquante litres suffiraient aujourd'hui à leur consommation, et, de bien long-*

temps, elles ne seraient en mesure d'en utiliser plus de trois cents litres... (1).»

Nous lisons dans un rapport fait au conseil municipal, à la même époque, par M. Achile de Daunant :

« Les oppositions des communes, soulevées par le projet Valz à l'occasion des eaux à dériver du Gardon, *seraient puissantes, s'il s'agissait de prendre la même quantité d'eau auprès d'Alais ou d'Anduze* ; car, de ces villes à Ners, cette rivière traverse le territoire de plusieurs communes, fournit à des usines et à des irrigations, et, enfin, ne trouve pas, pour s'absorber, ces immenses graviers qui occupent une partie de la plaine qui s'étend de Ners à Russan (2). »

La compagnie Talabot sentit la force de l'objection, et, aussitôt, trois de ses membres, MM. Roux-Carbonnel, Gaston de Labaume et Edouard Michel s'empressèrent de répondre :

« Enlever les eaux à des riverains qui en jouissent depuis un temps indéfini, c'est violer fortement les droits acquis. L'administration ne procède, en pareil cas, qu'avec la plus grande mesure. Nous ne pensons pas qu'on puisse obtenir d'abord plus que l'autorisation de faire un essai, en dérivant une petite portion du Gardon, *un huitième par exemple.*

» Lorsqu'il aura été reconnu par une enquête que cette opération ne porte aucun préjudice aux riverains, on autorisera sans aucun doute une prise d'eau plus considérable ; — *mais croire qu'on permettra de dériver sur-le-champ la moitié ou la presque totalité du Gardon, c'est se faire une illusion complète, et nous ne voyons pas sur quels motifs on fonderait une pareille prétention.*

» L'administration ne peut, ni en droit ni en fait, autoriser des changements aussi brusques dans l'état des lieux. Avant de prendre un parti à cet égard, avant même de laisser opérer la plus faible dérivation, une enquête sera faite, toutes les oppositions seront appelées, toutes les récla-

---

(1) Rapport de la compagnie d'études du projet Talabot. — MM. Roux-Carbonnel, de Labaume, Michel. (Papiers de M. Alphonse de Seynes.)

(2) Rapport au conseil municipal, au nom d'une commission composée de MM. Vidal-Pelet, de Daunant, Ferdinand Béchard, Cazeing, Bonnaud.

mations seront entendues , et il faudrait bien peu connaître les hommes et les lieux , pour douter que tout projet de dérivation ne soit accueilli par un cri général de réprobation de tous les riverains.... (1) »

Tels sont les vrais principes de la justice , et l'administration n'en saurait avoir d'autres :

Il est donc évident , pour tout juge impartial, que si , — comme les jaugeages le prouveront , — il est impossible de dériver constamment du canal Calvière millé pouces d'eau à l'étiage ;

Il est bien plus impraticable encore de détourner la même quantité de liquide plus en amont , et , surtout , d'une seule des branches du Gardon , de celle d'Anduze , par exemple.

En agissant sur un volume moitié moins considérable qu'à Ners , on ne peut raisonnablement penser à prélever une quantité d'eau égale. Ce serait sacrifier d'une manière bien plus cruelle les usiniers et les riverains : — Une telle injustice, une telle violation de tous les droits est impossible *sur un parcours d'environ cinquante mille mètres.*

Dans tous les cas , en temps de crue comme à l'étiage , l'eau prise au-dessous d'Anduze ne serait ni plus limpide , ni moins insalubre que celle qu'on dériverait au-dessous de Ners ; mais le volume en serait seulement beaucoup moindre , et le pays à sacrifier plus productif , plus peuplé , les pertes beaucoup plus considérables , l'injustice plus grande.

Le projet Talabot ne fut point adopté en 1852 ; le projet Perrier , modification de celui de M. Valz, lui fut d'abord préféré ; mais , bientôt, on s'arrêta devant les chances aléatoires qu'il présentait , devant l'énormité de la dépense , et surtout lorsque , par de nouvelles observations , on eut mieux connu qu'auparavant combien, pendant certains étés de sècheresse, le haut Gardon présente peu de ressources pour une dérivation ruineuse , et combien la qualité du liquide laisse à désirer.

Comme le projet Valz avait été modifié par M. Perrier , le projet Talabot devait l'être à son tour par M. l'ingénieur en chef Jouvin , mais

(1) Nimes , 1832. — Brochure de 12 pages, chez J.-B. Guibert , par les commissaires chargés de représenter la compagnie d'études du chemin de fer.

non pas assurément d'une manière heureuse ; — car, pour donner à la prise d'eau cinq à six mètres de plus de hauteur, il faut l'éloigner de Nimes de sept kilomètres encore, c'est-à-dire donner à la rigole d'amenée une longueur d'environ soixante kilomètres.

Il faut traverser des terrains de plus en plus accidentés ou précieux,

Percer encore une montagne,

Réduire le Gardon presque à rien au travers des deux riches vallons d'Anduze,

Se soumettre à des frais, à des indemnités énormes,

Priver, ce qui est de toute impossibilité, une ville de cinq à six mille âmes de l'usage indispensable pour elle d'une rivière déjà beaucoup trop réduite en été,

Enfin, compromettre à la fois la prospérité, l'agrément et la salubrité de la contrée.....

On voit qu'un système pareil est de tous points inacceptable.

Ce projet n'est que celui de M. Talabot rehaussé de quelques mètres et soudé à un tracé de canal d'irrigation récemment étudié par M. l'ingénieur Dombre.

Si l'auteur avait eu le loisir d'examiner le parcours réel du canal qu'il propose seulement sur les dessins de projets antérieurs ;

S'il avait parcouru les bords du Gardon supérieur, qui ne peuvent se passer du produit de leur unique cours d'eau déjà trop réduit à l'étiage ; s'il avait fixé son attention sur la nature du liquide, sur les difficultés du terrain, sur le peu de volume de la dérivation possible pendant plusieurs mois de l'année : la disproportion énorme des revenus et des dépenses l'aurait certainement frappé et il aurait été loin de prôner, comme il l'a fait, les avantages d'une semblable entreprise.

On connaît les objections qu'a soulevées le projet de M. Talabot, dont M. Jouvin s'est inspiré, mais avec une infériorité malheureuse, puisqu'au lieu de mettre les deux Gardons d'Alais et d'Anduze à contribution, il ne veut puiser qu'à un seul, ce qui l'obligerait à le dessécher complètement.

Quand il s'agissait d'un canal d'arrosement, une partie au moins des

7

riverains aurait profité des pertes des autres , tandis qu'on les sacrifie tous
quand on veut conduire à Nimes l'eau dont ils ne peuvent se passer.
D'ailleurs , dans le premier cas, la fermeture de la rigole d'arrosement
aurait pu être ordonnée dès que la rivière aurait fourni moins d'un mètre
cube, tandis que l'approvisionnement d'une ville ne peut être intermittent.
Et pourtant, dès sa présentation, de sérieuses oppositions furent faites au
projet de M. Dombre : elles eussent été bien plus nombreuses si la plupart
des propriétaires n'en avaient pas regardé la réalisation comme impossible.
Plusieurs voix réclamèrent dans l'intérêt de la ville d'Anduze même ,
d'autres en faveur d'usines existantes , d'autres pour les propriétaires de la
rive gauche sacrifiée à la rive opposée.

Il fut dit :

« L'eau des rivières n'est-elle pas particulièrement dévolue à l'usage
» des propriétaires et des fonds riverains ?

» Quand cette eau procure quelques avantages , c'est une équitable
» compensation des dégâts et des ravages dont les riverains , et eux seuls,
» ont trop souvent à souffrir ; et ces principes , vrais pour la plupart des
» cours d'eau, le sont bien plus encore pour une rivière torrentielle
» comme le Gardon , furieuse après les pluies et presque à sec en été.

» Les profits , en général , sont bien au-dessous des sinistres.

» Mais , en été , nos riverains n'ont certes pas trop d'eau sur un gravier
» large et brûlant , quand la rivière ne roule qu'un mètre cube et *souvent*
» *beaucoup moins.*

» Cette eau n'est qu'une compensation bien faible des dommages que
» leur occasionnent les crues et les débordements ; il n'est nullement juste
» qu'elle soit ôtée à la commune d'Anduze au profit des communes
» inférieures ; *aux riverains surtout , au profit de propriétaires qui ne le*
» *sont pas.*

» Si l'on donne la moitié de la rivière aux communes qui sont sur la
» rive droite , — qu'auront celles du bord opposé ? — Et si , pour rendre
» les avantages égaux , on concède à celles-ci la moitié du liquide , — que
» restera-t-il dans le lit de la rivière pour les véritables riverains ?

» Enfin , toute la contrée a l'intérêt le plus grand de profits, d'agrément

» et de salubrité à ce qu'il reste *toujours* assez d'eau dans la rivière pour
» que le courant soit maintenu ; pour que le Gardon ne soit pas réduit à
» des flaques immobiles et putrides.

» Cet intérêt est plus considérable encore pour la ville d'Anduze , bâtie
» tout au bord du Gardon qui lui est indispensable pour tous les usages
» d'industrie, de lavage, de propreté. Tous les aqueducs se dégorgent , au
» pied de la ville, dans cette rivière dont toutes les eaux sont nécessaires
» en été pour qu'il n'y ait pas sur ce point des foyers de fièvres dangereuses.

» Que serait , à l'étiage , le Gardon sous les murs d'Anduze , si , à une
» demi-lieue en amont , on dérivait cinq cents litres d'eau par seconde ?

» Que lui *resterait-il si* , après une pareille dérivation pour la rive
» *droite* , la *rive gauche réclamait* sa part légitime à son tour ?

» Il est des étés où le Gardon roule bien moins d'un mètre cube , et
» souvent le courant est si peu de chose que ses bords exhalent , pendant
» la nuit , une odeur marécageuse et que le fond de la rivière se couvre de
» mousse et de saletés. . . . »

De pareilles observations se seraient sans doute produites dans toutes
les communes , surtout dans celles de la rive gauche , si l'on avait donné
suite au projet ; — mais elles seraient bien plus vives , bien plus nombreuses encore s'il s'agissait d'approvisionner à leurs dépens la ville de
Nîmes , qu'à l'occasion d'une prise d'eau pour l'arrosement , profitable ,
du moins , à une partie des terrains qui bordent la rivière : — aussi ,
jusqu'à nos jours , personne n'avait pensé à détourner le Gardon en
amont d'Anduze , à huit lieues de distance , dans l'intérêt nîmois. La
rigole à pente nécessaire ne devrait pas avoir , entre le point de départ et
celui d'arrivée, moins de quinze lieues de développement pour surmonter
toutes les difficultés du sol et conserver une déclivité convenable. Un pareil
projet sera toujours inexécutable faute d'argent et faute d'eau.

De cette exposition , bien longue sans doute , mais pourtant trop essentielle pour que rien en dût être omis , il me paraît résulter avec évidence
ce qui suit :

1° — Il existe *en toute saison* au moulin Labaume, et surtout à Collias au confluent du Gard et de l'Alzon, une quantité d'eau plus que suffisante pour l'approvisionnement de Nîmes.

Cette eau, si l'on a le soin de puiser, suivant l'occurrence, dans l'une
ou l'autre de ces deux rivières, peut être constamment pure, limpide,
irréprochable; mais, comme elle coule à un niveau inférieur à celui de
notre ville, il faut nécessairement l'élever par des appareils mécaniques.

En soustrayant ainsi mille pouces et même deux mille à ces deux
rivières en ce point, — c'est-à-dire par la première quantité, ce qui serait
plus que suffisant pour les besoins actuels de la cité, — et, par la
seconde, à peu près tout ce que peut conduire l'aqueduc romain, — on ne
prendrait pourtant, dans le premier cas, que le dixième, — et, dans le
second, que le cinquième au plus du débit du Gardon à son extrême
étiage, ce qui ne préjudicierait en rien aux propriétés riveraines, et ne
causerait de dommage appréciable qu'aux propriétaires des usines de
Saint-Privat, de Lafoux, et cela tout au plus pendant deux ou trois
mois. — On les couvrirait de leurs pertes par une indemnité pécuniaire.

2° — A Boucoiran, comme dans tout le Gardon supérieur, la quantité
d'eau est beaucoup moindre et la qualité très-mauvaise, — ce qui fait
qu'en amont du moulin Labaume, on ne pourrait se procurer de l'eau
véritablement potable qu'en établissant des moyens de filtrage très-
coûteux.

Non-seulement, sur son parcours supérieur, le débit du Gardon est
moins considérable et moins pur qu'à Labaume et à Collias, — mais le
peu d'eau qui s'y trouve, indispensable aux propriétés et aux populations
riveraines, ne peut leur être ravi sans une criante injustice ou des indemnités qui seraient écrasantes pour Nîmes.

3° — A mesure, qu'en partant de Ners, on remonte le Gardon vers
Anduze ou vers Alais, la qualité de l'eau ne s'améliore pas, la quantité
diminue et l'on voit successivement augmenter le nombre des propriétaires
riverains et des communes intéressés à ce qu'on ne dérive pas leur unique
cours d'eau pérenne.

Prolongement très-coûteux du canal d'amenée, conquête d'un liquide impur pendant des mois entiers , ruine d'une contrée fertile et populeuse, insalubrité suite inévitable du plus grand appauvrissement d'un torrent déjà beaucoup trop réduit par nos longues sècheresses , — tels seraient les résultats certains d'une entreprise que l'autorité supérieure ne peut approuver ; car il est des dommages et des pertes qu'on ne répare pas à prix d'argent.

4° — Quant au projet de porter la prise d'eau jusqu'au-dessus d'Anduze, ce serait aggraver le mal sans aucune compensation.

Si l'eau est un peu moins mauvaise en amont qu'en aval de cette ville, elle n'est pourtant nulle part irréprochable , et , lorsque la sècheresse ou les arrosements supérieurs en ont notablement amoindri le volume , elle s'échauffe dans nos vallons comme dans la plaine, elle croupit aussi dans nos écluses de moulin, et, de plus , elle n'est souvent que la colature souillée de prés couverts d'engrais. Enfin , pour établir un barrage de prise d'eau au confluent des deux Gardons de St-Jean et de Mialet , il faut traverser des propriétés précieuses , percer une montagne de plus , porter un préjudice mortel à une ville qui n'est pas sans importance , ruiner un plus grand nombre d'usines , porter l'aridité sur une étendue plus considérable de fonds riverains , vicier l'air sur un plus long parcours.

Ce projet , assurément, est de tous le moins praticable.

Rappelons-nous toujours que le débit du Gardon s'affaiblit et que la qualité des eaux se détériore *à la fois vers l'amont et vers l'aval*, à partir du moulin Labaume.

L'exiguité du volume et la mauvaise qualité des eaux dans leur cours supérieur, ainsi que les difficultés énormes du passage de la vallée du Gardon dans celle du Vistre sont des motifs plus que suffisants d'exclusion pour cette provenance, malgré tout ce qu'on peut alléguer sur les avantages de l'élévation du niveau et sur la possibilité d'établir une simple rigole à pente.

Le débit bien plus considérable du cours inférieur, la qualité irréprochable des eaux , *depuis le moulin Labaume jusqu'au Pont-du-Gard* , — la proximité de Nimes doivent faire préférer cette provenance à la première, — malgré l'impossibilité d'amener le fluide à Nimes sans l'élever artificiellement.

Les dommages sont d'ailleurs aussi peu considérables en aval du moulin Labaume qu'ils seraient incalculables à Boucoiran , à Ners et surtout en amont...

Il n'est qu'un seul point , *les sources d'Eure* , où l'on puisse trouver des eaux abondantes et pures, à un niveau suffisant pour notre cité ;

Il n'est qu'un seul moyen , en rapport avec les ressources financières de la ville, d'obtenir de l'eau arrivant par sa pente naturelle , — *c'est la restauration de l'aqueduc romain :*

On ne doit pas trop regarder à la dépense quand il s'agit de se donner de l'eau de source vierge, pure, naturellement au niveau désiré; mais, quand à ces avantages précieux se joint celui de l'économie ; — lorsque le projet le meilleur est en même temps le moins coûteux , l'incertitude est-elle possible ? — L'hésitation ne se comprendrait pas.

Nimes , le 15 mars 1855.

CHAPITRE SECOND.

—

De la rivière du Gardon à son étiage et de la quantité d'Eau qui s'y trouve.

————

Généralités.

I.

Les auteurs spéciaux s'accordent à dire que rien n'est plus difficile à mesurer que la quantité d'eau qui coule dans un lit irrégulier, et que rien n'est plus variable, suivant les jours, les mois, les années où l'on opère, qu'il s'agisse des sources, des ruisseaux, des rivières, et surtout des cours d'eau torrentiels. On ne doit donc pas s'étonner si l'on trouve de grandes différences quand on compare, pour le même courant, le produit des mesurages de divers observateurs.

Examinons ici ce qu'on a avancé à diverses époques sur la quantité d'eau qui forme la rivière du Gardon.

Suivant le mesurage de MM. Delpuech et Durand, fait en août 1821, *époque de grande sècheresse d'après eux :*

Le Gardon, jaugé à Alais, aurait donné en mètres cubes, par vingt-quatre heures . . . . 41,679 m. c.

La branche d'Anduze, jaugée à la Madeleine 207,360

Les rivières d'Auzon, d'Ourdres, de Courmes, d'Aigalades et les ruisseaux de la ligne de leur canal 56,736

Total par vingt-quatre heures . . . . 305,775 m. c.

Ou bien quinze mille deux cent quatre-vingt-huit pouces, dont douze mille quatre cent cinquante-deux pour les deux Gardons d'Anduze et d'Alais.

Ce résultat est possible pour certains cas, même en été, si l'on exclut toutefois les époques de sècheresse ; j'ai trouvé, en juin et juillet 1843, à peu près les quantités énoncées par MM. Delpuech et Durand ; mais, aux époques d'aridité, il faut compter bien autrement. Nous avons déjà cité les rectifications de M. Méric sur la puissance relative ordinaire des deux branches d'Alais et d'Anduze, et sur ce point capital que la plupart des affluents, depuis ces deux villes jusqu'à Ners, sont à sec au véritable étiage. Pour cette époque de l'année, les mesurages dont nous allons parler se rapprochent bien plus de la vérité.

II.

Dans un rapport sur le projet du canal de navigation d'Alais au Cailar et à la mer de MM. Delpuech et Durand, feu M. l'ingénieur en chef Grangent énonça que les deux Gardons d'Alais et d'Anduze, jaugés avec le plus grand soin sous les murs de ces deux villes, fournissaient en vingt-quatre heures :

Celui d'Alais...........................	50,351 m. c.
Celui d'Anduze..........................	58,895
Total en mètres cubes..................	109,246

Ce qui ne fait plus que cinq mille quatre cent soixante-deux pouces, savoir :

Pour le premier.........................	2,517 pouces.
Et pour le second.......................	2,945

Ce résultat, bien différent du premier, faut-il le regarder comme trop faible ? Je ne le pense pas : je le crois, au contraire, trop élevé pour les années de grande sècheresse.

Cependant M. Grangent, qui avait sous les yeux la supputation de MM. Delpuech et Durand de plus de douze mille pouces, ne sait comment se rendre raison de cette énorme différence. En laissant de côté les ruisseaux de Courmes et d'Aigalades qui se jettent dans le Vidourle, ceux d'Auzon (Alzon) et d'Ourdre (le Droude) qui se jettent dans le Gardon au-dessous de Boucoiran et ne peuvent, dans ce moment, nous intéresser ; en nous en tenant aux deux Gardons d'Alais et d'Anduze, il n'en résulte pas moins que MM. Delpuech et Durand avaient trouvé 249,059 mètres cubes, là où M. Grangent n'en trouvait que 109,246 : la différence était très-forte.

Alors, M. Grangent se souvient que M. Valz a trouvé à Boucoiran, au-dessous du confluent des deux Gardons, 191,900 mètres cubes, quantité presque double de celle obtenue par ses deux mesurages d'Alais et d'Anduze, et il adopte ce chiffre pour l'aval du confluent ; seulement, pour que ce résultat puisse concorder avec le sien, il est obligé de supposer que les deux mille huit cent cinquante-six pouces qui existent encore de différence, proviennent des affluents qui se jettent dans le lit du Gardon depuis Alais et Anduze jusqu'à Boucoiran.

Cette explication est une erreur que ne commettrait pas quiconque connaîtrait bien le pays. La plupart de ces affluents sont à sec en été, et loin qu'on trouve à Boucoiran plus que la somme des eaux mesurées à Anduze et à Alais, il est de notoriété publique que les puisages, l'évaporation, l'imbibition dans les sables, la filtration même sous les rochers enlèvent dans les deux Gardons supérieurs beaucoup plus d'eau que les affluents n'en donnent.

Dès que M. Grangent eut adopté les neuf mille cinq cent quatre-vingt-quinze pouces du mesurage de M. Valz, il ne manqua pas de dire qu'on pourrait donner à la ville de Nimes beaucoup plus d'eau dérivée du Gardon que les Romains n'en avaient conduit de la fontaine d'Eure par le Pont-du-Gard. Suivant lui, cette dernière quantité, calculée d'après les formules de Prony, était de trois mille pouces pour les basses eaux et de quatre mille quatre cents pouces pour les plus hautes. Je dois faire observer, en passant, que la quantité d'eau que l'aqueduc romain avait fournie à Nimes n'était pas mieux connue à cette époque que celle qu'on pouvait obtenir du Gardon. Si, pour cette rivière, on manquait de bons mesurages assez multipliés, on ignorait, d'autre part, quelle était la pente de l'an-

8

tique aqueduc : on la supposait uniforme, on en indiquait même le chiffre, tandis qu'elle est très-irrégulière, ce qu'on 'n'a connu que par des fouilles postérieures et un nivellement exact de tout le parcours ; or, comme cette pente était un élément nécessaire du calcul, on ne pouvait nullement connaître en 1826 la quantité d'eau susceptible d'arriver à Nîmes par cette voie.

III.

M. Grangent s'étant rangé à l'avis de M. Valz pour la quantité d'eau que le Gardon roulait à l'étiage à Boucoiran, il importe de bien examiner les bases de l'opinion d'un citoyen si dévoué aux intérêts de sa ville natale.

Le 26 juillet 1826, M. Valz mesura les eaux qui cheminaient dans le canal Calvière. Entre Boucoiran et le second moulin, au-dessus du pontereau de la route d'Alais, il choisit une portion de ce canal en ligne droite, et d'égales largeur et profondeur, autant que possible, pour y mesurer la vitesse superficielle du courant à l'aide de petits flotteurs projetés au milieu du bief. Ces essais suffisamment répétés, il trouva quarante mètres parcourus en soixante secondes, ou 0 m. 67 de vitesse par unité. D'après les tables de Prony, cette vitesse à la surface répond à une moyenne de 0 m. 53. La largeur moyenne s'étant trouvée de six mètres, et la profondeur moyenne de 0 m. 80, le produit, d'après M. Valz, serait de 2 m. c. 544 par seconde ou de dix mille neuf cent quatre-vingt-quinze pouces.

Ce résultat, quoique exagéré, parce que la vitesse superficielle est moindre sur les bords qu'au centre du courant, surtout au canal Calvière, à cause des branches et des herbes qui s'y trouvent ; ce résultat, disons-nous, n'a rien d'impossible : en 1843, à la même époque, nous avons trouvé que le canal Calvière débitait à peu près la même quantité. Si M. Valz se fût borné à cet énoncé, nous n'aurions pas contesté son observation ; nous aurions seulement conclu qu'il avait opéré une année pluvieuse et avant que la sécheresse arrivât.

Si la quantité sus-énoncée était exacte, et surtout constante pendant l'étiage, il y aurait là plus d'eau qu'il n'en faut pour tenir en action sans relâche deux tournants à la fois, avec la chute qu'ont les moulins de Boucoiran et le système sur lequel ils sont établis. Or, bien loin que dans chacun des trois bâtiments, c'est-à-dire par l'effet de la même chute, deux tournants aillent à fil à la fois à l'époque des grandes sècheresses, nous savons que par chaque barrage on n'en peut faire marcher qu'un, et, de plus, *que, pendant certains étés, ce seul moulin par écluse, est forcé de chômer, faute d'eau, quelquefois seize heures sur vingt-quatre.* Le calcul de M. Valz n'est donc pas applicable aux époques de disette ; car alors, comme nous le verrons bientôt, il y a dans le canal Cal- vière six fois moins d'eau qu'il ne le suppose.

La quantité en est encore plus variable dans un canal de dérivation comme celui de Boucoiran que dans la rivière elle-même. Souvent en été, sur le Gardon, de petites inondations dont les eaux sont très-chargées limo- nent le fond de la rivière au-dessus des digues de prise : alors il y a beau- coup moins d'imbibition, de filtrations au-dessous des graviers, et la plus grande partie de l'eau de la rivière entre dans le canal de dérivation.

Si, au contraire, à l'approche de la sècheresse, de fortes crues ont re- mué, bouleversé les sables et les graviers sans former de dépôt, alors le lit de la rivière n'est plus imperméable, l'eau passe au-dessous des fonde- ments du batardeau, et il n'arrive dans le canal latéral que la moitié, le tiers et souvent une proportion bien moindre de l'eau que cette rivière contient réellement ; le reste filtre sous la digue, au travers des sables et des graviers et va surgir souvent fort loin.

Cet inconvénient est commun à tous les moulins dont les barrages de prise ne sont pas immédiatement fondés sur le rocher ; on l'éprouve à Boucoiran comme ailleurs : j'en puis parler par mon expérience person- nelle.

A l'époque où l'on procède à un jaugeage, les moulins supérieurs peu- vent être en action, et l'on mesure alors une quantité bien plus forte que le débit constant ; on est trompé par la survenance d'eaux précédemment accumulées.

Un de mes amis, voulant un jour d'été jauger le Gardon, se mit à l'œuvre et s'émerveilla du volume d'eau qu'il trouvait : c'était le matin. Il crut sage de répéter son opération le soir : — la rivière fut presque à sec ; il comprit alors qu'elle roulait plus ou moins d'eau , suivant qu'on lâchait ou qu'on fermait les écluses des moulins supérieurs. Si l'observateur n'eût fait qu'une seule opération et s'en fût tenu , par exemple, à celle du matin, on aurait trouvé cinq mille pouces dans un cours d'eau qui , le soir, n'en fournissait que six à huit cents. Il faut donc changer de méthode ou multiplier extrêmement les opérations si l'on veut avoir de bons résultats.

Quand on fait un jaugeage , en tenant compte de la section d'un canal et de la vitesse de l'eau appréciée par des flotteurs jetés à la surface, il peut arriver qu'on ferme les vannes des moulins inférieurs. Alors l'eau , retenue par le barrage d'aval, remplit successivement la capacité de l'écluse. Ainsi arrêtée de moment en moment et de bas en haut par tranches horizontales qui se prolongent de plus en plus vers l'amont, il arrive nécessairement qu'elle ne marche plus avec la même rapidité dans toute la profondeur du canal , et que, de la vitesse observée à la surface, on ne peut rien conclure pour celle de la masse. Il n'y a réellement que la lame d'eau supérieure qui marche , jusqu'à ce qu'arrêtée par le barrage , elle soit recouverte à son tour par une lame plus élevée venant d'amont.

Si , pour calculer le volume que débite un canal, on se réglait alors sur sa largeur , *sa profondeur, et sur la vitesse de l'eau à la surface*, on commettrait des erreurs énormes. L'homme le plus habile ne les évitera pas toujours ; car il faut pour cela parfaitement connaître les localités et le régime particulier de leurs eaux. La présence des moulins sur les rivières et leurs affluents, et l'intermittence de leur action seront toujours de grandes causes d'erreur dans la mesure directe des eaux. Pour s'en mettre à l'abri , il convient de varier les méthodes , de décomposer les éléments, comme nous nous sommes efforcé de le faire nous-même.

Au reste , quand on jauge un canal qui fait mouvoir plusieurs usines , on doit éviter de faire ses opérations entre deux de ces établissements : en se plaçant à la tête du canal , on n'a que l'effet de la retenue inférieure à surveiller ; en se plaçant à l'extrémité d'aval du bief , on n'a qu'à tenir compte de l'état du moulin immédiatement supérieur ; — tandis que, si l'on opère entre deux moulins, les difficultés deviennent doubles. Dans le lit des rivières on peut, en général, s'établir hors de la partie du remous des usines d'aval , mais il faut toujours s'enquérir de l'état d'activité ou de repos des usines supérieures. Quand on procède à l'entrée d'un canal, la venue des eaux est libre ; — à l'extrémité inférieure c'est la fuite des eaux qui n'éprouve pas de gêne ; — mais, quand on opère au milieu, il faut considérer qu'il n'y a de libre ni l'arrivée, ni la fuite du liquide à mesurer.

Je n'énumérerai pas toutes les autres causes de fausses estimations qui peuvent se trouver dans une opération de ce genre, comme les inégalités du fond et des bords du cours d'eau ; la présence des arbres , des branches plongeantes, des racines, des plantes aquatiques : j'en ai dit assez pour qu'on sente combien il est facile d'errer en pareille matière, et combien les différences les plus sensibles dans les jaugeages de divers observateurs doivent peu nous étonner. Si l'on arrive à des résultats à peu près certains quand on opère sur de petites masses et dans des canaux réguliers, tout est douteux lorsqu'il s'agit d'un grand volume d'eau qui n'est pas encaissé dans un canal en maçonnerie.

Après avoir fait son mesurage au moyen des flotteurs , et pour en obtenir une vérification, M. Valz mesura la vanne du dernier des moulins de M. de Calvière qui avait 0^m 70 de largeur , sur 2^m 50 de hauteur depuis le seuil jusqu'à la surface de l'eau. Cette vanne s'élevait de 0^m 75, et se refermait lorsque les eaux de la retenue s'étaient abaissées de 0^m 50. En procédant ainsi , *après trois heures de travail il y avait une heure de repos*, c'est-à-dire une interruption d'action de la machine de six heures par jour.

M. Valz en conclut qu'il ne fallait supputer que les trois quarts de la dépense totale de l'ouverture de la vanne soumise aux variations de charge sus-énoncées. Il trouva, par les formules , le volume d'eau écoulé par seconde de 3^m 177, dont les trois quarts sont 2^m 382 ou 10,290 pouces modulés, ce qui ne donnait qu'un quinzième de moins que par son premier mesurage, et M. Valz se félicite de cette coïncidence.

Pour moi, je regarde comme impossible qu'avec la chute qu'a ce moulin, un seul *tournant* débite une pareille quantité d'eau. Deux mètres et tiers seraient plus que suffisants pour faire marcher deux moulins à fil, tandis qu'ici, un seul aurait été obligé de chômer une heure sur quatre : il y avait assurément beaucoup moins d'eau dans le canal.

La quantité trouvée par M. Valz aurait été en disproportion énorme avec l'effet produit. Avec 10,290 pouces on n'aurait obtenu que ce qu'on fait ailleurs avec trois mille ; il y avait certainement là une erreur très-grave : il s'agissait de la découvrir.

Nous nous inclinons devant la science aussi étendue que solide de M. Valz ; mais ici , ce qu'il fallait particulièrement connaître, c'était la construction et le mécanisme du moulin : bien moins théoricien que lui , nous avions, par occurrence, l'avantage d'être beaucoup plus *meunier.*

Dans les engins établis comme ceux de Boucoiran , la vanne n'est pas placée à l'extrémité inférieure , à la partie la plus étroite de la buse ou *venue d'eau* , mais bien vers son milieu ; or, comme cette buse est beaucoup plus ouverte en amont qu'en aval, qu'elle a la forme d'une pyramide rectangulaire tronquée, il en résulte que la dimension de la vanne et l'ouverture qu'elle produit en s'élevant sont beaucoup plus grandes que l'issue réelle de l'eau , et que , sous peine d'avoir un résultat exagéré de plus de moitié, ce n'est pas sur la largeur et la hauteur de levée de la vanne qu'il faut calculer le véritable débit.

Ce débit est encore diminué par la contraction du fluide à l'entrée d'un conduit conique long de six à huit pieds, par son frottement contre les parois , et surtout par l'obstacle que présente le bas de la vanne qui est verticale et qu'on n'élève jamais jusqu'à la surface de l'eau.

Mais, il y a plus, les moulins de Boucoiran ne sont pas à rouet volant ou libre; l'eau n'y agit pas par le choc, à distance : l'extrémité de la buse ne s'ouvre pas dans le vide (1) :

Cette ouverture aboutit à une cuve dans laquelle le rouet est enfermé et cette cuve ne communique à l'extérieur que par les fentes étroites qui

_____

(1) Dans le pays, l'ouverture de la petite extrémité de la buse a de 0 m. 55 à 0 m. 65 de hauteur, et de 0 m. 15 à 0 m. 25 de largeur.

terminent inférieurement les aubes courbes du rouet; c'est une espèce de demi-turbine, dont l'eau ne sort qu'avec difficulté après avoir tournoyé dans la cuve. La masse de liquide, après avoir frappé le rouet, est rejetée avec violence contre les parois de la cuve et même contre l'ouverture de la buse elle-même où elle fait obstacle à l'arrivée de l'eau nouvelle dont la vitesse est ralentie et le débit diminué, de sorte que cette ouverture inférieure en dépense bien moins, sous une charge donnée, que si elle versait dans un espace libre.

Si donc l'on tient compte :

D'abord de ce que l'extrémité de la venue d'eau est beaucoup plus étroite que le milieu où la vanne est placée ;

En second lieu, de ce que l'écoulement de l'eau éprouve de grands obstacles, on doit diminuer de beaucoup l'estimation du débit qu'on aurait faite en prenant comme base du calcul la largeur et le soulèvement de la vanne ; — la dépense réelle n'est guère que le tiers de celle qu'on aurait sur des éléments aussi défectueux.

L'estimation de M. Valz de 10,290 pouces doit, dès-lors, être restreinte en réalité à environ trois mille cinq cents et M. Grangent eut grand tort d'abandonner les 5,262 pouces que l'observation directe avait manifestés en additionnant le produit des Gardons d'Anduze et d'Alais, pour adopter l'énorme supputation de M. Valz. Nous devons aussi noter que quand les deux Gardons supérieurs produisent ensemble cinq à six mille pouces, il n'en arrive pas plus de trois à quatre mille à Boucoiran, à cause de ce que les irrigations, l'imbibition dans les graviers et surtout l'évaporation font perdre au courant pendant les fortes chaleurs.

Dans son ouvrage *sur les avantages que la province de Languedoc peut retirer de ses grains*, l'illustre Parmentier commit une erreur pareille à celle que nous venons de signaler. Il trouva l'ouverture de la vanne de chacun des tournants du moulin du Bazacle, à Toulouse, de trente pouces de large sur vingt pouces de hauteur ($0^m 83$, sur $0^m 56$), ce qui lui fournit une section de $0^m q. 46$. Comme une pareille ouverture lui fit apprécier le débit de l'eau à trois fois ce qu'il était réellement, Parmentier conclut que les moulins à cuve et à rouet horizontal valaient bien

moins que les moulins à aube et à roue verticale en usage aux environs de Paris ; que les premiers exigeaient plus de chute et dépensaient
plus d'eau : il conseilla donc un changement de système au Bazacle.
On suivit malheureusement son avis, mais on ne tarda pas à se désabu-
ser : à peine construits à Toulouse, les moulins à aube furent abandonnés,
et l'on revint aux moulins à cuve qui existent encore aujourd'hui.

« Quand on mesure les eaux par l'ouverture d'une vanne, il est né-
» cessaire, dit M. Genyeis, de rendre l'écoulement en aval du pertuis
» parfaitement libre, de sorte que ni la vitesse ni la contraction ne soient
» pas gênées par la pression de l'eau inférieure (1). » Au lieu de cela, il
n'est point de moulins à cuve dont le bas du rouet, c'est-à-dire les rainures
de fuite, ne soient plongées dans l'eau du bief inférieur.

IV.

En septembre 1825, un mesurage des eaux du Gardon fut fait par ordre de l'administration des ponts-et-chaussées à Anduze et à Alais ; en
additionnant les produits on ne trouva qu'un peu plus de cinq mille pouces.
Cette différence énorme, avec le résultat de son propre mesurage, préoccupe M. Valz ; aussi disait-il dans un manuscrit de cette époque dont il
nous a donné connaissance : — « L'année 1825 fut remarquable par
» sa grande sécheresse, et le jaugeage a été fait à trois lieues en amont
» de l'emplacement du mien ; — dans l'intervalle, de nombreux ruisseaux
» et des affluents importants viennent se rendre au Gardon : St-Martin,
» l'Avène, le Droude, etc. »
Nous avons déjà dit ce qu'il en était de ces affluents, qui sont loin de
compenser ce que la rivière perd par d'autres causes. Quant à 1825, cité
comme une année de sécheresse extrême sur le Gardon : en 1819, en
1822, en 1837, nous avons observé des sécheresses plus fortes encore ;
d'ailleurs, pour le sujet qui nous occupe, il est évident que de pareilles
années doivent surtout entrer en ligne de compte, et que les renseigne-

(1) *Des Moyens de conduire, de distribuer et d'élever les eaux*, page 61.

ments qui s'y rapportent sont les plus précieux ; car , c'est à l'époque des grandes sècheresses que la fontaine de Némausus est dans son état de moindre débit, et que , par suite , le besoin d'eau de la cité est le plus grand.

Il faut remarquer de plus, sur le mesurage de M. Valz , que si les plus fortes chaleurs se font sentir vers la fin de juillet dans nos contrées , ce n'est pas le moment des plus grandes sècheresses. Si l'on suppute sur un grand nombre d'années , l'époque désastreuse du manque d'eau arrive vers la fin d'août et dure souvent tout le mois de septembre.

Les résultats obtenus à Anduze et à Alais par M. Grangent , et quelques années après aux mêmes points par l'administration des ponts-et-chaussées concordent à quelques centaines de pouces près. Si sur ces données nous regardons le volume de cinq mille à cinq mille cinq cents pouces dans les deux Gardons supérieurs comme l'expression de la fin des étiages ordinaires , nous ne devrons pas supposer qu'il en entre alors plus de trois mille à trois mille cinq cents pouces dans le canal Calvière, par les raisons que nous avons déduites plusieurs fois.

En 1832, MM. Didion et Talabot mesurèrent aussi les Gardons d'Alais et d'Anduze et trouvèrent qu'ils fournissaient ensemble environ cinq mille quatre cents pouces : ce résultat se rapproche assez de celui de M. Grangent et de celui des ponts-et-chaussées , pour qu'on pense que , dans les années ordinaires , il est l'expression approximative de la vérité.

V.

Je regrette qu'en 1832 , la Commission d'examen du projet de M. Valz n'ait pas cru devoir répéter ses mesurages. Elle a tout accepté de confiance sur ce point qui était pourtant le plus essentiel à vérifier. — « Dix mille » pouces composent, dit-elle , la fourniture du canal de fuite de M. de Cal- » vière, *au-dessous du dernier moulin de Boucoiran* ; cette fourniture est » le résultat moyen de deux jaugeages faits par M. Valz avec le plus » grand soin , l'un dans le canal et l'autre à la chute du dernier moulin ,

» le tout en se servant des formules les plus rigoureuses, — *aussi la*
» *Commission n'élève aucun doute sur ce résultat*..... (1) »

Quand nous n'aurions pas de motifs légitimes de regarder comme fautifs
les résultats obtenus par M. Valz, ils ne seraient constatés que par un seul
jaugeage fait par deux moyens différents ; or, de la quantité d'eau qu'on
trouve dans une rivière à un jour quelconque de l'année, on ne peut rien
conclure de général pour le régime de ce cours d'eau.

La chose sautera aux yeux, si l'on veut bien se rappeler que, soi-disant
à l'étiage, MM. Delpuech et Durand ont trouvé pour les deux Gardons
d'Alais et d'Anduze réunis...................... 12,500 pouces.

MM. Valz, dans le canal Calvières, plus de........ 10,000
    Didion et Talabot, pour les deux Gardons.... 5,400
    Grangent,   id.............. 5,262
    Des ponts-et-chaussées, environ.......... 5,000
    Bouchet, dans le canal Calvière........... 1,800
    Labaume, Plagnol et autres, id., beaucoup
      moins de...................... 1,000

La quantité d'eau qu'on peut dériver pour Nimes, soit à Boucoiran,
soit des deux Gardons supérieurs, est donc une chose très-variable et dont
le minimum est encore incertain. A l'époque où les projets Blachier,
Delille, Valz, Perrier ont été présentés, on était encore moins avancé sous
ce rapport que nous ne le sommes ; les époques de grande sécheresse doivent
surtout être choisies pour les opérations de jaugeages et c'est ce que n'ont
pas fait ceux qui ont proposé de prendre les eaux pour Nimes à Boucoiran ou en amont.

Dans sa notice sur les jauges de la rivière d'Ourcq et de ses affluents,
M. Girard fait observer avec raison :

« 1° Que le but ordinaire de ces opérations est moins d'assigner avec
exactitude la quantité d'eau qui s'écoule dans un instant déterminé, que
de connaître celle que débite la rivière ou le courant dont il s'agit, pendant un certain laps de temps, soit d'une année, soit de quelques mois,

(1) Rapport de MM. Grangent, Bouvier, de Seynes, Durand et Roustan, membres de la
Commission.

et que la méthode la plus rigoureuse consisterait à effectuer la mesure du volume chaque jour de l'année ; on pourrait ainsi, pour chaque saison, connaître le débit moyen du courant par vingt-quatre heures.

» 2° Que lorsque le courant est barré par des digues qui en soutiennent les eaux, soit pour le service des moulins et usines, soit pour l'entretien d'une navigation artificielle, il n'est pas possible de regarder comme le produit constant du courant l'eau qui s'écoule pendant la durée d'une seule observation, par une section et avec une vitesse déterminées.

» On conçoit, en effet, que, suivant les besoins des moulins et usines construits sur une certaine longueur du courant, les eaux sont retenues dans les écluses ou lâchées au-dessus du point où se fait l'observation, de sorte qu'il s'en écoule là plus ou moins, suivant les heures de la journée ; d'où il peut arriver que les jauges faites le même jour donnent des résultats qui diffèrent considérablement entr'eux, quoiqu'il n'y ait eu véritablement ni augmentation, ni diminution dans la dépense moyenne de ce jour et que les opérations relatives à chacune de ces observations aient été faites avec le même degré d'exactitude.

» On ne peut donc parvenir à évaluer la dépense d'une rivière barrée par des écluses ou des chaussées de moulin, sans faire ouvrir préalablement ces écluses, ou en mesurant, à des intervalles de temps très-rapprochés les uns des autres, les quantités inégales de fluide qui s'écoulent par une section quelconque de cette rivière prise entre deux barrages, et en prolongeant suffisamment la série de ces observations successives.

» Il est très-rare que les personnes intéressées à obtenir des renseignements parfaitement exacts de semblables opérations puissent disposer du temps nécessaire pour s'y livrer exclusivement pendant un an, ce qui les oblige à les entreprendre sur le même courant en différentes saisons, et à s'en tenir au résultat moyen de leurs observations. *D'ailleurs, lorsqu'il s'agit de livrer ces eaux à l'industrie, c'est surtout leur minimum qu'il s'agit de connaître.*

» Or, pour avoir égard à cette considération, il faut mesurer d'heure en heure, pendant plusieurs jours consécutifs, la quantité qui s'écoule par une section choisie , — section dont la superficie et la vitesse peuvent varier à chaque observation, selon la profondeur du courant (1).

VI.

Mais n'y aurait-il pas un autre moyen que celui du mesurage direct pour arriver à bien connaître la quantité d'eau que débite une rivière ? N'y aurait-il pas un procédé moins long , moins assujettissant , et qui , cependant, pourrait donner des lumières plus complètes , faire apprécier, d'une façon plus générale, les divers états du cours d'eau , — une investigation, enfin, dont les résultats dussent avoir plus d'autorité et de portée que quelques jaugeages isolés ?

Nous nous sommes appliqué à résoudre cette question, et voici le moyen qui nous paraît digne d'être pris en sérieuse considération.

Lorsqu'une usine existe sur une rivière , il est évident que , si l'on connaît le volume d'eau nécessaire à son action et le temps pendant lequel la rivière peut fournir à ce débit, on saura les ressources que celle-ci présente.

Il y a de grands avantages à procéder ainsi ; car , pour arriver à quelque chose de concluant par le mesurage direct , il faudrait multiplier extrêmement les opérations pendant le courant de l'année , et persévérer pendant une période assez longue, pour qu'embrassant plusieurs années pluvieuses , plusieurs années moyennes et plusieurs d'aridité , on pût arriver à la connaissance de la fourniture d'eau sur laquelle on aurait à compter dans toutes ces circonstances. On sent qu'une pareille méthode doit effrayer les hommes les plus persévérants.

Celle que nous recommandons en concurrence est plus expéditive moins pénible , et peut fournir des renseignements importants. Il ne s'agit que de mesurer assez de fois , pour être sûr d'avoir un bon résultat moyen, l'eau que débite une usine, et de s'informer ensuite si , pendant

(1) Genyeis. — *Essai sur les moyens de conduire, d'élever et de distribuer les eaux.* p. 77.

l'été, elle peut aller continuellement ou bien seulement une portion de la journée.

Ce dernier renseignement est assez facile à obtenir ; car, comme les propriétaires, les fermiers, les employés d'une usine quelconque souffrent beaucoup de l'interruption du travail, ils se souviennent parfaitement de ce qui s'est passé dans les années pluvieuses ; dans les années moyennes ou dans celles de sécheresse extrême. Jusqu'à quarante ou cinquante ans en arrière, on peut regarder cette tradition comme assez sûre, surtout chez les hommes du peuple dont les impressions sont plus persistantes, parce qu'elles sont moins multipliées.

Le moulin à blé est l'usine qu'on doit choisir de préférence comme objet d'étude et de comparaison, d'abord parce que c'est l'appareil le plus répandu, le plus simple, le plus généralement semblable, et, de plus, parce que, si les moulins chôment souvent en hiver faute de blé, ce n'est que faute d'eau qu'ils s'arrêtent à l'étiage. Dès-lors, la longueur de ce repos forcé indique positivement l'eau qui manque.

Une fois donc qu'on sait, par deux ou trois mesurages directs, la quantité d'eau qu'un moulin débite en tournant ; une fois qu'on s'est enquis du nombre d'heures qu'il peut fonctionner à l'étiage, pendant les années d'abondance, de disette d'eau ou les années moyennes, aussitôt on peut conclure, avec une approximation suffisante pour les cas de projets de dérivation par exemple, la quantité d'eau que la rivière débite dans toutes les circonstances analogues.

On peut ainsi, dans quelques jours de travail et d'enquête, obtenir les documents les plus nécessaires. Le mesurage direct est sans doute plus exact, plus concluant pour le moment même de l'opération ; mais, pour qu'il eût une portée générale égale, supérieure même, si l'on veut, on est forcé de m'accorder aussi qu'il faudrait le répéter jour par jour, tous les étés et pendant une longue suite d'années.

Voulant expérimenter cette méthode simple et qui me semble assez approximative, j'ai dû naturellement le faire sur ma propre usine, et voici les résultats :

Quand le moulin dit de Recoulin, situé en amont d'Anduze, fait de quatre à cinq quintaux de farine par heure (ancien poids), il débite environ huit cents litres par seconde ou trois-quarts de mètre cube.

Dans les sècheresses extrêmes, il ne peut pas aller plus de huit heures sur vingt-quatre, ce qui fait qu'en flux continu, le canal amène au plus alors, pertes des vannages, d'imbibition et d'évaporation comprises, un tiers de mètre cube, soit 333 litres, soit en pouces....... **1,437 pouces.**

Le canal prend dans cet état plus de la moitié de la rivière; mais, en supposant que le barrage en laissât échapper même un peu plus de la moitié, ci................... **1,563**

Le total du Gardon d'Anduze, à l'étiage des grandes sècheresses ne serait que de....................... **3,000**

Mais, selon moi, les pertes ici sont exagérées, et l'on serait beaucoup plus près de la vérité en adoptant *deux mille quatre cents pouces* seulement comme l'expression réelle d'une quantité qui, du reste, varie tous les jours, à toute heure, à tout moment, ci............ **2,400 pouces.**

Le Gardon d'Alais, en amont du confluent de l'Avesne, en général n'a pas plus des deux tiers de l'eau que débite celui d'Anduze : il fournit donc environ............. **1,600**

Estimation des deux Gardons supérieurs additionnés pendant les étés de grande sècheresse............... **4,000**

On voit que cette estimation n'est pas très-éloignée de celle de MM. Grangent, Didion, Talabot et de celle de MM. des ponts-et-chaussées. Ces Messieurs ne sont pas tombés, dans leurs opérations, sur une de ces années de sècheresse extrême heureusement fort rares, et l'on doit croire qu'ils ont agi soit pendant un étiage moyen, soit en dehors de l'époque de l'aridité la plus grande; dès-lors, la différence de mille à douze cents pouces, qui se trouve sur le total des deux rivières, entre leurs résultats et les miens, tend à rendre les uns et les autres également vraisemblables.

Tous les habitants du pays attesteront que la rivière, arrivée à Boucoiran, a beaucoup plus perdu par l'évaporation, par les puisages et dérivations, surtout par l'imbibition dans les sables qu'elle n'a gagné par ses affluents qui sont presque tous à sec dans les années privées de pluie.

Depuis Alais et Anduze, le Gardon tend peu à peu à s'anihiler, à se dessécher complètement, comme il le fait en aval de Boucoiran et à très-peu de distance; il n'est pas étonnant dès-lors qu'il soit déjà fortement affaibli sur ce point.

Ce serait donc beaucoup que d'accorder, *à priori*, à Ners quatre mille pouces d'eau dans les sècheresses ordinaires et trois mille dans les étiages extrêmes. Mais voici la preuve directe que cette quantité n'arrive pas à Ners, ou, du moins, n'entre pas dans le canal Calvière.

Les trois moulins de Boucoiran, emplacés sur ce bief les uns au-dessous des autres, ont, en moyenne, au moins la chute utile de mon usine dont j'ai déjà fait connaitre la dépense; ils sont établis sur le même système, et, pourtant, *aucun d'eux ne peut aller constamment à fil en été.*

Il est donc positif qu'il n'y a pas toujours dans le canal Calvière huit cents litres d'eau à débiter par seconde (3,456 pouces); car, avec cette quantité, les moulins pourraient tourner sans interruption.

Lors donc qu'en été l'interruption sera de six heures sur vingt-quatre aux moulins de Boucoiran, ce qui arrive aux étiages ordinaires, on en devra conclure que la quantité d'eau a diminué d'un quart et qu'au lieu de 3,456 pouces, on n'en a plus que...................   2,592

Quand la sècheresse est plus considérable, que les moulins chôment douze heures sur vingt-quatre, il n'y a pas plus dans le canal de...............................   1,700   à

1,800 pouces. C'est un de ces états que M. Bouchet a fortuitement mesuré quand il trouva ce dernier chiffre dans le canal.

Enfin, quand la sècheresse est extrême, que les moulins placés à la file les uns des autres ne peuvent aller chacun que six heures par jour et même moins, il faut bien admettre que, dans ces cas exceptionnels, le canal ne débite pas même.......................................   1,000

pouces d'eau.

Des témoins dignes de foi nous ont affirmé que, certaines années, les moulins de Boucoiran avaient réellement chômé seize heures sur vingt-quatre. Il est des époques, heureusement fort rares, où l'on éprouve sur le Gardon une pénurie d'eau dont on se fait difficilement l'idée quand on n'est pas riverain. Ainsi, en 1819, le premier moulin d'amont de Boucoiran fut abandonné faute d'eau ; il en fut de même en 1822.

Ce moulin a moins de chute que les autres ; il aurait consommé plus d'eau, et, comme il touche au barrage, que son écluse n'est autre chose que le lit large et brûlant de graviers de la rivière elle-même, l'eau se perdait par les infiltrations, par l'évaporation, à mesure qu'elle arrivait ; l'écluse ne pouvait se remplir, et l'on aimait mieux laisser entrer immédiatement le courant dans le canal qui conduit au second moulin, canal creusé dans un terrain plus imperméable.

Enfin, en 1859, les autres moulins de Boucoiran, pendant plusieurs jours, ne purent pas tourner même deux heures sur vingt-quatre. Or, comment aurait-on pu conduire deux ou trois mille pouces d'eau à Nimes, quand le contenu du canal était réduit à quelques centaines ? A cette époque de terrible disette, l'eau fut directement mesurée par MM. Didion, de Labaume et plusieurs personnes honorables de Nimes.

Un maître-meunier, qui a demeuré longtemps dans une usine du voisinage, me disait qu'il n'était pas rare que les moulins de Boucoiran chômassent à l'étiage seize heures par jour, en ne faisant chacun qu'environ quatre quintaux à l'heure de mouture le reste du temps. Or, ces moulins ne débitent pas plus de trois mille six cents pouces d'eau et, dès qu'ils ne peuvent aller que le tiers de la journée, la portée du canal n'est guère alors que de douze cents pouces.

On doit donc supputer pour des années tout à fait exceptionnelles moins de... 1,000 pouces ;
Pour les années de grande sècheresse............... 1,200 —
Pour les sècheresses notables..................... 1,600 —
Pour les étiages ordinaires, de................... 2,000 — à 3,000 pouces.

Mais, il ne faut pas l'oublier, c'est précisément dans les années de sècheresse extrême qu'on a le plus grand besoin d'eau à Nimes, et c'est alors aussi qu'il est absolument impossible d'ôter aux propriétaires riverains le peu que leur laisse l'inclémence de la saison.

Il est évident, en effet, que si l'on prenait pour Nimes la moitié de l'une des quantités d'eau ci-dessus et qu'on la conduisit, comme on le propose, par une simple rigole à pente creusée dans le terrain, la plus grande partie serait absorbée par un sol altéré ou évaporée dans une atmosphère brûlante, et le reste se corromprait. Pour conserver cette eau, pour qu'on pût la recevoir sans qu'elle fût plus détériorée qu'à son point de départ, il serait indispensable, comme nous l'avons dit si souvent, de construire un aqueduc maçonné et voûté, pareil à celui des Romains; il faudrait se résigner à une dépense énorme :

Si, après avoir appliqué la méthode du travail des usines à l'estimation approximative de la portée d'eau du canal Calvière, nous employons le même moyen, pour vérifier son exactitude, aux trois moulins importants mus par le Gardon en aval de ceux de Boucoiran, c'est-à-dire aux moulins de Labaume, de Saint-Privat et de Lafoux, nous arriverons aux résultats suivants :

A Labaume, dans les plus grandes sécheresses, deux tournants servis par la même écluse pourraient toujours aller à fil, faisant chacun cinq quintaux de farine à l'heure. On obtiendrait donc dans vingt-quatre heures deux cent quarante quintaux de mouture, tandis qu'à Boucoiran, dans les grandes sécheresses, un seul moulin sur chaque écluse ne peut tourner que huit heures et ne produit que trente-deux quintaux de farine, ce qui suppose douze cents pouces d'eau.

Le travail fait à Labaume étant sept fois et demi plus considérable que celui d'un des moulins de Boucoiran, la quantité d'eau doit être d'environ 9,000 pouces, et l'observation directe vient confirmer ce résultat.

On doit se rappeler les sources qui, depuis Saint-Nicolas jusqu'à Labaume, donnent pour ainsi dire au Gardon une nouvelle vie.

De Labaume à Saint-Privat, l'évaporation peut seule ôter quelque chose au volume de l'eau; le barrage de Saint-Privat est moins étanche que celui de Labaume; mais, d'autre part, divers surgeons et la jonction de l'Alzon font plus que compenser toutes ces pertes; trois moulins y peuvent aller à fil. Toutefois, le travail produit n'est pas supérieur, parce que le système n'est plus le même; au lieu d'être en *tines* et à

10

demi turbines comme ceux de Labaume et de Boucoiran, les moulins de St-Privat sont mis en jeu par de grandes roues verticales à aubes droites, ce qui exige un engrenage pour changer la direction du mouvement, et amène une plus grande dépense d'eau, comme on l'a malheureusement expérimenté au Bazacle.

A Lafoux, deux moulins au moins peuvent toujours aller sans interruption, mais ne font pas autant de mouture que ceux de St-Privat ; le système d'établissement est le même ; la force motrice est déjà moindre parce que le Gardon, sorti au Pont-du-Gard des gorges rocheuses, roulant désormais jusqu'au Rhône sur un large lit de graviers échauffés par l'ardeur du soleil, a déjà sensiblement perdu de son volume, par l'évaporation ou les infiltrations dans le sol.

Ainsi, lorsqu'à Boucoiran le débit du canal Calvière n'est plus que de... 1,200 p.

On en trouve, au moulin Labaume.................. 9,000

A Saint-Privat 10,000

A Lafoux, au plus............................... 9,000

VII.

Nous ne donnons certainement pas cette méthode de mesurer les cours d'eau comme rigoureuse : elle est simplement approximative et laisse, nous le savons, beaucoup de place à l'erreur ; mais enfin, elle me semble encore plus digne de confiance que des mesurages isolés. En effet, comment ici l'observateur peut-il savoir s'il a rencontré le moment du plus bas étiage, opéré dans l'année la plus sèche, convenablement choisi le mois et le jour?

On ne doit pas l'oublier, ce qui importe surtout dans ces recherches, c'est de bien connaître l'état le plus infime du cours d'eau ; mais, pour rencontrer cet état exceptionnel et le mesurer directement, il faudrait quelquefois attendre une longue suite d'années, car les fortes sécheresses ne se reproduisent heureusement qu'après de longues périodes. Une ville qui veut exécuter des travaux importants pour s'approvisionner d'eau pourra-t-elle attendre, pour se renseigner par deux ou trois expériences directes seulement, des dizaines, des vingtaines d'années et quelquefois davantage ?

Mais si, au lieu de se fixer à quelques opérations de jaugeages, qui suivant les probabilités ont dû le plus souvent tomber à contre-temps, on consulte au contraire les propriétaires d'usines, les habitants du voisinage, et surtout les fermiers qui les ont exploitées, tous sauront bien dire et préciser quelles sont les années qui ont fourni le moins d'eau. Ils raconteront, avec détail, combien d'heures chaque moulin chômait forcément par jour, et si, par des observations antérieures, on sait déjà la quantité d'eau nécessaire à l'action de chacun de ces engins, il ne sera pas difficile de conclure soit la fourniture ordinaire du cours d'eau, soit son produit le plus exigu, *ce minimum de débit qu'on a toujours le plus grand intérêt à connaître.*

Cette quantité la plus infime doit être le but principal de nos explorations pour le canal de Boucoiran comme pour toute autre provenance. Les décroissances depuis la fourniture d'étiage ordinaire jusqu'au plus chétif débit, voilà ce qu'il importe à la ville de Nîmes de bien apprécier, si elle veut éviter des dépenses inutiles et de cruelles déceptions.

A l'exclusion de toute autre méthode, celle que nous indiquons montre non-seulement l'état présent, mais l'état passé d'un cours d'eau, et c'est là son grand avantage. Veut-on que j'en donne un exemple, qui me semble assez intéressant, tiré du sujet même qui nous occupe? Le voici :

De son temps, Delon prétendait, comme nous aujourd'hui, qu'on ne trouverait pas *constamment* à Boucoiran la quantité d'eau qu'on voulait alors dériver. Un partisan du projet lui répondit dans le *Journal de Nîmes*, du 2 août 1787 : — « Si au lieu d'avancer sans preuves que le secours » du Gardon serait presque nul en été, Delon avait pris des informa- » tions à ce sujet, on lui aurait appris qu'il serait plus que suffisant » puisque ces mêmes eaux mettent en mouvement, à l'endroit où l'on » veut les prendre, les meules d'un moulin qui, dans une année de » sècheresse, l'année dernière (1786), *fit, dans le courant des mois d'août* » *et de septembre, deux mille quatre cents quintaux de farine.....* »

Et l'auteur de l'article croyait triompher par ce seul fait.

Quant à nous, cherchons si l'année 1786 fut une époque de sècheresse extrême ou tout bonnement une année ordinaire, et, partant de la donnée du travail obtenu, déterminons quelle quantité d'eau il y avait alors dans le canal Calvière.

Si l'on a fait deux mille quatre cents quintaux pendant deux mois ou soixante jours de travail, c'est quarante quintaux par jour. A quatre quintaux par heure, le moulin tournait dix heures sur vingt-quatre : le canal fournissait donc un quart de plus que dans la supposition dont nous nous sommes déjà occupé, où, le moulin fonctionnant huit heures, la portée du canal n'était que de douze cents pouces. Il devait donc fournir en 1786 quinze cents pouces à peu près, ce qui ne nous étonne nullement, puisque l'auteur de l'objection appelle cette année une époque de sècheresse et non de sècheresse extrême.

En résumé, d'après des expériences que nous avons faites en détail, on doit considérer que, quand les moulins de Boucoiran tournent pendant le nombre d'heures portées au tableau ci-dessous, il arrive dans le canal à peu près la quantité d'eau que nous indiquons en regard :

Moulin allant :			Il y a dans le canal :
24 heures ou à fil		(dix mois de l'année)....	3,600 pouces.
18 —	chôment six	(étés pluvieux)........	2,700 —
15 —	— neuf	(étés ordinaires)........	2,250 —
12 —	— douze	(étés secs)............	1,800 —
10 —	— quatorze	(sécheresse notable).....	1,500 —
8 —	— seize	(sécheresse extrême).....	1,200 —
6 —	— dix-huit	(sécheresse exceptionnelle).	900 —

Les mois les plus arides sont en général août et septembre, mais la disette d'eau peut cependant commencer en juin et juillet; elle finit ordinairement plus tôt quand elle a été plus précoce.

On voit qu'il y a loin de ce résultat à ceux sur lesquels on s'est plu à asseoir les divers projets de dérivation de Boucoiran, et, qu'avec aussi peu d'eau, on serait en peine de réaliser les magnifiques choses promises.

Le volume disponible manque ici comme sur les deux branches du

Gardon supérieur à Anduze et à Alais ; et, nulle part, l'eau de cette rivière n'est salubre ni potable en été.

VIII.

Un mesurage direct de la rivière de Gardon, à Anduze, fait le 5 août 1844 avec M. Bos, conducteur des ponts-et-chaussées, nous a donné pour son débit total environ six cents litres par seconde, soit. . 2,600 pouces.

A la même époque le moulin de Recoulin consommait 860 litres par seconde........................... 3,456

Mais il ne pouvait tourner sans interruption, il n'allait que dix heures sur vingt-quatre, soit les cinq douzièmes du temps ; il débitait donc en flux continu les cinq douzièmes de 800 : trois cent trente-trois litres, ou en pouces...................................... 1,438 pouces ;

Il restait dans la rivière un courant continu que le canal n'avait pu dériver, de 267 litres, soit, en pouces....... 1,152

Débit du Gardon d'Anduze le 5 août 1844.......... 2,590

Les 20 juin et 8 août 1843, M. Bos et moi ayant aussi mesuré le débit du moulin de Recoulin, nous avions trouvé neuf cent treize litres par seconde dans la première opération, et neuf cent douze dans la seconde.

Ces deux jaugeages, faits à deux mois d'intervalle, donnent, à un litre près, la même dépense de liquide ; mais nous attribuons cette coïncidence plutôt au hasard qu'à la perfection du mesurage, et nous sommes persuadés que ces calculs nous donnent tous les deux, pour le débit du moulin, une quantité trop forte, la masse de l'eau devant avoir dans le canal une vitesse moindre que celle donnée par la formule, à cause des inégalités des bords, du fonds, et des végétaux qui s'y trouvaient ; nous avons plus de confiance en l'opération de 1844, qui ne donne que huit cents litres ; parce qu'alors le canal avait été faucardé et qu'on avait mieux dressé le fond et les bords.

A cette époque, après avoir employé la méthode des flotteurs, nous employâmes celle du déversoir et nous obtînmes huit cent quarante litres. On voit que ce résultat concorde aussi bien que possible avec les premiers.

Mais nous ne devions pas nous en tenir à la recherche de la quantité d'eau dépensée par notre propre usine, car nous n'aurions pu conclure que par analogie pour celle de Boucoiran ; il valait beaucoup mieux procéder sur ces moulins eux-mêmes, afin de donner plus de certitude à nos conclusions.

Nous nous sommes donc rendus à Ners le 12 août 1843. Ce jour-là le Gardon n'était pas en basses eaux ; le premier moulin Calvière allait à fil, et, de plus, il y avait dans l'écluse un excédant de liquide qui continuait à couler dans le lit de la rivière en franchissant le batardeau.

Huit cent soixante et treize litres coulaient ainsi ne servant pas au moulin, tandis que seize cent vingt-sept litres cheminaient dans le canal, où ils étaient introduits soit par la vanne du rouet, soit par une fausse vanne. Celle-ci débitait environ un mètre cube, tandis que l'usine n'employait que les six cent vingt-sept litres restants.

Il lui faudrait donc bien moins d'eau qu'à notre moulin d'Anduze, qui en débite un tiers de plus. — La chose est faite à dessein dans l'intérêt des engins inférieurs. Comme celui qui nous occupe a moins d'ouvrage que les autres, il faut, pour que les meules d'aval aient un moteur assez puissant, qu'il passe plus d'eau par la vanne latérale que par le coursier. Aussi ce moulin supérieur est-il souvent tenu à un plus faible débit que les autres et ne fait-il que deux quintaux à deux quintaux et demi de mouture par heure, la moitié de ce que fait celui de Recoulin.

Nous verrons tout à l'heure que les deux usines inférieures ont plus de force, mais aussi débitent plus d'eau.

Le 12 août 1843, le Gardon roulait donc à Ners, sur l'emplacement du barrage de M. de Calvière, environ deux mètres cubes et demi d'eau, soit dix mille huit cents pouces.

Comme nous en témoignions notre étonnement au meunier et aux assistants, ils nous dirent : « Les années se suivent et ne se ressemblent pas, » car en août 1839 ce moulin fut complètement abandonné *faute d'eau.* »

Les renseignements que nous avions déjà recueillis ailleurs nous furent confirmés sur les lieux comme parfaitement véritables.

Il y avait alors si peu d'eau dans la rivière que, quand on cherchait à remplir l'écluse pour mettre l'appareil en jeu, les pertes équivalaient à la masse affluente et le liquide ne s'élevait pas. Afin donc qu'il pénétrât quelque chose dans le canal pour les moulins inférieurs, on prit le parti d'abandonner celui d'amont. On ne cherchait plus à remplir son écluse, et, comme la rivière était dérivée à un niveau plus bas on avait un peu plus d'eau pour les moulins d'aval ; mais cette quantité était très-minime et, pendant tout le mois, n'atteignit pas mille pouces en moyenne. Le pays éprouva, cette année, une véritable souffrance d'eau : des habitants de Boucoiran et des environs vinrent jusqu'à Anduze pour moudre leur blé.... Qu'aurait-ce été si Nimes eût privé la contrée du peu d'eau qu'elle avait encore ?

Depuis 1819 que j'ai intérêt à observer le régime du moulin de Recoulin, des disettes affligeantes se sont présentées plusieurs fois, pendant lesquelles on a été obligé de venir moudre chez moi de Lasalle, de Saint-Jean, d'Alais, et des rives du Gardon, jusques et y compris Boucoiran ; et, sans les farines de Toulouse et de Moissac, de pareilles nécessités se représenteraient bien plus souvent encore.

Second moulin sur le canal Calvière. — Le second moulin recevant les seize cent vingt-sept litres par seconde que le canal lui amenait, le fermier nous assura qu'avec cette quantité il pouvait faire aller deux tournants à fil, ce qui revient à peu près à la dépense de huit cents litres par tournant ; il n'y avait pas de blé, dans ce moment, mais la déclaration du meunier établissait, d'une manière certaine, que la dépense d'un seul rouet n'atteignait jamais un mètre cube ou quatre mille trois cent vingt pouces.

Quand nous accorderions ce débit exagéré :

Comme dans les étés ordinaires, ce moulin chôme trois heures par jour, il faudrait distraire un dixième de la quantité ci-dessus pour avoir la fourniture continue du canal Calvière qui prend alors toute l'eau de la rivière, et l'on obtiendrait trois mille sept cent quatre-vingts pouces.

Mais, en 1839, et autres années de sécheresse extrême, ce moulin a chômé vingt-et-une heures sur vingt-quatre, d'où il résulte que le canal Calvière, bien qu'absorbant tout le Gardon, ne roulait que cinq cent quarante pouces fontainiers. On verra, à la fin de ce chapitre, que les chiffres déduits par nous du temps d'action et du volume nécessaire au jeu des usines, concordent, autant qu'on peut l'espérer en pareille matière, avec ceux qu'a fournis l'observation directe.

Le débit de ce moulin, fixé à un mètre cube, est certainement trop fort, ainsi que celui de cinq cent quarante pouces qui en dérive, pour l'extrême étiage dans le canal.

Si nous fixions, comme je le crois convenable, le débit du moulin à huit cents litres, nous aurions cent litres ou quatre cent trente-deux pouces pour le flux continu du canal Calvière à l'époque du moindre travail;

Eh! bien, nous verrons que, par un mesurage direct, M. Didion, en 1839, a obtenu un chiffre presque identique.

Nous nous édifiâmes dans cette course, qu'entre deux moulins la vitesse superficielle de l'eau du canal pouvait rester à très-peu près la même, bien que, par l'effet de la retenue inférieure, la profondeur de l'eau, l'épaisseur de son volume augmentassent successivement d'une quantité très-notable. Dès-lors, en jaugeant, il faut bien examiner si l'eau marche dans toute sa profondeur.

Le *troisième moulin* de M. de Calvière, qui est celui sur lequel M. Valz avait opéré, nous a paru, au moyen de mesurages tentés de plusieurs manières, débiter de huit cent cinquante à neuf cents litres par seconde, 3,660 à 3,900 pouces;

On voit qu'il y a loin de là aux dix ou onze mille pouces qu'on avait d'abord supputés.

Ce moulin est, au reste, le plus puissant de tous; il l'est plus que celui de Recoulin, qui nous a servi de type: il peut faire jusqu'à huit quintaux de mouture à l'heure; mais sa chute est plus considérable aussi.

A Boucoiran, la chute moyenne du moulin supérieur n'est pas de plus de 1 m. 50;

Celle du moulin du milieu est de 1 m. 95, et celle du troisième de

2 m. 40, ce qui explique sa plus grande force, son plus grand débit, et, bien que l'ouverture ou aire de la vanne soulevée soit un peu moindre qu'au second moulin : 0 m. q. 36 au lieu de 0 m. q. 38, il n'est pas étonnant que celui-ci débite cent litres de plus par seconde.

Quoi qu'il en soit, en 1839, son temps d'activité fut encore plus restreint que celui des autres. Lorsque le canal n'amenait que quatre à six cents pouces, l'eau se perdait par l'imperfection des clôtures et vannages, et ce moulin ne pouvait tourner qu'un temps insignifiant, bien que, d'après le calcul, on dût en jouir quelques heures.

Le 16 août 1844, nous voulûmes répéter, avec M. Bos, les opérations de l'année précédente.

A cette époque, le barrage ayant été réparé, les infiltrations étaient presque nulles, et la petite quantité d'eau qui s'échappait de l'écluse ne formait dans le lit de la rivière qu'une mare qui ne s'étendait pas au-delà du pont de Ners.

Les deux tournants du premier moulin allant ensemble, le canal débitait au moment de l'observation treize cents litres.

Le premier tournant, qui allait à fil, en exigeait 827 ; — quant au second, qui ne pouvait fonctionner que trois heures sur vingt-quatre, il ne lui en fallait que 473, — qui, réduits en flux continu, n'en font réellement que 59 ; — c'était donc, en réalité, 886 litres d'employés, et, en accordant 114 litres pour pertes diverses et notamment pour ce que le barrage laissait échapper dans le lit de la rivière, le chiffre du débit total du Gardon, un peu en amont du pont de Ners, était au plus d'un mètre cube, soit 4,320 pouces.

Un mesurage fait le même jour en aval du second moulin nous a donné treize cents litres ; mais, comme il y avait huit heures de chômage pour les usines, il en résulte que le flux continu n'était en réalité que d'environ 827 litres.

Les mesurages faits le 16 août 1844, en aval du premier et du second moulin Calvière, se rapportent donc d'une manière assez remarquable ; et, en accordant ici 73 litres pour les fuites, imbibition, évaporation, on voit qu'au mois d'août, époque où la sécheresse était à la vérité déjà

11

intense cette année , il y avait au plus neuf cents litres d'eau dans le canal Calvière, soit 3,888 pouces.

Pour arriver au mètre cube , il faut supputer les cent litres qui s'évaporaient ou s'infiltraient dans les graviers au-dessus du pont de Ners. Ainsi , tout compté , le débit du Gardon était de quatre mille trois cent vingt pouces à peu près.

Pendant l'étiage de 1847, je me trouvai retenu à Nimes ; mais je priai M. Bos de jauger exactement , comme nous l'avions déjà fait plusieurs fois , le Gardon à Ners , et ses deux branches supérieures à Anduze et à Alais.

M. Bos m'écrivit le 22 septembre :

« En ce moment , le Gardon est très-bas à Anduze , à Alais et à Ners , mais un peu moins qu'en 1837. — Nous avons une véritable sècheresse, non pas toutefois des plus fortes connues...

» A Recoulin (amont d'Anduze) , un seul tournant peut aller onze heures et demie sur vingt-quatre ; dix heures seulement à Alais et à Ners.

» La quantité de farine obtenue en vingt-quatre heures est de quarante hectolitres à Recoulin ;

» De trente-six à Alais ;

» Et de trente-cinq à Ners.

» A Recoulin , le 18 septembre , la dépense du moulin était de 800 litres : comme il n'allait que 11 h. 1/2 , le flux continu était les 23/48 , soit.................................... 383 lit.

» La quantité de l'eau du Gardon qui ne passait pas au moulin. 300

» Total du débit du Gardon d'Anduze................. 683 lit.

» Soit deux mille neuf cent cinquante pouces.

» A Alais , le 21 septembre, il y avait dans le canal en amont 517 lit.

» Il ne restait dans le Gardon que................... 43

» Débit total de cette rivière....................... 560 lit.

» Soit deux mille quatre cent vingt pouces.

» A Ners , le 20 septembre, le premier moulin débitait 795 litres pendant dix heures : soit en flux continu .... 531 lit.

» On dirigeait sur le second moulin en flux continu 661

» Débit total du Gardon........................... 992 lit.

» Soit quatre mille deux cent quatre-vingt-cinq pouces.

» Le Gardon d'Anduze donnait donc................. 2,950 p.

» Celui d'Alais 2,420

» Les deux réunis.............................. 5,370 p.

» Tandis qu'à Ners on n'avait que.................. 4,285 p.»

On voit , comme nous l'avons souvent annoncé , qu'après le confluent il y a moins d'eau dans le Gardon à Ners et à Boucoiran que la somme du débit de ses deux branches supérieures d'Alais et d'Anduze.

La sécheresse de 1857 , que rappelle M. Bos , fut beaucoup plus forte ; nous n'avions trouvé alors à Anduze , au mois de septembre aussi , qu'environ deux mille pouces d'eau. Si l'amoindrissement sur les deux autres points , où nous ne fîmes pas de mesurage , eût été proportionnel , on n'aurait eu :

A Anduze que.... 2,000 p.
A Alais 1,600   } Ensemble 5,600.
A Boucoiran..... 2,851

Nous avons vu qu'en 1859 , le Gardon était descendu beaucoup plus bas encore.

JAUGEAGES DIVERS.

Nous allons donner maintenant le chiffre de tous les jaugeages du Gardon qui ont pu venir à notre connaissance ; nous regrettons qu'ils ne soient pas plus nombreux ; mais , comme nous l'avons dit , on pourrait facilement combler les lacunes par une enquête sur le travail des usines à chaque étiage ; et ces renseignements sont peut-être les meilleurs pour le but que nous poursuivons.

Nous allons successivement enregistrer les jaugeages faits :

Sur le Gardon d'Anduze ;

Sur celui d'Alais ;

Sur les deux réunis aux environs de Ners ;
Dans le canal Calvière ;
Au moulin Labaume ;
A Collias ;
Et enfin à Lafoux.

Gardon d'Anduze.

Cette rivière, qui peut débiter deux mille mètres cubes par seconde dans les grandes inondations (huit millions six cent quarante mille pouces) , est réduite par les fortes sècheresses à moins du quatre-millième de ce volume, à moins d'un demi-mètre cube par seconde , à *deux mille pouces*, — ce qui prouve bien sa nature torrentielle et le peu de fonds qu'on peut faire sur son produit.

Ainsi, quand, en octobre ou novembre , on peut y mesurer mille ou deux mille mètres cubes ,

En décembre , janvier , février , mars , avril , on n'y en trouve plus guère que vingt à trente ;

Mai , juin n'en offrent que de cinq à dix ;

En juillet , le débit tombe de cinq à un ;

En août et septembre , d'un mètre cube , il descend à un demi-mètre et quelquefois plus bas , comme nous allons le voir.

	Pouces.
1821 , août : — Mesurage de M. Delpuech et Durand......	10,368
1822 : — Mesurage de M. Grangent....................	2,945
1823, septembre : —Mesurage de MM. des Ponts-et-Chaussées	5,000
1824 : —Mesurage de MM. des Ponts-et-Chaussées........	2,517
1852 : — Mesurage de MM. Talabot et Didion............	2,742
1857 : —Mesurage de MM. Bos et Teissier..............	2,000
1843 , juin et juillet : —Mesurage de M. Teissier , environ ..	6,000
1844 , 5 août : — Mesurage de MM. Bos et Teissier	2,600
1847, 18 septembre : — Mesurage de M. Bos	2,950

1850 , 30 mai : — Mesurage du service hydraulique, au confluent des Gardons de St-Jean et de Mialet, origine du Gardon d'Anduze :

Pouces.

Gardon de Mialet.... 23,254 ⎫
Gardon de St-Jean.. 30,672 ⎭ Gardon d'Anduze........ 53,926

1850, 30 mai : — Mesurage du service hydraulique entre le ruisseau de Tornac et Poulhan, à cent mètres en amont de la filature Silhol , — Gardon d'Anduze 60,354

1850, 28 mai : — Mesurage du service hydraulique, Gardon d'Anduze à environ huit cent mètres en amont du barrage du moulin des Tavernes................................. 72,316

Gardon d'Alais.

Nous avons les mêmes remarques à faire sur la nature torrentielle du Gardon d'Alais que pour le Gardon d'Anduze : — même volume , même fureur dans les inondations ; plus grande réduction encore dans le débit aux époques de grande sécheresse ; de sorte que, suivant la saison, on peut voir sous les quais d'Alais , tantôt deux mille mètres cubes d'eau tantôt six mille fois moins : guère plus d'un tiers de mètre cube.

Pouces.

1821 : — Mesurage de MM. Delpuech et Durand......... 2,084
Ce qui fait que , d'après ces Messieurs, les deux Gardons d'Alais et d'Anduze réunis auraient fourni 12,452 pouces , ce qui fut contesté comme exagéré.

1822 : — Mesurage de M. Grangent.................... 2,517
Ce qui donne 5,462 pouces pour les deux Gardons d'Alais et d'Anduze réunis.

1823, septembre : —Mesurage de MM. des Ponts-et-Chaussées 2,000
Soit environ 5,000 pouces pour les deux Gardons réunis.

1824 : —Mesurage de MM. des Ponts-et-Chaussées........ 2,700
Ce qui fait pour les deux Gardons 5,217 pouces, d'après une note trouvée dans les papiers de M. de Seynes.

1832 : — Mesurage de MM. Didion et Talabot............ 2,518
Ce qui donne environ 5,260 pouces pour les deux Gardons.

Pouces.

1856, juillet 31 : — Mesurage de M. Rousseau............ 3,456

1856, septembre 9 : — Mesurage du même.............. 4,250

C'est là, d'après les meuniers, le débit moyen de cette rivière ;
M. Rousseau le porte à 5,000 pouces à peu près.

1857 : — Mesurage de MM. Bos et Teissier, environ....... 1,700

1843, juin et juillet : — Mesurage de M. Teissier, environ... 5,000

Les deux Gardons fournissaient bien alors onze mille pouces.

1847, septembre 21 : — Mesurage de M. Bos............ 2,420

Ainsi, quand le Gardon d'Anduze fournisait... 2,950

Il y avait à celui d'Alais................. 2,420

         Soit pour le tout.............. 5,370

Ces mesurages étant faits les 18 et 21 septembre, M. Bos ne
trouva à Ners, dans un jour intermédiaire, le 20, que 4,285
pouces; ce qui prouve que, de l'amont à l'aval, jusqu'au moulin
Labaume, le Gardon va toujours en s'affaiblissant.

1850, 29 mai : — Mesurage du service hydraulique à environ 550 mètres en amont de la prise d'eau du canal des moulins
d'Alais... 28,594

Même jour : — Mesurage du service hydraulique, à environ
750 mètres en aval du barrage du moulin neuf à Alais....... 30,526

1850, 28 mai : — A environ 100 mètres en amont du barrage
détruit de M. Dombre, près de St-Hilaire-de-Brethmas 41,126

Mais ces jaugeages faits, tant sur le Gardon d'Alais que sur celui d'Anduze, sont loin d'être tombés sur les années les plus sèches et les mois
de plus grande pénurie. Un indicateur pour moi beaucoup plus complet, c'est le travail possible des moulins, et je suis convaincu, par la
considération de cet élément, que, pendant un mois au moins, ordinairement celui de septembre, en 1819, 1822, 1823, 1824, 1825, 1832,
1837, 1839, le débit du Gardon d'Anduze est descendu à.... 2,000 p.

Celui d'Alais au moins à........................... 1,600

    Total de la réunion des nombres.................. 3,600 p.

Tandis qu'en réalité, lorsque le haut-Gardon roulait dans ses deux branches 5,600 pouces, il en arrivait mille, tout au plus, à Boucoiran dans le canal Calvière, ce qui fait que, dans l'espace de vingt ans, tout approvisionnement pour Nîmes eût été impossible huit fois, en août et septembre, c'est-à-dire à l'époque des plus grands besoins, la fourniture étant d'ailleurs insalubre pendant le reste des étiages.

Voyons ce que les mesurages ont fait connaître après la jonction des deux Gardons d'Anduze et d'Alais.

Gardon aux environs de Ners.

Pouces.

1856, août 7 : — Mesur. de MM. Perrier, Plagnol et Rousseau   6,886
1850, mai 21 : — Mesurage du service hydraulique :
Les deux Gardons réunis à seize cents mètres en amont du barrage du canal Calvière.............................110,000
Ce sont véritablement les eaux d'hiver : il y avait eu une petite crue le 5 de mai.

1851, septembre 5 : — Jaugeage du service hydraulique,
Débit du Gardon à 1,500 mètres en amont du Pont-de-Ners...   2,722
On voit qu'à cette époque encore le service de Nîmes eût été impossible tel qu'on l'entend soit pour la quantité soit pour la qualité.

Canal Calvière.

1786, août et septembre : —Nous avons prouvé par le travail des moulins, que le canal ne roulait pas à cette époque plus de...   1,500
Avec une pénurie pareille, on a soin de faire entrer dans le bief tout le débit de la rivière.

1826, juillet 26 : — M. Valz a trouvé de neuf à onze mille pouces d'eau dans le canal Calvière ; la chose n'est pas impossible, mais nous avons montré que son mesurage était défectueux ....   »

Pouces.

1859 : — Mesurage de M. Bouchet, dans ce bief........ 1,800

1859 , août 5 : — Jaujeauge de MM. Vinard et Perrier... 1,981

1859 , août 16 : — Jaugeage de M. Sève, conducteur.... 489

1859 , août 17 : —Jaugeage de MM. Didion et Granier... 521

1859 , août 28 : —Jaugeage de MM. Didion et Plagnol... 472

1859 , sept. 5 : — Jaugeage de MM. Perrier et Chambaud. 582 ([1])

Du 15 août au 5 septembre 1859 , le débit du canal Calvière a varié de 219 à 569 pouces ; mais ces variations provenaient des retenues ou lâchures des moulins supérieurs. Le 8 août 1859 , la fontaine d'Eure débitait encore sept cents pouces , et M. Rousseau en avait trouvé 980 à l'Alzon les 16, 17 et 18 septembre 1856.

Pouces.

1840 , août 7 : — Jaugeage de MM. Perrier et Defos dans le canal Calvière.................................... 6,500

1840 , août 14 : — Jaugeage de MM. Perrier et Chambaud.. 7,514

1840 , août 31 : — Jaugeage de MM. Perrier et Chambaud.. 5,658

1843 , août 12 : — Jaugeage de MM. Bos et Teissier...... 10,800

1844 , août 16 : — Jaugeage de MM. Bos et Teissier..... 4,320

On voit, comme disent les meuniers, que, si les années se suivent, elles ne se ressemblent pas.

Du Gardon à Collias et à Lafoux.

1836, août 8 : —MM. Perrier , Plagnol et Rousseau évaluèrent , mais seulement d'une manière approximative , le débit du Gardon au moulin

(1) Lorsqu'il n'entrait dans le canal Calvière que 582 pouces, sans qu'il restât rien dans le lit du Gardon , cette rivière débitait 1,177 pouces à mille mètres en amont du barrage Calvière. Il se perdait donc dans son lit 595 pouces, plus de la moitié de l'eau, sur un simple parcours de mille mètres. On conçoit en partie, par là, pourquoi cette rivière est beaucoup plus faible à Boucoiran que la somme de ses deux bras principaux d'Anduze et d'Alais.

Mais ce n'est pas sous le gravier seulement que l'eau s'infiltre ; c'est sous les rochers , comme MM. Chambaud et Perrier en eurent la preuve, ce qui détruit l'application possible des barrages destinés à arrêter la rivière souterraine. Ce barrage ne pourrait atteindre les eaux pour les arrêter , on en a eu la preuve quand on a construit le pont de Ners sur un radier continu de béton : on n'a pas ramené une goutte d'eau à la surface.

Pouces.

Labaume et trouvèrent............................... 7,542

Au-dessous du confluent de l'Alzon, à Collias............ 9,059

Et enfin au moulin de Lafoux........................ 12,515

Comme, depuis sa réunion avec l'Alzon jusqu'à Lafoux, cette rivière ne reçoit aucun nouvel affluent, on voit tout de suite qu'on ne peut compter sur ces résultats ; mais ils suffisent pour établir la différence énorme du bas-Gardon, où l'on trouvait de huit à douze mille pouces d'eau, avec le Gardon supérieur, qui n'en offrait pas la moitié, aux environs de Ners, à la même époque.

1847, juillet 21 : — Mesurage de MM. Dombre et Ballon :

Le Gardon à Collias en amont de l'Alzon....... 24,335 }
Débit de l'Alzon........................... 5,270 } 29,605

1850, septembre 15 : —Jaugeage de MM. Poulon et Teissier :

Gardon à Collias au-dessus du confluent avec
l'Alzon.............................,....... 16,787 } 17,867
Débit de l'Alzon .... 1,080)

1847, septembre 19 : —Jaugeage de MM. Poulon et Teissier :

Débit du Gardon......................... 12,082 }
Débit de l'Alzon........................ 3,369 } 15,451

1850, novembre 23 : — Jaugeage de MM. Poulon et Teissier :

Gardon à Collias au-dessus du confluent avec
l'Alzon................................. 21,600 } 22,680
Débit de l'Alzon........................ 1,080)

1851, août 31 : — Jaugeage de MM. Poulon et Teissier :

Gardon à Collias au-dessus du confluent avec
l'Alzon................................. 9,072 } 10,325
Débit de l'Alzon....................... 1,253 }

Quant à Lafoux, voici tous les mesurages que nous en connaissons :

1859, fin juillet : — Mesurage de M. Rousseau........... 21,600

1859, août 13 : — Mesurage de M. Didion............ 9,028

1859, août 21 : — Mesurage de MM. Didion et Labaume. 9,460

12

Pouces.

1859, septembre 1ᵉʳ : —Mesurage de MM. Didion et Labaume   9,166
1845 , août : — Mesurage de M. Surell de 17,000 à   20,000
1851 , août 31 : —Jaugeage de MM. Poulon et Teissier....   6,912

La cote des plus basses eaux jaugées a été :
A Anduze , en 1837, de............................   2,000
A Alais , même année.............................   1,700
A Boucoiran , en 1859......................   472
A Collias , en 1851........................   10,325
A Lafoux , en 1851........................   7,000

Ainsi , dans les plus basses eaux connues , on a trouvé trois fois plus d'eau à Alais qu'à Boucoiran ;

Quatre fois plus à Anduze ;

Quatorze fois plus à Lafoux ;

Vingt fois plus à Collias , comme l'avait déjà reconnu et signalé M. Perrier ;

Ou bien , le volume de l'eau dans ces localités a été plus exactement dans le rapport des chiffres : 47, — 170 , — 200 , — 700 , —1,032 , ou, plus simplement encore et par une approximation plus saisissable : 5, — 17, —20,—70 — et 103.

Comme c'est l'état le plus infime des eaux qu'il nous importe surtout de considérer pour la fourniture de Nîmes , les conséquences de faits pareils se manifestent d'elles-mêmes.

CONCLUSION.

Prendre sans interruption , pour Nîmes , — à Alais , — Anduze — ou Boucoiran , une fourniture d'eau abondante et salubre , serait une chose impossible , quand bien même le gouvernement rétracterait la sage condition de proportionalité au débit du Gardon qu'il a déjà posée , *et qu'il accorderait une concession beaucoup plus forte que les vingt-six centièmes du liquide que roule le canal Calvière à l'étiage....*

L'établissement d'*un canal industriel du Gard*, l'accumulation de moteurs hydrauliques aux portes de Nîmes, sont des conceptions complètement irréalisables,

Et, comme une rigole à pente n'amènera jamais du haut-Gardon qu'une quantité d'eau très-variable, souvent infime, toujours de très-mauvaise qualité, et avec une dépense énorme, — on voit qu'il ne manque pas de motifs péremptoires de renoncer à cette provenance.

Pour une ville populeuse, la constance et la qualité du produit sont plus importantes encore que sa quantité;

La question financière pèse aussi d'un très-grand poids dans la balance.

Mais, pour toute dérivation du Gardon supérieur, les obstacles les plus dirimants se trouvent dans les droits des nombreux propriétaires riverains, dans les besoins impérieux de vingt communes limitrophes d'une rivière tellement appauvrie à l'étiage que, bien loin d'en rien détourner, l'intérêt public voudrait qu'on ne reculât devant aucun sacrifice pour en augmenter le débit.

Pendant les mois de juillet, août et septembre, tout affaiblissement de ce cours d'eau serait une calamité pour une contrée riche et populeuse.

On ne peut trouver que sur deux points un approvisionnement suffisant d'eau salubre pour Nîmes :

Aux sources d'Eure, par une dérivation de niveau;

A la renaissance du Gardon, depuis le moulin Labaume jusqu'à Collias, avec le secours de machines élévatoires.

Même, en se résignant à d'énormes dépenses, le Gardon supérieur ne présenterait qu'irrégularité dans les produits, insuffisance, insalubrité de l'eau dans les moments où son abondance et sa pureté sont les plus nécessaires.

Des projets qui, sur un très-long parcours, écraseraient les populations riveraines;

Qui créeraient à jamais la dette la plus lourde pour la ville de Nîmes,

Et qui n'offriraient dans le service des eaux aucune des garanties indispensables d'abondance, de constance et de salubrité, ne sauraient être défendus plus longtemps.

Ils doivent disparaître de l'arène comme les propositions gigantesques pour lesquelles il faut supputer la dépense par dizaines de millions, — comme celles, plus modestes, il est vrai, pour lesquelles les canaux adducteurs seraient si peu étendus que les frais en seraient légers à supporter ; — mais pour lesquelles, d'autre part, on ne flotte encore que sur des espérances ; — pour lesquelles, malheureusement, l'eau, qui pourtant est la chose indispensable, est encore presque toute à trouver.

Dans un des chapitres suivants, nous ferons la comparaison sommaire de tous les projets productifs et praticables, *à résultats certains :* — comme le nombre n'en est pas grand, nous pourrons donner rapidement une connaissance suffisante de l'état actuel de la question des eaux.

Nimes, le 30 mars 1853.

CHAPITRE TROISIÈME.

—

**Secours imprévu. — Rapport entre la question d'approvision-
nement d'Eau pour Nimes et celle de Rodez. — Exemples et
autorités respectables.**

———

On a vu dans les chapitres précédents, que, pour la fourniture de
Nimes,

L'eau de source est éminemment préférable à celle de rivière,

Que la restauration de l'antique aqueduc est le meilleur moyen pour
l'adduction,

Et qu'il vaut mieux aller chercher ce fluide au loin, sans l'élever
par des machines, que de le puiser à proximité par des pompes. La différence est énorme, au point de vue de la dépense, entre la distance horizontale à franchir et la différence de niveau à surmonter.

Un opuscule intéressant, que je viens de recevoir, contient les témoignages les plus respectables et les preuves les plus évidentes à l'appui de
ces principes.

L'an dernier, presque à cette époque, je fus incidemment appelé à dire
quelques mots sur la prompte solution que la ville de Rodez paraissait
devoir donner à la question de son approvisionnement d'eau potable; je
fis connaître l'honorable et généreux concours de plusieurs de ses habitants (1).

Le moteur hydraulique, et l'emploi de la vapeur avaient seuls été mis
en parallèle; celle-ci l'avait momentanément emporté : il semblait qu'on

(1) Voyez mon *Histoire des Eaux*, tome IV, page 288 ;— et le *Journal de l'Aveyron*, du
17 avril 1852.

allait exécuter un projet de M. Cordier pour puiser dans l'Aveyron par des pompes (1).

Mais bientôt il s'est produit un nouveau système, bien préférable à tous les autres à mes yeux. M. Durand soutenait les avantages de la force hydraulique, M. Cordier ceux de la vapeur; M. le capitaine du génie Baland voulait la réunion des deux, et M. l'architecte Loirette se joignait à son opinion, — lorsque M. Lunet, notaire, et M. Boissonnade, architecte du département, ont soumis une autre proposition à l'administration municipale et à la société des lettres, sciences et arts de l'Aveyron. Il ne s'agit de rien moins que de restaurer un antique aqueduc romain et de conduire ainsi dans la cité, par une simple dérivation, sans moteurs et sans machines, le produit abondant et pur des sources de Vos, situées, au-delà de la rivière d'Aveyron, sur un plateau éloigné de Rodez d'une quinzaine de kilomètres.

Une commission d'hommes capables de juger d'aussi graves questions fut aussitôt formée; elle se composait de M. Commier, ancien ingénieur des ponts-et-chaussées; de M. Boissonnade, architecte; de M. Boisse, ingénieur des mines; de M. Vallat, recteur de l'académie; de M. Trautmann, ingénieur des mines aussi; de M. Blondeau, professeur de physique; de M. Lunet. Cette commission, à la tête de laquelle était placé M. de Barrau, président de l'académie, s'adjoignit pour ses opérations MM. Féline, capitaine du génie, et Romain, agent-voyer en chef du département.

Après avoir entendu, le 7 septembre 1852, le rapport de M. Commier approuvé par sa commission, l'académie décida qu'il serait immédiatement adressé à M. le préfet de l'Aveyron.

L'un des commissaires, M. le professeur Blondeau était absent à cette époque; mais, comme il partageait entièrement l'opinion de ses collègues, il a voulu, lui aussi, apporter sa pierre à l'édifice, en publiant, à l'appui du rapport de M. Commier, une brochure de cinquante pages intitulée:

Projet d'amener à Rodez dix-neuf cent mètres cubes d'eau (95 pouces) par vingt-quatre heures.

(1) Voyez le *Journal de l'Aveyron*, du 17 septembre au 5 novembre 1852, — et le rapport de M. Commier, du 7 septembre 1852.

Comme cette publication, très-intéressante au point de vue de la localité pour laquelle elle a été faite, contient la substance du rapport antérieur ;

Comme elle renferme, en outre, beaucoup de renseignements d'une utilité générale, et bien des vérités qu'il importe de connaître au point de vue même de la fourniture d'eau pour Nîmes, j'ai cru devoir présenter ici une analyse succincte d'un travail dont je dois la connaissance à l'obligeance de son auteur.

La phrase suivante de M. de Jussieu lui sert d'épigraphe :

« La bonne qualité des eaux étant une des choses qui contribuent le plus
» à la santé des citoyens, il n'est rien à quoi les magistrats, dans les villes,
» doivent porter plus d'intérêt qu'à la salubrité de celles qui servent à la
» boisson des hommes et des animaux, à l'effet de remédier aux accidents
» par lesquels ces eaux peuvent être altérées, soit dans le lit des fontaines,
» des rivières et des ruisseaux où elles coulent, soit dans les lieux où on
» les conserve après leur dérivation, soit enfin dans les puits où naissent
» les sources (1). »

D'après M. Blondeau :

« Parmi les eaux qu'on pourrait conduire à Rodez, celle de l'Aveyron doit être complètement exclue, car elle ne saurait servir aux usages domestiques et particulièrement à la boisson. L'eau de cette rivière est tout à fait impotable à certaines époques.

» Traversant des régions calcaires et des régions schisteuse, elle se charge en temps de pluie des débris de ces divers terrains. De plus, pendant une partie de l'année, elle devient à peu près stagnante, par suite de la grande quantité de barrages que l'on a établis pour les besoins de l'agriculture et de l'industrie, et contracte alors un goût désagréable provenant des mousses contenues dans son lit, lesquelles se décomposent à l'époque des chaleurs; *circonstance fâcheuse qui empêchera toujours que l'on puisse utiliser ses eaux pour la boisson des habitants des villes voisines....*

» M. Cordier avait savamment étudié un projet pour les élever : — mais

(1) De Jussieu, — *Histoire de l'Académie royale des Sciences.*

d'autres personnes , à l'avis desquelles je me range , MM. Lunet , Monseignat , Boissonnade, pensent — *qu'il vaut mieux reprendre en sous-œuvre ce qui avait été fait autrefois par les Romains* , c'est-à-dire amener à Rodez les sources de Vos , au moyen de l'aqueduc antique restauré , et d'un siphon pour faire franchir au liquide la vallée de l'Aveyron.

» En examinant ce qui se pratique généralement en France , on est conduit à préférer les eaux de source à celles de rivière ; car les premières sont presque toujours pures , limpides et fraîches , tandis que les secondes jouissent rarement de ces qualités. On voit encore partout que , lorsqu'on peut faire arriver dans une ville une source abondante , *sans avoir recours à des machines* , on préfère ce parti à l'emploi des moteurs mécaniques et surtout à celui de la machine à vapeur , qui nécessite des frais d'acquisition et d'entretien fort considérables.

» Les Romains se sont chargés de construire pour nous un aqueduc sur une longueur de plus de quinze mille mètres , et , comme il ne reste à franchir que quatre à cinq kilomètres par un siphon , je crois devoir donner mon adhésion complète au projet de restauration de l'œuvre antique.

» Dans tous les temps , on a mis la plus grande importance à se procurer des eaux irréprochables pour la boisson : le peuple-roi surtout était très-scrupuleux sous ce rapport ; car il attribuait à la pureté de ce liquide l'état de santé des populations. Aussi ne doit-on pas être surpris de voir qu'il ait construit des aqueducs partout où il a dominé quelque temps. La ville de Rodez possède un souvenir précieux de la puissance romaine par celui que nous espérons restaurer et faire servir de nouveau à l'approvisionnement municipal.

» Il y a longtemps que la science a signalé le danger de l'usage d'eaux viciées par leur passage sur des surfaces imprégnées de matières en décomposition. Voici comment s'exprime , à ce sujet , un médecin distingué de Paris :

« La présence des matières organiques dans une eau alimentaire est une » circonstance d'autant plus fâcheuse que la proportion en est plus consi-
» dérable. Ces matières se putréfient en général avec promptitude et faci-
» lité , et l'usage que l'on fait d'eaux souillées par elles est fréquemment

» suivi de troubles plus ou moins graves dans les fonctions gastro-intesti-
» nales. Aussi peut-on dire avec vérité que moins une eau à boire contient
» de matières organiques en dissolution , meilleure elle est , tant sous le
» rapport de l'emploi immédiat que pour être conservée (1). »

» Les qualités que doit posséder une bonne eau sont les suivantes :
» Elle doit être toujours limpide , tempérée en hiver , fraîche en été ,
inodore et d'une saveur agréable ; elle doit être , en outre , apte au blanchissage , et, pour cela , dissoudre le savon sans former de grumeaux ; il
faut qu'elle cuise bien les légumes , qu'elle tienne en dissolution une
certaine quantité d'air et de substances minérales ; *mais elle doit surtout
être exempte de matières organiques.*

» *On voit, de prime abord, que la seule eau des sources est capable de*
satisfaire à toutes les conditions exigées, tandis que celle des rivières ne
possède presque aucune de ces qualités.

» L'eau de source est en général constamment limpide ; celle de rivière beaucoup moins : défaut très-grave car , non-seulement il inspire
de la répugnance , mais il exerce une action nuisible sur la santé.

» Les matières terreuses que les rivières tiennent en suspension , dit le
» docteur Dupasquier , les rendent lourdes et indigestes ; en outre , ces
» matières contribuent à amener du désordre dans les fonctions digestives,
» par le dégoût qu'elles causent lorsqu'on boit le fluide qui les con-
» tient (2). »

» Le produit des sources considérables et pérennes , de celles dont les
racines se trouvent à de grandes profondeurs, est tempéré en hiver , frais
en été ; sa température est constamment de dix à douze degrés ; tandis que
celui des rivières suit à peu près les changements de la température de l'air
et varie de la froidure de la glace , à vingt-quatre degrés de chaleur.

» Or, c'est surtout pendant l'été que l'eau fraîche est nécessaire pour
désaltérer , et un liquide dont la température se rapproche de celle de
notre corps, produit des effets nuisibles sur l'économie animale.

(1) Guérard. — *Du choix et de la distribution des Eaux d'une ville.*
(2) *Des Eaux de source et de rivière.*

15

» Le docteur Guérard, dit de même :

» L'eau qui n'est pas fraîche pendant les ardeurs de l'été est désagréa-
» ble et malsaine tout à la fois. Comme elle n'étanche pas la soif, on y re-
» vient toujours, et sans éprouver le soulagement qu'on attendait. L'excès
» d'une boisson semblable, prise dans le cours et dans les intervalles des
» repas, finit par jeter les organes digestifs dans une atonie remarquable,
» particulièrement pendant les chaleurs, tandis que le corps est déjà
» affaibli par des sueurs abondantes et que les fonctions gastriques et
» intestinales ne s'exercent plus qu'incomplétement. Alors les aliments
» sont rejetés par le vomissement qui persiste après leur expulsion, et
» des flux dyssentériques se manifestent. Quelquefois divers épiphéno-
» mènes viennent s'y joindre, qui, tels que les crampes, ont de l'analogie
» avec le choléra ; il n'est pas rare de voir des épanchements séreux être
» la conséquence de l'ingestion d'une grande quantité d'eau à la tempéra-
» ture de l'air, particulièrement quand on est épuisé par la chaleur (1). »

» L'opinion du docteur Guérard à ce sujet, qui est celle de tout le corps
médical, doit faire repousser le produit des rivières, quand il n'y a pas impossibilité de se procurer de l'eau de source.

» L'eau potable doit être aérée, c'est-à-dire tenir en dissolution une
certaine quantité de gaz, tels que l'oxigène, l'azote, et même l'acide car-
bonique ; car leur présence, en certaine quantité, la rend plus ou moins
digestive. L'eau de rivière n'est sans doute pas dénuée de ces principes
utiles ; mais elle offre cependant une infériorité marquée, si on la compare
à celle d'un grand nombre de sources. Aussi cette dernière vaut-elle
mieux, en général, pour le blanchissage et pour la cuisson des légumes.

» C'est surtout sous le rapport des matières organiques tenues en dissolution que l'eau des rivières se trouve comparativement défectueuse.
Toutes celles dont le cours est lent prennent facilement le caractère d'eau
stagnantes et c'est ce qui arrive plus spécialement à celles qu'on obstrue
par des barrages pour les besoins de l'industrie. Dans le voisinage de ces
constructions, le liquide, dont la marche est à peu près suspendue, s'é-
chauffe fortement aux rayons du soleil ; les plantes qu'il contient se dé-

(1) Guérard, — loc. cit., p. 40.

composent et lui communiquent des propriétés fort dangereuses. Ces effets, qui se. produisent toutes les années dans l'Aveyron , ont lieu à l'époque des fortes chaleurs et s'observent même dans les grandes rivières.

» En 1751 , une sècheresse extrême diminua considérablement le débit de la Seine à Paris ; l'eau fut altérée et une maladie épidémique se manifesta parmi ceux qui en firent usage. Le célèbre Jussieu en reconnut la cause dans la décomposition des conferves et des hippuris qui végétaient dans ce liquide. — « La chaleur du soleil qui tiédifiait l'eau dormante des » bords , dans laquelle ces plantes étaient comme en macération , l'impré- » gnait tellement de leurs mauvaises qualités qu'elle exhalait une odeur » marécageuse et désagréable. Le contenu de ces espèces de mares, en se » mêlant à l'eau courante , finit par altérer totalement celle de tout le lit » de la rivière. Les maladies qui régnèrent parmi ceux qui en firent leur » boisson , furent des sècheresses de la bouche, une altération fréquente, » le dégoût et des nausées qu'on ne savait à quoi attribuer ; des maux de » gorge , des esquinancies , des fluxions à la tête et plusieurs sortes de » fièvres irrégulières et opiniâtres... (1). »

Pour rendre à Rodez les eaux de source que les Romains y amenèrent autrefois, il faut traverser la vallée de l'Aveyron par une conduite forcée. On craint généralement sur les lieux qu'un siphon renversé, de la dimension nécessaire, ne puisse pas fonctionner régulièrement ; mais c'est une erreur que M. Blondeau dissipe facilement par l'exemple des grands siphons des aqueducs antiques de Lyon ; — de ceux de Gènes qui remontent seulement au moyen-âge, imitation imparfaite des constructions violemment ruinées du peuple-roi ; — de ceux de Constantine et d'Avallon qui sont des établissements de notre époque.

Je m'estime heureux d'avoir fourni sur ce sujet, à l'auteur , des renseignements qui lui ont été utiles, et que j'avais déjà consignés dans mon *Histoire des Eaux* , en ce qui concerne Constantine , Gènes et Lyon ; de lui avoir indiqué les passages afférents de Vitruve , et mis en main l'ouvrage spécial de M . Flacheron.

(1) Mémoires de l'Académie des sciences, années 1753.

M. Commier, dans son rapport sur le projet de Rodez , dit : — « Que
» le général Andréossy, en visitant en 1818 les restes des aqueducs romains
» situés au-dessus de Lyon , *reconnut* que , pour faire franchir aux eaux
» destinées à abreuver cette grande ville des ravins très-profonds, on avait
» employé des conduites à siphon renversé , et qu'on les avait établies sur
» des arcades. »

Ce que le général reconnut en 1818 a été connu de tout temps par tous
ceux qui ont observé avec intelligence. C'est une vérité banale sur les
lieux , énoncée d'ailleurs par tous les historiens de Lyon depuis qu'on
publie ses annales.

« Après l'époque à laquelle Andréossy fut frappé de la hardiesse de ces
constructions romaines , elles ont été étudiées dans tous leurs détails, dit
M. Blondeau, par un ingénieur fort habile, **M. Alexandre Flacheron**, qui
proposa même de ramener les eaux à Lyon en restaurant ces anciens ouvrages..... » — Mais, avant l'*architecte* Flacheron , M. Delorme , l'an-
tiquaire Millin , M. de Penhoët, ont publié des descriptions de ces siphons
et de leurs aqueducs , dont le parcours du plus considérable, celui du
Gier , a été relevé plus récemment par un homme spécial , M. l'ingénieur
Paul de Gasparin.

Les Romains , qui ne craignaient pas de construire des siphons dont la
corde avait plus de deux mille mètres et la flèche plus de cent vingt,
évitaient ainsi pour leurs aqueducs d'immenses détours et des arcatures impossibles.

L'un des siphons de Gênes , qui a six cent soixante-neuf mètres
de corde , de quarante-cinq à cinquante mètres de flèche, et qui n'est
composé que de deux tuyaux parallèles , débite plus de huit cents pouces
d'eau.

Le siphon moderne de Constantine a soixante-et-quinze mètres de
flèche ;

Celui d'Avallon en a quatre-vingt-huit et douze cent soixante-et-dix
de longueur.

Il existe dans plusieurs mines des siphons ayant plus de deux cents
mètres de flèche, qui fonctionnent parfaitement.

Le projet de fourniture d'eau pour Cette, de M. l'ingénieur Dupont, comprenait un siphon de 20,690 mètres de longueur et quarante-cinq de flèche, qui devait débiter cent pouces d'eau.

Depuis que l'attention publique a été attirée sur le seul monument romain que Rodez possède, on l'a découvert successivement dans plusieurs localités, en assez bon état, si l'on excepte une centaine de mètres saccagés par un entrepreneur pour employer les débris à l'empierrement d'une route !...

Le même vandalisme se retrouve partout.

Sauf donc les outrages particuliers, on est en droit de penser que, quand on exhumera ce canal, on le trouvera à peu près intact. Sur presque tous les points mis à découvert, l'enduit qui garnit le radier et les côtés, sur une hauteur d'à peu près quatre-vingts centimètres, s'est trouvé dans un bon état de conservation.

Suivant M. Blondeau : — « Cet enduit, qui a une épaisseur moyenne » de cinq centimètres, sorte de béton que l'on prendrait pour de la brique » pilée, *est, en réalité, un mortier hydraulique fait avec de la chaux* » *et de la pouzzolane rouge, abondante dans le département*..... »

M. Blondeau ne se trompe-t-il pas ? — L'enduit intérieur de tous les aqueducs romains que j'ai observés (ils sont nombreux) se compose de fleur de chaux et de fragments de briques, non pas pilées, mais concassées en petits fragments.

La largeur de l'aqueduc de Rodez est de cinquante-quatre centimètres, et sa pente générale d'environ un demi-millimètre par mètre. On croit que les frais de restauration ne s'élèveraient pas à plus de soixante mille francs.

Le siphon à construire serait la partie la plus coûteuse de l'entreprise ; il aurait quatre mille cinq cents mètres de longueur et cent mètres de flèche.

Le diamètre intérieur des tuyaux étant de deux décimètres, si l'on y joint quinze millimètres d'épaisseur de chaque côté, le diamètre extérieur atteindra vingt-trois centimètres.

Le coût total de l'entreprise d'adduction à Rodez de quatre-vingt-quinze pouces d'eau pris aux sources de Vors, est résumé dans le tableau suivant :

Réparation de l'aqueduc romain....................	60,000 fr.
Réservoir précédant le siphon.....................	11,000
Siphon ou conduite forcée........................	77,800
Pont pour le siphon sur l'Aveyron................	9,000
Distribution de l'eau dans la ville.................	43,740
Frais de surveillance et d'entretien capitalisés.......	30,000
Indemnités pour les terrains......................	1,200
Rachat des sources..............................	10,000
Montant de l'avant-projet...................	242,740 fr.
Ce qui représente un intérêt annuel de.............	12,137 fr.
Duquel il faut déduire le prix de vente d'une portion de l'eau, qu'on évalue généralement à..................	6,000
Reste à la charge du budget municipal..........	6,137 fr.

« Et cette charge, dit M. Blondeau, diminuerait sans doute, si la ville construisait un lavoir où chacun aimerait mieux nettoyer son linge que de le transporter pour cela à de grandes distances, comme on est obligé de le faire actuellement.

» La ville n'aurait donc réellement à fournir qu'un capital de cent vingt-deux mille sept cent quarante francs :

» Et, si l'on songe que des particuliers ont offert de souscrire généreusement pour l'exécution d'une entreprise si importante ;

» Si l'on ajoute qu'en édifiant quelques bains et lavoirs publics, on se place dans les conditions voulues pour obtenir des secours de l'État ;

» On ne voit pas quelles seraient les raisons qui pourraient retarder la mise en œuvre d'un pareil projet !.... »

Quant à nous, en réfléchissant à la pénurie d'eau de la ville de Rodez, à la mauvaise qualité du peu dont elle dispose, aux inconvénients graves, à l'insalubrité qui en résultent pendant la saison chaude, nous ne concevrions pas qu'on reculât devant la restauration de l'œuvre romaine, quand même elle devrait être trois fois plus coûteuse que ne le porte l'avant-projet (1).

A Rodez comme ailleurs, les partisans de l'eau des rivières prétendent qu'il existe des moyens de lui redonner de la limpidité quand elle en manque, et même de la rendre salubre quand elle a cessé de l'être. Les procédés qu'on met en avant sont la *filtration naturelle* au travers des couches de gravier qui se trouvent dans le lit même du cours d'eau, ou bien la filtration artificielle à l'aide d'espèces de tamis formés de couches alternatives de sable et de charbon.

Dans son excellente publication sur *les eaux potables*, M. Terme a déjà fait connaître la difficulté, l'incertitude et la cherté de ces moyens pour des quantités d'eau considérables.

Le premier de ces procédés ne peut être employé que dans des circon-

(1) M. le maire de Rodez, l'un de ses adjoints et quelques membres du conseil municipal, accompagnés de M. l'ingénieur ordinaire des Ponts-et-Chaussées de l'arrondissement et de quelques autres personnes, sont allés, jeudi dernier, visiter les fouilles qui se font en ce moment dans les communes de Vors, de Calmont et de Luc, et qui ont pour objet la constatation de l'état dans lequel se trouve l'aqueduc romain sur le territoire de ces trois communes. Les travaux étaient commencés depuis trois jours à peine, et déjà, grâce à l'habileté de M. Romain, agent-voyer en chef, qui dirige les fouilles, l'aqueduc avait été suivi et observé sur une étendue de deux à trois kilomètres. Le monument n'est pas intact, sans doute, sur toute cette longueur; il est tantôt rempli d'eau jusqu'à la voûte, tantôt plein de terre; ici, la voûte a été endommagée; là, la couche de ciment a souffert. Il est néanmoins, dans son ensemble, sur cette étendue, dans un état plus satisfaisant qu'on n'osait l'espérer. M. Romain mentionnera, dans son rapport, tout ce qu'il a observé, et les faits qu'il constate serviront à faire connaître non-seulement l'œuvre romaine dans tous ses détails, mais encore le nombre des sources et des cours d'eau qui peuvent aboutir à l'aqueduc. Tout ce qu'on pourrait dire dès aujourd'hui de ces sources, de leur nombre, de l'importance de leur débit et de la qualité de leurs eaux, serait prématuré. L'autorité municipale ne négligera rien de ce qui peut l'éclairer ainsi que l'opinion publique sur la question des eaux, pour arriver à une solution satisfaisante.

Mais les personnes qui voudraient se faire une idée exacte du monument romain peuvent aller le voir et en parcourir une partie notable au point où il rencontre le chemin de La Valière à Moyrazès. En ce lieu, toutes les matières qu'il contenait ont été enlevées, et il apparaît dans sa grandeur et sa beauté primitives. Pour se faire une idée de la qualité et de l'importance des sources, on n'a qu'à visiter celles de Vors et de Brunhac au-delà de ce point, et en deçà, celles qui se trouvent sur la ligne de l'aqueduc.

(*Journal de l'Aveyron*, du 10 avril 1853.)

stances exceptionnelles, lorsqu'on trouve, comme à Toulouse par exemple , dans le lit même de la rivière , un banc d'alluvion , formé de sable et de gravier , dans lequel on peut ouvrir de profondes tranchées où l'on va puiser le fluide nécessaire à l'alimentation de la cité. Mais encore , dans les circonstances en apparence les plus favorables , l'eau de ces puisards contracte parfois un mauvais goût , et prend un aspect désagréable.

Après de longues incertitudes , Lyon paraît maintenant décidé à établir des galeries filtrantes pour épurer l'eau du Rhône des matières terreuses qu'il tient en suspension ; mais on ne songera jamais à ce moyen pour rendre salubre l'eau de la Saône altérée par la lenteur de son cours , par un fond vaseux , par des résidus animaux et végétaux en dissolution.

On éprouverait, d'après M. Blondeau, de grandes difficultés à créer de bonnes galeries filtrantes sur les bords de l'Aveyron. Elles ne seraient certes pas moindres auprès d'un torrent rapide comme le Gardon, qui bouleverse son lit, qui en change, et qui divague à chaque crue ; il faudrait des dépenses énormes pour protéger , pour consolider les travaux souterrains , et surtout pour fixer d'une manière constante le cours de l'eau dans leur voisinage immédiat.

Quant à la filtration artificielle , on doit la déclarer inapplicable sur une vaste échelle. En effet , les frais de construction des filtres , les dépenses occasionnées par le renouvellement des matières filtrantes viendraient augmenter les sacrifices au-delà de toute limite raisonnable. — « Les obstacles à une filtration sur des masses considérables de liquide sont » tels , dit M. Guérard , que les ingénieurs même qui ne les regardent pas » comme insurmontables , n'hésitent pas à déclarer qu'avant que de re- » courir , pour alimenter une grande ville, à de l'eau qu'on est dans la » nécessité de filtrer , on doit avoir la conviction qu'il est impossible de » s'en procurer d'autre (1).

Pour donner une idée de la difficulté qu'on éprouverait si l'on voulait filtrer celle de l'Aveyron , M. Blondeau dit qu'en ayant recueilli un litre ,

(1) *Du choix et de la distribution des Eaux d'une ville.*

le 18 janvier dernier, il y trouva 0 g. 25 d'une argile jaune qui donnait au liquide l'apparence de la vase. *Cette eau, qu'il laissa reposer pendant huit jours, présentait encore, après ce laps de temps, un aspect trouble,* et si l'on avait voulu en filtrer six cent mille litres par jour (trente pouces seulement), les filtres auraient dû arrêter cent cinquante kilogrammes d'argile, quantité plus que suffisante pour les engorger entièrement.

» Ce fait n'est point exceptionnel : l'eau de l'Aveyron charrie une quantité considérable d'argile pendant toute la saison des pluies ; elle est d'habitude tellement trouble qu'on ne saurait raisonnablement songer à la filtrer, ou, du moins, cette opération reviendrait à un prix énorme.

» En effet, en accordant que le filtrage d'un mètre cube d'eau, qui revient actuellement à Paris à treize centimes, n'en coûtât que cinq à Rodez, les six cents mètres cubes ou trente pouces coûteraient 30 fr. par jour ou 10,950 fr. par année, et, pour ce prix encore, on ne serait pas sûr d'avoir toujours de l'eau parfaitement clarifiée. » — J'ai plusieurs fois exposé des faits analogues dans mon *Histoire des Eaux de Nimes.*

Quand la ville de Bordeaux a, tout récemment, repris la grande affaire de son approvisionnement, la première question que la commission municipale s'est posée est celle de savoir si l'on persisterait dans la résolution antérieure d'amener des eaux de source, ou si l'on userait des eaux filtrées de la Garonne.

Cette question avait été décidée dans le premier sens par le conseil municipal en 1841 lorsqu'on fit venir M. Mary sur les lieux et qu'on lui confia l'étude d'un projet qui consistait à amener dans la ville les eaux de la source de Taillan (1).

Néanmoins, la commission actuelle, ne se regardant pas comme liée par ce premier vote, a derechef examiné la question et, après mûr examen, a maintenu ce qu'on avait antérieurement délibéré : — savoir, que, par les motifs suivants, *on devait préférer l'eau de source à celle de la rivière, même filtrée.*

1° — Parce qu'il n'a pas été présenté de projet sérieux et étudié sur un procédé certain et économique de filtrer les eaux de rivière et que la

(1) Voyez mon *Hist. des Eaux*, tom. 1, p. 712.

14

commission est restée convaincue *que les frais annuels de filtrage dépasseraient l'intérêt du capital nécessaire pour amener à Bordeaux les eaux du Taillan.* Aucune invention nouvelle n'a modifié les anciens systèmes. Or, dans le projet de 1841, M. Mary, examinant cette question, évaluait qu'un pouce fontainier, soit vingt mètres cubes d'eau de Seine clarifiée à haute pression par le procédé Fontvieille, ne coûterait pas moins de cinq cents francs par an. Si l'on multiplie ce chiffre par douze cents pouces, on arrive à la somme énorme de six cent mille francs par an, qui, réduite même au dixième si cela était possible, représenterait encore l'intérêt, à cinq pour cent, d'un capital de douze cent mille francs.....

2° — Parce que, le filtrage fût-il possible et peu dispendieux, il est sujet à de graves inconvénients, à des retards fâcheux auxquels une distribution d'eau dans une ville importante ne doit pas être exposée ;

3° — Parce que les eaux de rivière sont soumises à toutes les variations de température ; qu'elles sont, par conséquent, chaudes en été et froides en hiver, *ce qui est un inconvénient grave pour un liquide destiné en partie aux besoins domestiques et à la boisson ;*

4° — Enfin, parce qu'un membre de la commission, M. Fouré, consulté sur la possibilité de la filtration en grand des eaux de la Garonne, a certifié que, *dans sa conviction et après des expériences de plus de trente années, il regardait ce problème comme insoluble* (1).

A la suite de ce rapport, le conseil municipal de Bordeaux a adopté le projet proposé par M. Dufour-Dubergier, ancien maire, qui consiste à amener dans la cité, au moyen d'un aqueduc de onze kilomètres, l'eau de la source du Taillan, dont le débit est de vingt-deux mille mètres cubes (onze cents pouces) par vingt-quatre heures.

Cette fourniture sera répartie de la manière suivante :

Lavage des rues, 1,066 écoulements à dix mètres cubes chacun,

---

(1) Extrait du rapport fait, au nom d'une commission spéciale, au conseil municipal de Bordeaux, par M. Dufour-Dubergier, ancien maire.

ci..	10,660 m. c.
Fontaines monumentales......................	3,520
Concessions particulières....................	7,460
TOTAL............................	21,640 m. c.

Le prix de l'eau est fixé, à Bordeaux, à dix francs par an pour un hectolitre par jour, et la quantité est assez abondante pour assurer à chaque habitant une quantité de cent soixante-et-dix litres par jour, et pour distribuer par année cent soixante-et-dix mille bains à peu près gratuits.

M. le Maire de Vitry-le-Français a écrit à M. Lunet, notaire, auteur du *projet de reconstruction de l'aqueduc romain de Rodez* :

« La rivière de Marne passe à l'une des extrémités de notre ville.

» Une turbine ou machine hydraulique a été posée en 1843, et devait, » concurremment avec le système de filtrage de la *Compagnie française*, » élever, filtrer et distribuer dans la ville, en vingt-quatre heures, deux » cent cinquante mètres cubes d'eau claire et limpide (douze pouces et » demi); le tout pour le prix de cent trente mille francs.

» La dépense annuelle pour l'entretien eût été de quatre mille francs » par an, *mais cette évaluation était insuffisante.* Le système de filtrage » n'a pu accomplir sa mission à cause du peu de limpidité des eaux de la » Marne, chargées de matières boueuses et autres.

» L'entrepreneur devait poser tous les appareils : c'est M. Hubert, » *ingénieur civil* à Paris. Il a tenu sa promesse pour la quantité d'eau à » fournir; *mais il a complétement échoué quant à la filtration.* »

L'opinion de M. Blondeau est que l'emploi des machines pour se procurer de l'eau est toujours très-dispendieux, puisque, outre les frais de premier établissement, qui sont très-considérables, il y a de plus ceux d'entretien et de réparation qui grèvent les budgets municipaux de sommes fort importantes, sans même compter les frais de mécaniciens, chauffeurs et combustible, inséparables des machines à vapeur. Aussi, ces appareils si ingénieux et qui rendent de si grands services à l'industrie, sont-ils généralement repoussés, lorsqu'il s'agit de donner de l'eau à une ville. On préfère avec raison aller la chercher au loin et l'amener par sa pente naturelle, plutôt que de la recueillir à peu de distance et de l'élever par des moyens mécaniques.

C'est ainsi que, pour le service des eaux de Versailles, après avoir remplacé la colossale machine de Marly, sujette à trop de dérangements, par une pompe à vapeur, on songe à abandonner celle-ci pour s'approvisionner d'eau venant d'une plus grande distance, mais arrivant par le seul effet de la déclivité.

M. le Maire de Vitry exprime la même opinion, en terminant sa lettre, mais avec plus d'énergie :

« Si ma cité, dit-il, avait pu avoir, *même à quelque distance que ce* » *fût*, une eau claire et salubre, l'administration municipale n'aurait pas » hésité sur la dépense à faire pour l'amener dans son enceinte : — *Tous* » *les systèmes autres qu'une pente naturelle ne peuvent, dans un temps* » *donné, amener que regrets et déceptions.* »

La commission de Bordeaux repousse encore une crainte souvent énoncée au sujet des sources. — « Qu'on ne croie pas, dit-elle, que celles-ci soient exposées à s'affaiblir, à disparaître aussi facilement qu'on se l'est imaginé dans ces derniers temps, sur diverses théories. Nous avons consulté sur ce point des hommes compétents, spéciaux, notamment M. l'ingénieur Mary qui nous a complétement rassurés, en nous certifiant :

« Que la disparition ou la diminution des sources était à peu près in-» connue, à moins de grandes révolutions terrestres qui, en modifiant les » couches, peuvent évidemment détourner les eaux. Il nous a assurés » que le jaugeage actuel des sources très-anciennement connues, donnait » des résultats à peu près identiques à ceux qu'on avait constatés : il a » notamment cité celles qui alimentaient les thermes de Julien à Paris. »

Ecoutons encore M. Mary sur un sujet qui a les plus grands rapports avec l'approvisionnement de Nimes : — « La ville de Besançon, dit-il, quoique placée au pied de hautes montagnes qui recèlent des sources abondantes, et enveloppée dans un des vastes replis du Doubs, se trouvait cependant mal fournie d'eaux potables.

» Malheureusement on a éprouvé là ce qui arrive à peu près dans toutes les villes, lorsqu'il s'agit de pourvoir à leur approvisionnement. Presque partout plusieurs solutions sont offertes : les uns préfèrent les sources, les autres les eaux de rivières, souvent même on a à choisir entre plusieurs fontaines. Parmi celles-ci, il y en a qui sont proches, d'autres éloignées ; les unes basses, les autres sur des points élevés. La multiplicité des solutions possibles n'a d'autre effet que de retarder les travaux; *Nimes et Lyon discutent encore sur le choix à faire entre les eaux de rivière et celles de source, et les habitants sont, en attendant, privés de l'une et de l'autre.....*

» L'administration municipale de Besançon voulut bien me demander mon avis, d'abord sur le choix à faire entre les divers moyens mis en avant pour procurer à cette ville des eaux abondantes et salubres, ensuite sur le mode d'exécution. On pensa, qu'habitué à traiter des questions analogues, je pourrais contribuer à faire cesser l'irrésolution qui a longtemps paralysé le bon vouloir des habitants de la cité. Je me rendis à Besançon au mois d'août 1845, afin de connaître les lieux et de me former une opinion éclairée sur l'ensemble de la question. Avant d'émettre un avis, j'examinai les divers moyens de fourniture proposés ; je visitai les sources d'Arcier, de Billeul, de la Mouillère ; *je m'enquis des divers états de l'eau du Doubs.*

» La première question à vider était celle du choix entre les eaux de source et celles de rivière : — *Je fis observer que les premières étaient constamment claires, salubres et fraîches, tandis que les secondes avaient le double inconvénient d'être troubles à la suite des pluies, des fontes de neiges, des dégels, et de se trouver chaudes et insalubres quand on fait la plus grande consommation de ce liquide et qu'on en recherche la fraîcheur.*

» On pourrait, à la rigueur, clarifier les eaux troubles; mais il ne serait pas possible d'en rafraîchir et d'en épurer des masses considérables, quand elles sont échauffées et altérées par la lenteur de leur écoulement dans les biefs éclusés du Doubs, où la vitesse est très-faible, où la chaleur favorise la décomposition des matières animales et végétales qui s'y développent *ou qui y sont incessamment projetées dans une vallée fertile et populeuse.*

» Le prix payé par la ville de Paris, pour filtrer les eaux qu'elle vend aux fontaines marchandes ou qui sont livrées à domicile par les porteurs d'eau, était d'abord fixée à vingt-cinq centimes par mètre cube, quand on se servait des appareils à charbon de M. Ducommun. La concurrence a réduit ce taux à huit centimes sans l'emploi du charbon, et à treize, en y comprenant l'épuration.

» En supposant qu'il pût tomber à cinq centimes dans un filtrage en grand et avec des locaux et des appareils convenablement disposés, on voit que les frais seraient encore pour vingt mètres cubes, ou par pouce fontainier, d'un franc par jour, de sorte qu'à Besançon on serait entraîné à une dépense annuelle de cent quarante-six mille francs pour quatre cents pouces.

» Cette dépense se réduisit-elle à cent francs par jour ou trente-six mille francs par an, elle serait encore beaucoup trop considérable pour qu'on pût songer à filtrer tout le volume nécessaire, non-seulement pour les besoins de la vie, mais aussi pour l'alimentation des fontaines affectées soit à l'assainissement des rues, soit à l'ornement des places publiques ; et cependant, si l'on établissait un système de filtrage, il faudrait l'appliquer à toutes les eaux distribuées, parce qu'il est impossible d'avoir un double réseau de conduites.

» La question de la fourniture par le Doubs me paraissant tranchée par cette seule considération, il restait à discuter le choix à faire entre les différentes sources qui peuvent alimenter Besançon.

» Les plus voisines sortent du sol à peu près au niveau de la rivière ; elles sont abondantes, mais la qualité et la limpidité de leur produit sont quelquefois altérées par les orages ou même par la nature des matières déposées sur le terrain dans les parties inférieures des bassins qui les alimentent. C'est déjà un grand inconvénient ; — *mais le principal tient à la nécessité où l'on serait d'élever l'eau de ces sources pour les distribuer dans tous les quartiers de la ville, et celui-là est de la plus grave importance.*

» M. Cordier avait proposé d'élever l'eau du Doubs au moyen de machines : son projet fut rejeté par le conseil municipal à la suite de mes explications et de mes conseils (1). »

A ces renseignements que M. Blondeau a tirés du rapport d'un homme spécial et éminent : M. Convers, maire de Besançon, en a joint d'aussi intéressants et de plus fraîche date (du 20 décembre 1850), dans une note qu'il a adressée à la société des lettres, sciences et arts de l'Aveyron.

Il dit : « Si à Rodez, après une reconnaissance exacte de l'aqueduc romain, les dépenses de son rétablissement ne doivent pas excéder vos prévisions, on ne peut mettre en doute que ce projet ne soit préférable à l'élévation d'une portion de l'eau de la rivière voisine, soit par des machines hydrauliques, soit par l'emploi de la vapeur. En général, on ne doit recourir aux machines que dans les circonstances où elles présentent un avantage considérable, *et dans celles où il est impossible de faire autrement.*

» Votre ville est aujourd'hui dans la position où la nôtre se trouvait, il y a dix-neuf ans. — Quatre projets ont été successivement présentés pour nous donner de l'eau : — *Le premier* consistait à l'élever du Doubs qui contourne une portion de la cité, soit au moyen d'une chute motrice, soit par des machines à vapeur ; — *Le second* à porter à la hauteur convenable, par l'un ou l'autre de ces procédés, les eaux de deux sources abondantes qui se jettent dans la rivière aux abords de la ville ; — *Le troisième* à nous rendre, par une conduite forcée de dix mille mètres de longueur, une partie de la source haute d'Arcier que les Romains avaient amenée à Besançon par un aqueduc ; — *Le quatrième* à prendre toutes les eaux de cette source et à les conduire par un nouveau canal établi à douze mètres environ au-dessus du canal antique.

» Pendant quinze ans, des débats de toute nature ont eu lieu à cette occasion; enfin, pour y mettre un terme et arriver à la solution la plus convenable aux intérêts de la ville, l'administration municipale décida de soumettre la question à un homme spécial, dont la position élevée et les connaissances positives feraient autorité en pareille matière.

(1) **Extrait du rapport de M. l'ingénieur Mary sur le** *Projet de conduite et de distribution des Eaux de la ville de Besançon.*

M. Mary, alors ingénieur en chef des eaux de Paris, et depuis inspecteur divisionnaire des ponts-et-chaussées, fut choisi par l'administration; il donna la préférence aux eaux d'Arcier amenées sans machines.

» Les travaux de la distribution municipale étant à peu près terminés à Besançon, on s'y occupe du règlement des concessions aux particuliers. Déjà on offre à la ville de prendre à bail pendant vingt ans, et pour une somme annuelle de cinquante mille francs, le produit probable de ces concessions. La ville refuse, espérant élever ce revenu à soixante-et-quinze mille.

» La dépense totale devant monter approximativement entre treize et quatorze cent mille francs, Besançon a l'espoir fondé d'un intérêt à quatre pour cent du capital engagé, et de l'amortissement de ce capital.

» *Je termine en vous invitant à conduire à Rodez le plus grand volume d'eau possible.* »

Veut-on savoir la considération que méritent les renseignements et les conseils de M. Convers? Voici ce qu'en écrivait, le onze décembre dernier (1852), M. le général de Saint-Maurice, commandant la subdivision du Doubs, à M. le Préfet de l'Aveyron :

« M. le Maire de Besançon est un ingénieur distingué, un homme très-
» compétent et qui peut donner d'excellents conseils pour votre fourniture
» d'eau. Il jouit de l'estime et de la confiance générales. Il est célibataire,
» riche, et toute son ambition, avant de mourir, est de pouvoir donner de
» l'eau salubre aux habitants de sa ville natale. Grâce au zèle incessant de
» M. Convers, au mois de juin prochain, Besançon en aura plus qu'il ne
» lui en faut. Il a fait venir cette eau de trois lieues environ de Besançon,
» *et il a utilisé les travaux qui avaient été faits par les Romains.*

» *Depuis dix-huit ans, il a constamment travaillé à chercher les*
» *moyens les plus convenables d'adduction, et trouve beaucoup plus avan-*
» *tageux de ne pas employer des machines qui sont, m'a-t-il dit, des*
» *chevaux qu'il faut nourrir à l'écurie et ferrer beaucoup trop souvent.*

» En conséquence, au lieu d'élever, par des procédés mécaniques,
» l'eau du Doubs qui est bonne, il préfère amener de l'eau infiniment
» meilleure, puisqu'elle provient d'une excellente source. Il prétend qu'en
» résultat ce système, qui a été approuvé par les meilleurs ingénieurs de
» la capitale, sera le plus économique.

» M. le Maire de Besançon dirige lui-même tous les travaux pour faire
» venir les eaux romaines (1) ; il est très-bon ingénieur. »

Tout lecteur intelligent se sera facilement aperçu qu'indirectement la
question des eaux de Nimes reçoit de vives lumières, et se trouve pour
ainsi dire jugée dans cet opuscule par l'exemple de ce qu'on a fait dans
des localités importantes, et par les principes posés par les hommes les
plus compétents.

« *Préférez*, nous dit-on, *les eaux de source à celles de rivière* » :
N'est-ce pas appeler nos sympathies, fixer notre choix sur les fontaines d'Eure, sur la renaissance du Gardon au moulin Labaume ?

« *On ne peut qu'avec des frais énormes, et même en agissant sur de
minimes quantités, rendre limpide l'eau des rivières débordées* » :
N'est-ce pas proscrire le Gardon chaque fois que, grossi dans son cours,
il devient trouble et vaseux en hiver, au printemps, en automne pendant les longues pluies, et quelquefois en été à la suite des orages ?
N'est-ce pas exclure le Rhône toute l'année, à moins qu'on n'ait recours
à la construction dispendieuse des grandes galeries filtrantes ?

« *Il est surtout impossible de rendre la salubrité à un volume d'eau
de quelque importance quand il est altéré par la chaleur et par la décomposition des matières animales et végétales : le filtrage désinfectant ne peut
être qu'une opération domestique :* »
Ceci exclut formellement, pour une fourniture salubre à Nimes, le
haut et le bas Gardon à l'étiage, et ne laisse comme acceptables que la
source d'Eure ou les surgeons impétueux voisins du moulin Labaume.

« *Les sources doivent couler avec une abondance proportionnée aux
besoins* » :
Nous n'en trouvons de telles qu'au moulin Labaume et à Uzès.

« *Il vaut mieux les amener de loin, suivant leur pente naturelle, que
de les élever, même au voisinage de la cité à l'aide de machines, surtout par l'emploi de la vapeur :* »
Ce précepte met évidemment hors de cause les puits à roues de la plaine

(1) Le projet de la restauration de l'aqueduc romain de Besançon remonte au siècle de
Louis XIV, et, de nos jours, M. de Penhoët l'avait recommandé de nouveau, avant que
M. Convers s'en occupât d'une manière si dévouée.

à réunir , les puisards à creuser , les tranchées à ouvrir , les sourcilles à chercher avec ou sans le secours de l'hydroscopie ;

Mais , ce qui est plus important encore : ce conseil judicieux place les sources d'Uzès , au point de vue de l'intérêt nimois , bien au-dessus de celles du moulin Labaume , qu'on ne doit regarder que comme une ressource complémentaire ou de second ordre, pour s'y adresser en cas d'insuffisance des premières , ou dans la supposition plus fâcheuse d'impossibilité complète de les reconquérir.

Ces diverses règles , ces avertissements sont signés de Jussieu , Guérard , Terme , Dupasquier , Convers , enfin Mary , l'homme le plus compétent et le plus exercé sur de pareilles matières.

Vitry-le-Français se repent de s'être adressé à une rivière vaseuse , en employant des machines ;

Rodez , mieux inspiré , se prépare , avec raison , à restaurer son aqueduc romain pour avoir de l'eau pure de source.

Bordeaux imite une antique construction quand il ne peut la réparer ; car , par suite de l'exhaussement que les siècles ont produit dans le niveau du sol de la cité , l'aqueduc romain serait trop bas à ses abords.

Besançon s'applaudit d'avoir rétabli son canal antique et ramené les sources d'Arcier.

Nous savons que Rome moderne donna la première l'exemple de l'heureuse restauration des aqueducs bienfaisants de l'ancienne Rome ;

Nous connaissons le succés facile et peu coûteux de Vienne en Dauphiné , à son imitation ;

Metz se préoccupe aussi du rétablissement de ses moyens antiques de fourniture d'eau ;

L'aqueduc moderne d'Arcueil n'est qu'une mauvaise copie de l'ancien ;

Pitot s'inspira du Pont-du-Gard et de ses annexes dans la conception de la conduite d'eau des sources Saint-Clément , à Montpellier.

A mesure qu'on s'occupera plus sérieusement et avec plus d'intelligence qu'on ne l'a fait jusqu'ici de l'approvisionnement des villes, on exhumera, on restaurera, ou l'on imitera presque partout ces canaux impérissables , ces arcatures magnifiques que les Romains répandirent avec une si généreuse profusion dans toutes les contrées soumises à leur empire.

D'autre part , à mesure que la question des eaux de Nimes se débat et s'éclaire davantage , l'absurdité , la stérilité ou l'impossibilité d'exécution du plus grand nombre des projets mis en avant se manifeste.

Pour obtenir de l'eau abondante et salubre , il est maintenant de toute évidence qu'on ne peut choisir qu'entre deux seules provenances : Uzès et les environs de Collias ; mais il existe plusieurs moyens praticables d'adduction et , au besoin , d'élévation des eaux.

Le plus excellent de tous les systèmes , celui que Nimes doit réaliser à tout prix, c'est la restauration complète , immédiate de l'aqueduc romain : nul ne saurait le contester. — On ne peut placer qu'en seconde ligne , le puisage de l'eau dérivée à Collias , fait au Pont-du-Gard en employant comme moteur la rivière elle-même.

Pour en obtenir un plus grand volume d'eau , on n'aurait qu'à combiner les deux systèmes.

Admettons , pour un moment, la nécessité fâcheuse de renoncer aux sources d'Uzès : — Dans ce cas , on pourrait se contenter d'établir au Pont-du-Gard les pompes mues par la chute d'eau qu'on y créerait ; mais , si le produit n'en paraissait pas suffisant , rien n'empêcherait de combiner l'emploi de la force hydraulique avec celui de la vapeur.

La machine à feu toute seule serait le plus ruineux de tous les moyens.

Par les procédés divers ou les combinaisons que nous venons d'indiquer, Nimes peut se procurer en tout temps depuis cinq cents jusqu'à deux mille deux cents pouces d'eau , suivant qu'il se résignera à dépenser, en sus de ce qu'il attend de la munificence impériale, de quinze cent mille francs à quatre millions, c'est-à-dire, qu'en proportion du volume de la fourniture, la dépense totale doit s'élever de deux millions et demi à cinq millions , comme nous l'expliquerons dans le chapitre suivant ; mais , quelque moyen qu'on adopte, il faut tenir pour constant , qu'on ne peut trouver un liquide pur et salubre qu'aux sources d'Uzès ou dans le voisinage de la renaissance du Gardon.

Le produit de la haute rivière jusqu'au moulin Labaume ; celui de la rivière inférieure depuis St-Privat jusqu'au Rhône , doivent être également repoussés.

On trouvera sans doute dans les eaux du parcours de l'aqueduc romain un accessoire utile à la fourniture de Nimes, mais on ne pourrait qu'avec des frais et des dommages énormes y recueillir tout ce qui est nécessaire à l'approvisionnement d'une ville de soixante mille âmes.

Occupons-nous donc résolument, comme on a su le faire à Besançon, comme on veut le faire à Rodez, de la reconstruction de notre antique aqueduc, et ramenons en triomphe les sources d'Eure, comme on reprend ailleurs celles de Vors et d'Arcier.

Honneur à M. Convers qui sera le bienfaiteur de sa ville natale, comme le furent le capitoul Lagañne pour Toulouse ; — l'abbé Audra pour Dijon; — le chanoine Godinot pour Rheims; — comme M. Gally veut l'être pour Rodez (1). —Généreux comme ces hommes vénérables, M. Convers a, de plus, les connaissances spéciales de l'ingénieur que M. Daubuisson à Toulouse, que M. Darcy à Dijon ont mises avec une admirable générosité au service de leurs concitoyens.

Il fallut à M. Daubuisson seize ans d'efforts pour amener à bien son entreprise ; celle de M. Convers, ingénieur, maire, et favorisé de la fortune, ne touche à son terme qu'après dix-neuf ans de luttes et de sacrifices.

Puis-je donner d'aussi beaux exemples comme une excuse de la longueur de mes travaux ? Dois-je espérer le même succès ?

Dans la position la plus modeste, je n'ai l'honneur d'être ni maire, ni ingénieur ; mais, après une lutte de douze années sur la question des eaux de Nimes, la constance de MM. Convers et Daubuisson, le noble exemple de ceux qui, comme MM. Darci, Terme et Dumay, se sont dévoués à la même cause, soutiennent ma faiblesse et relèvent mes espérances.

Ces citoyens généreux, ces hommes dévoués au bien public qui, par leur position et par leur science, avaient tant de moyens de succès, n'ont-ils pas, pour obtenir la victoire, travaillé, combattu plus longtemps que je ne l'ai fait encore ? — L'un d'eux même, le maire de Lyon, M. Terme, n'est-il pas mort avant le succès ?

Nimes, le 12 avril 1853.

(1) Voyez mon *Histoire des Eaux*, tom. IV, p. 288 et 289.

QUESTION DES EAUX.

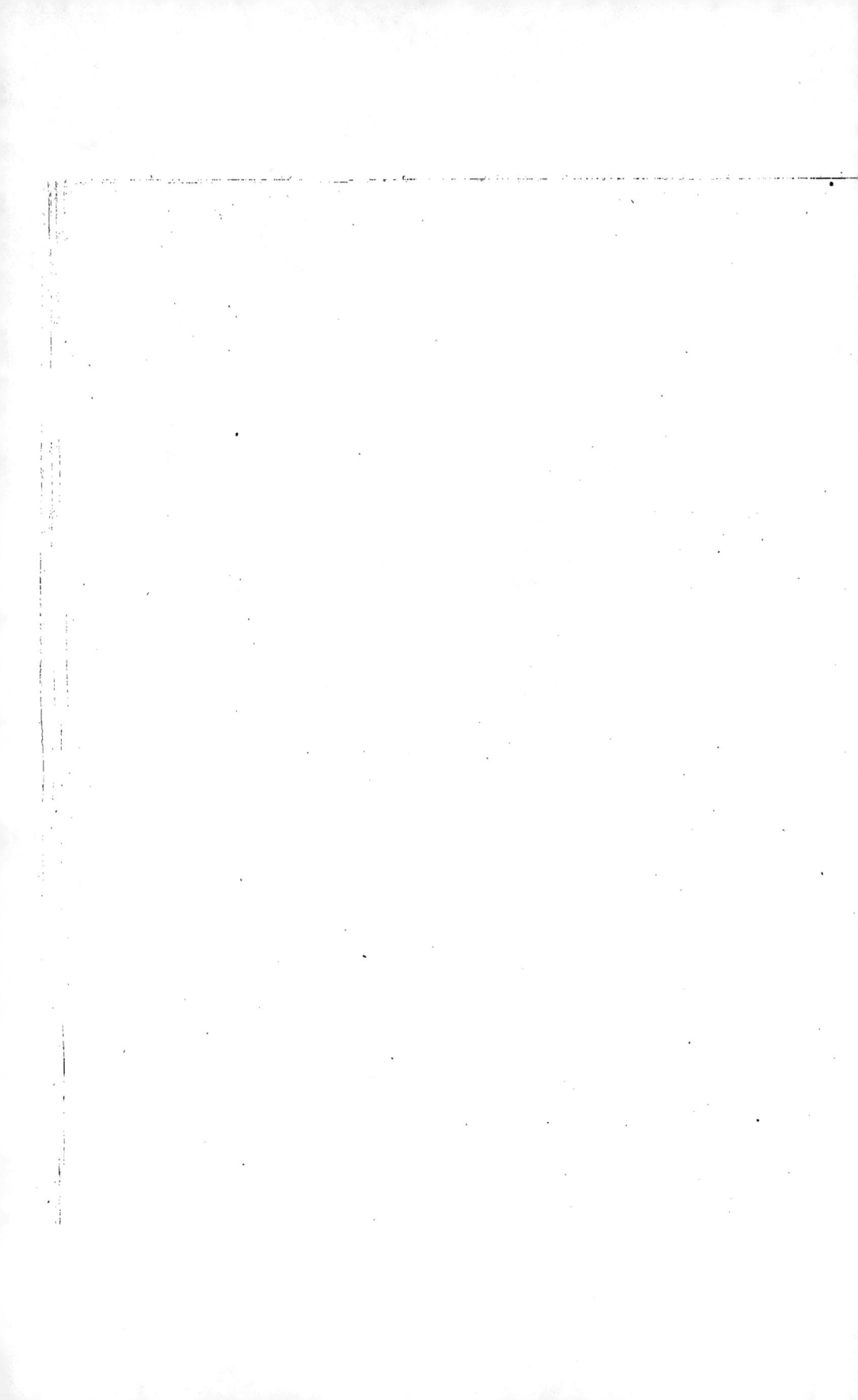

DE L'ÉTAT ACTUEL

DE LA

QUESTION DES EAUX DE NIMES

ET DES PRINCIPES GÉNÉRAUX D'APPROVISIONNEMENT
POUR LES POPULATIONS AGGLOMÉRÉES,

PAR M. LE DOCTEUR

JULES TEISSIER-ROLLAND,

Vice-Président du Conseil-général du Gard,
Membre de l'Institut des Provinces et de plusieurs Sociétés savantes.

> Facultates aquarum considerare oportet.....
> Quemadmodum enim gustu differunt et pondere sic, et virtute : aliæ aliis præstant....
> Videndum an cives aquis palustribus utantur, mollibus an duris, et ex sublimibus aut petrosis locis profluentibus, an salsis et indomitis.....
> Plurimum aquæ conferunt ad sanitatem : sunt morbosæ, sunt saluberrimæ....
> Palustres et lacustres sunt æstate calidæ, crassæ, fœtentes....
> Glaciatæ et frigidæ hyeme, perturbatæ ob nivem et glaciem, sunt pravæ.... Nec non quæ fluxiles non sunt, et renovantur tantum aquâ pluviali, exurente sole....
> HIPPOCRAT. — De aërib. aq. et loc. — Passim.

NIMES.

DE L'IMPRIMERIE BALLIVET ET FABRE,
RUE DE L'HOTEL-DE-VILLE, 11.

1853.

DE L'ÉTAT ACTUEL

DE LA

QUESTION DES EAUX DE NIMES

ET DES PRINCIPES GÉNÉRAUX D'APPROVISIONNEMENT

POUR LES POPULATIONS AGGLOMÉRÉES.

CONSIDÉRATIONS PRÉLIMINAIRES.

Ce n'est pas un sujet sans étendue et sans difficultés que la recherche des principes généraux de l'approvisionnement d'eau pour les populations agglomérées.

Les anciens ont élevé les constructions les plus utiles et les plus magnifiques, mais peu écrit sur ce qui s'y rapporte ; ils ont laissé des arcatures sublimes, des aqueducs immenses, mais un seul traité spécial, celui de Frontin, et quelques préceptes dans leurs lois. Les modernes ont très-peu fait, encore moins écrit pour l'approvisionnement des villes, comme si c'était un objet complétement tombé en désuétude et sans utilité, nos Codes sont muets sur tout ce qui se rapporte aux aqueducs.

Quelques villes en Angleterre, aux Etats-Unis, en Italie, sont, on le dit du moins, convenablement approvisionnées d'eau salubre ; mais d'abord, la plupart de ces constructions sont récentes : de plus, je ne puis regarder comme suffisamment pourvue une ville où l'eau se vend, où le pauvre peut mourir de soif, comme ailleurs on souffre faute d'aliments ; enfin, malheureusement, on remarque presque partout de la négligence, de la pénurie, de mauvaises dispositions dans un service public qui devrait être placé en première ligne ; il n'est même pas rare qu'il soit complétement omis. Ce n'est qu'exceptionnellement que le voyageur rencontre, soit en France , soit ailleurs, des fournitures d'eau publiques gratuites, abondantes, irréprochables.

On commence pourtant à sortir d'une coupable incurie. Depuis quelques années l'attention se porte sur ce point essentiel du bien-être domestique, de l'hygiène des cités : toute cause juste triomphe, tôt ou tard , par le dévoûment de ses défenseurs.

Beaucoup de villes, en France et à l'étranger, se préoccupent du besoin d'eau qu'elles ont trop longtemps supporté : plusieurs travaillent à y satisfaire.

Mais, comme on n'a pas encore écrit de théorie complète de ces entreprises, comme les principes généraux d'approvisionnement ne sont nulle part nettement et complétement formulés, il en résulte que les hommes de l'art sont divisés, que les citoyens disputent sur tous les points, que l'autorité reste incertaine et qu'on perd un temps précieux.

Je m'occupe sans relâche depuis douze ans de l'approvisionnement projeté pour la ville de Nîmes, où les discussions contradictoires ont eu leur part aussi largement qu'ailleurs. Je n'ai pu suivre si longtemps ces débats avec intérêt, y participer d'une manière active, sans m'enquérir, pour fortifier mes opinions ou combattre celles de mes compétiteurs, de ce qu'on pensait , de ce qu'on faisait sur le même sujet dans les temps anciens , — de ce que pensent et pratiquent les modernes.

A l'occasion d'une question locale , j'ai peu à peu tâché de remonter des faits particuliers aux principes généraux, cherché la connaissance des doctrines qui ont dirigé dans l'exécution de toutes les sages entreprises , des règles qu'il convient de suivre, des erreurs qu'il faut éviter.

Devant aujourd'hui, dans l'intérêt d'une bonne solution prochaine, résumer l'état où se trouve *la question des Eaux de Nîmes*; cherchant, pour la dernière fois, à donner les appuis les plus solides à mes opinions, afin d'obtenir le succès des conclusions que j'ai formulées, — j'ai cru convenable de faire un exposé rapide , mais complet, non-seulement des faits locaux , mais des principes ; j'ai cru devoir, en développant les conditions générales afférentes, appeler, pour ainsi dire, la théorie à l'aide de la pratique; montrer ce qu'il faudra rationnellement exécuter, si jamais on en vient à l'œuvre dans notre cité.

Une fois qu'on a prouvé l'importance et la vérité d'un principe, — tous comprennent la nécessité de s'y soumettre dans les cas spéciaux qu'il doit dominer : —quand les règles sont acceptées chacun juge sainement de la valeur des conseils donnés et des projets qui se disputent la préférence des citoyens et des magistrats.

Ce dernier travail sera le résumé des matières contenues dans mon *Histoire des Eaux de Nimes*, mais classées dans un ordre plus méthodique.

Sous le titre d'*Etudes premières*, je traiterai d'abord :

1° *De la quantité d'eau à conduire dans notre cité* ;

2° *Des qualités qu'elle doit avoir* ;

3° *Des difficultés de se l'approprier par concession ou achat.*

Après l'examen de ces points, et sous l'intitulé— *Travaux d'exécution,* — je traiterai :

1° *De l'adduction de l'eau par le simple effet de la déclivité du sol* ;

2° *De l'approvisionnement au moyen des réservoirs artificiels* ;

3° *De l'élévation des eaux trop inférieures au moyen des moteurs hydrauliques* ;

4° *De leur ascension par l'action de la vapeur* ;

5° *Des moyens de conduire ce fluide au loin sans qu'il se détériore* ;

6° *Des obstacles qui peuvent s'opposer à l'adduction* ;

7° *Des dépenses auxquelles notre ville peut raisonnablement se livrer.*

Ma troisième et dernière partie, où je m'occuperai plus spécialement de l'état actuel de la question des eaux, sera dénommée : *Application.*

J'y traiterai :

1° *Des seuls projets exécutables* ;

2° *De l'estimation de leur dépense.*

Enfin je résumerai le tout dans une rapide conclusion.

« Ce que doit vouloir une ville grande, riche, bien peuplée, c'est — » grâce à des travaux conduits avec une intelligente économie, — de se

» trouver en possession d'eaux de source amenées dans son sein par un
» aqueduc souterrain qui ne laisse rien perdre de leurs propriétés.

» Ces eaux doivent réunir toutes les qualités physiques et chimiques dé-
» sirables : être limpides , d'une température aux environs de dix degrés
» en toute saison , agréables à boire. Leur composition chimique doit les
» rendre propres à tous les usages domestiques , industriels et municipaux.

» Il faut qu'elles soient versées avec une abondance telle , que la part
» attribuable à chaque habitant varie entre deux cents et six cents litres
» par jour (1).

» Que les moyens de distribution soient si bien entendus , qu'ils n'exi-
» gent presque aucun frais d'entretien , et que ces eaux coulent sans inter-
» ruption toute l'année , soit par des fontaines monumentales , soit par des
» bornes-fontaines assez multipliées , pour que la plus grande distance à
» parcourir pour s'en procurer n'excède pas cinquante mètres.

» Enfin , ces eaux qui tempèrent les ardeurs de l'été en s'épanchant à
» la surface du sol , doivent être dirigées sous terre durant les rigueurs
» de l'hiver , au moyen de conduits souterrains qui leur procurent un
» facile écoulement au-dehors. . . . (2)»

(1) De six cents à dix-huit cents pouces pour une ville de soixante mille âmes.
(2) Guérard. — *Du choix et de la distribution des eaux dans une ville* , p. 90.

PREMIÈRE PARTIE.

—

Etudes préliminaires.

I.

De la quantité d'eau à conduire dans notre cité.

Si nous savions exactement ce que désirent nos Ediles sous ce rapport, l'accomplissement de notre travail serait beaucoup plus facile; nous pourrions leur dire :

Dans la limite que vous avez posée, la provenance que nous allons indiquer est positivement la meilleure.

Malheureusement il n'en est point ainsi : aucun programme ne nous est donné, et sur ce point, comme sur beaucoup d'autres, le conseil municipal a singulièrement varié à diverses époques.

Il faut donc que nous nous placions successivement dans plusieurs hypothèses ; il faut combiner et conclure à toutes fins ; dresser, pour ainsi dire, à l'avance une carte variée, sur laquelle la ville puisse choisir, suivant son goût et son appétit du moment, les plats du festin qu'elle veut se donner. Sa position est ainsi libre et commode ; mais on conçoit, d'autre part, que ceux qui se dévouent au service de ses intérêts se trouvent dans une condition bien laborieuse et peu facile.

A notre avis, *au volume de liquide que Nimes possède déjà, il faut pendant l'été un accroissement de six cents pouces.*

Une quantité moindre ne saurait suffire à tous les besoins actuels ; — un volume plus considérable ne sera peut-être pas de bien longtemps nécessaire.

D'après M. Darcy, qui s'est spécialement occupé des distributions d'eau, tant en France qu'en Angleterre, le chiffre de cent cinquante litres et *au moins* cent litres par jour et par individu, est nécessaire pour subvenir à toutes les destinations diverses auxquelles l'eau peut être employée dans une ville, savoir : économie domestique, bains, lavoirs, arrosement public, industrie... — A ce compte, il ne faudrait que quatre cent cinquante pouces pour Nimes ; ce chiffre est beaucoup trop faible quand on n'a pas de rivière dans son voisinage.

Je sais, et je reconnais volontiers qu'une ville n'a jamais trop d'eau ; mais, comme les sacrifices d'argent sont, en général, proportionnés à l'abondance du produit, — tout en se réservant la faculté de pourvoir aux besoins de l'avenir, ne doit-on pas ménager ses finances, ne s'engager tout d'abord que dans les dépenses indispensables, et se contenter d'obtenir ce qui est, en réalité, présentement nécessaire ?

Partant de ce point, je constate avec satisfaction que Nimes peut trouver, même à l'étiage aux sources d'Eure, et, au besoin, en complément sur le parcours de l'antique aqueduc, de quoi satisfaire à ses besoins actuels, c'est-à-dire à peu près six cents pouces.

Dans les autres saisons de l'année, on pourrait se procurer sur cette direction plus de deux mille pouces d'eau, c'est-à-dire toute la portée de l'aqueduc romain ; mais, il faut bien le reconnaître, ce sont particulièrement les produits de l'été qui doivent entrer en considération : à toute autre époque l'eau est bien moins précieuse, moins recherchée, et, d'ailleurs, la source de Némausus fournit alors généralement avec abondance.

Si la ville éprouvait un jour le besoin d'une plus grande quantité d'eau, si elle voulait, par exemple, neuf cents pouces ou mille à l'étiage, il faudrait, pour les obtenir sans machines, prendre toutes les eaux de l'Alzon. Mais, dans ce cas, pour compenser les dommages qu'auraient à souffrir les usiniers et les riverains, il serait nécessaire de transformer l'étang de La Capelle en réservoir d'alimentation. Nimes aurait les eaux vives d'Airan et d'Eure, et, cependant, l'irrigation ni l'industrie ne souffriraient en rien près d'Uzès : elles gagneraient au contraire en recevant un plus grand volume d'eau en été, d'une façon bien plus régulière, aux heures de travail particulièrement, et cela, par la construction d'un vaste bassin de retenue ; — nous avons développé ce système ailleurs.

On sera peut-être effrayé d'une proposition qui paraitra trop vaste et trop complexe ; — on aimera mieux recourir aux machines pour toute alimentation d'été au-dessus de six cents pouces ; dans ce cas , il sera facile de s'adresser à une véritable eau de source aussi , au produit du Gardon à sa renaissance , à ce qui surgit du rocher dans le lit de cette rivière aux environs du moulin Labaume , et qu'on trouve encore irréprochable à Collias.

Comme en ce point le débit du Gardon ne descend guère au-dessous de trois mètres cubes à l'étiage , c'est-à-dire comme il fournit six fois plus que la portée de l'aqueduc romain , on y trouvera toujours bien au-delà de ce que peuvent réclamer les désirs les plus ambitieux.

Mais , qu'on ne l'oublie pas , Uzès et Collias sont les seuls points où Nimes puisse trouver des eaux pures *assez abondantes* : ce qui répond à la condition initiale de tout programme municipal. *Le premier point , à mon avis , est de s'assurer d'une fourniture de six cents pouces qu'on puisse porter jusqu'à deux mille quand le besoin s'en fera sentir* (1).

II.

De la pureté de l'eau à conduire.

En général , pendant une assez grande partie de l'année , l'eau des rivières est assez bonne quand leur volume est considérable , leur cours rapide, et qu'elles roulent sur un fond de gravier sans être troublées par leurs affluents.

C'est ce qu'on observe au Gardon , en dehors des époques d'inondation et du temps d'étiage ; c'est ce qui arrive pour le Rhône , auquel on veut demander maintenant l'alimentation de la ville de Lyon ; pour la Garonne, où Toulouse puise déjà la sienne.

Mais, quand les rivières ont peu de pente ou de volume, quand le fond

(1) Pour la quantité d'eau nécessaire aux villes, voyez mon *Histoire des Eaux* , tome II, p. 341 à 397 et p. 505. — Et Guérard , *loc. cit.* , p. 54 à 60.

en est vaseux , alors l'eau n'est ni potable, à cause de son mauvais goût :
ni salubre , par suite de la détérioration qu'elle éprouve ; c'est ce qui fait
qu'on a toujours refusé à Lyon de s'approvisionner à la Saône ; c'est
pourquoi , pendant l'été , l'eau du Gardon supérieur ne vaut rien pour
Nimes, et que celle du bas-Gardon , excellente depuis Labaume jusqu'à
Collias , se détériore peu à peu de Collias au Pont-du-Gard , et surtout
de ce point jusqu'au Rhône.

Il en est de même pour l'Alzon : le produit des sources d'Eure , excellent jusqu'au moulin de La Tour , se vicie insensiblement pendant la
saison chaude dans les écluses qu'il parcourt. S'il est encore potable au
moulin de Carrière ou de Cabiron, il cesse de l'être plus vers l'aval.

Ce n'est que récemment que mon attention s'est fixée d'une manière
spéciale sur cette face essentielle de la question des eaux.

Le maintien de la température de l'eau potable dans des limites un peu
restreintes pendant toutes les saisons de l'année , ne fût-il considéré que
sous le point de vue hygiénique, on y trouverait une raison suffisante
d'accorder aux eaux de source , à pureté égale , la préférence sur les eaux
de rivière ; mais il est encore d'autres considérations pour la justifier.

« Partout où les populations jouissent de distributions d'eau de source ,
» dit M. Terme , elles en sont satisfaites : partout , au contraire , où la
» fourniture provient des rivières , on n'en est que médiocrement content ,
» et, dans quelques villes même , on cherche de nouveaux moyens de se
» procurer des eaux potables.

» Ainsi , à Grenoble , Vienne, Clermont-Ferrand , Roanne , Lons-le-
» Saulnier , etc. , où les fontaines publiques sont alimentées par des eaux
» de sources , on se félicite de posséder d'excellentes eaux , dont plus
» d'une y avait été amenée du temps des Romains ; on vante leur limpi-
» dité , leur fraîcheur pendant les ardeurs de l'été , — leur *douceur* du-
» rant l'hiver , et l'avantage qu'elles offrent alors de couler dans les rues
» sans craindre la gelée : — Tandis qu'à Saint-Chamond , Narbonne ,
» Gray , Dôle, etc., où l'on n'a que des eaux de rivière , soit puisées direc-
» tement , soit après infiltration dans le sol , — on se plaint, au contraire ,
» d'être réduits à boire des eaux troubles à l'époque des crues, tièdes pen-

» dant les chaleurs, alors aussi parfois peu abondantes et chargées de
» principes organiques qui en altèrent l'odeur et le goût ; enfin glaciales en
» hiver , saison pendant laquelle il n'est pas rare que le service soit inter-
» rompu , pour peu que le froid soit rigoureux (1). »

» Il n'est pas rare de rencontrer des rivières dont les eaux soient habi-
» tuellement chargées de principes organiques en décomposition emprun-
» tés aux terrains qu'elles traversent et qui les rendent tout à fait assi-
» milables aux eaux marécageuses. La Somme se trouve dans ce cas :
» comme elle coule au milieu de tourbières et de marais , ses eaux en con-
» servent , même après avoir été filtrées , un goût d'herbes pourries fort
» désagréable ; aussi , malgré leur limpidité , ne sont-elles pas employées
» en boisson par les habitants d'Amiens , qui leur attribuent la fâcheuse
» propriété de déterminer des fièvres d'accès.

» Une altération du même genre se remarque dans les eaux de la petite
» rivière de l'Arneuse, l'un des affluents du canal de l'Ourcq, et dans plu-
» sieurs cours d'eau de la Loire-Inférieure (2). »

Quant aux rivières que leur volume , leur rapidité et la nature du climat mettent à l'abri de toute détérioration pendant la saison chaude, il
est cependant d'autres causes , comme les manipulations industrielles , le
lavage domestique, le stillicide des champs cultivés, les déjections des
villes , qui tendent à altérer de la manière la plus grave la qualité de leurs
eaux. Mais une cause de mal plus puissante encore se trouve dans les inondations qui , maintes fois pendant l'année , et souvent durant des périodes
assez longues , les rendent troubles et complètement impotables.

Il faudrait alors suspendre le service ; ce qui , pour les populations agglomérées, serait une véritable calamité. On cherche bien à remédier au
mal par le repos, par le filtrage : toutefois ces ressources , toujours très-
coûteuses , ne sont que trop souvent insuffisantes et même illusoires.

On fait reposer et l'on filtre à Paris l'eau que l'on puise dans la Seine ;
on en fait autant pour celle de la Tamise à Londres ; mais on n'obtient
qu'avec des frais énormes un liquide qui laisse beaucoup à désirer.

(1) Terme , *Des Eaux potables* , p. 161.
(2) Guérard , *loc. cit.* , p. 70.

2

A. Toulouse , on a pu s'approvisionner d'eau de la Garonne filtrée, pour ainsi dire naturellement dans un banc de gravier , au moyen de longues galeries souterraines construites à cet effet. Un établissement pareil est la première condition qu'on a posée aux concurrents pour l'approvisionnement, par l'eau du Rhône, de l'aggrégation lyonnaise.

Ces filtres presque naturels ne peuvent s'emplacer partout ; on ne les obtient pas sans dépense.

Quant à l'établissement de réservoirs , de bassins faits de main d'homme, pour obtenir la précipitation par le repos des matières que l'eau tient en suspension , des molécules hétérogènes les plus grossières ; quant à l'épuration définitive du liquide dans des filtres municipaux ou domestiques , ce sont des moyens infidèles ou ruineux. D'ailleurs , les classes peu aisées ne pouvant profiter du dernier , elles sont condamnées à n'avoir presque jamais un liquide irréprochable pour leur boisson. On ne sait comment corriger , à Marseille , l'eau si fréquemment trouble de la Durance.

Celle du Gardon, étant tout à fait impure et vaseuse en temps de crue , ne doit point être conduite à Nimes.

Bien qu'elles ne soient que le produit de la pluie , les sources ont pourtant sur les rivières l'avantage immense que , sortant des profondeurs du sol qui leur a servi de filtre , elles se montrent au jour pures, limpides , fraîches en été , tempérées en hiver , décantées , assainies par la nature dans son immense laboratoire , bien mieux que nous ne pouvons le faire , et sans dépense.

Ainsi, au point de vue financier , on peut dire que l'absence des frais d'épuration permet d'employer , avec profit à l'achat des sources, les sommes les plus considérables.

Que sont les troubles de la fontaine de Némausus , que sont ceux de la source d'Eure , auprès de la vase détrempée que charrient à certaines époques le Rhône et le Gardon? Par l'effet de la chaleur ou par suite de ses crues , l'eau de cette rivière est complétement impotable près de la moitié de l'année ; tandis que , si le produit de nos belles sources jaunit et devient louche quelquefois par l'effet de violentes pluies, il a repris sa limpidité accoutumée deux ou trois heures après.

L'eau qui sourd des collines d'Uzès , comme celle qui naît au pied du coteau de la Tourmagne , est une eau vierge qu'aucune impureté n'a souillée , qu'aucune substance dangereuse n'a pu sophistiquer ; ce fluide limpide et salutaire est d'une valeur inappréciable pour les opérations délicates de la teinture , et surtout , avant tout , pour son emploi hygiénique , pour les usages personnels et domestiques d'une population agglomérée de soixante mille âmes.

En présence de pareils besoins et d'aussi grands bienfaits , doit-on se préoccuper de quelques centaines de mille francs de plus ou de moins sur la dépense ? — Il faut qu'une ville se procure de l'eau salubre à tout prix.

Celle qui *jaillit* , en remontant de la profondeur des roches calcaires , est en général d'excellente qualité : celle des sources d'Eure est éprouvée Le seul principe étranger qu'on y rencontre, c'est une quantité assez notable de sous-carbonate de chaux en dissolution , qui a produit le sédiment qui encroûte l'antique aqueduc ; mais , loin de nuire aux qualités hygiéniques ou industrielles de l'eau , la présence de ce sel les augmente au contraire , ainsi que MM. Terme , Dupasquier, Lenthéric l'ont déjà remarqué (1) ; l'eau n'en devient que plus digestive et plus vive.

Ce qui est en excès se précipite en route, et, sous ce rapport, le produit des sources d'Eure ne saurait être suspect à son arrivée à Nîmes, puisqu'il est excellent à Uzès avant tout dépôt.

Au point de vue de la pureté du liquide , c'est donc à la fontaine d'Eure, *et coûte que coûte* , que Nîmes doit préférablement s'adresser.

Si jamais cette provenance était reconnue insuffisante , ou s'il nous était absolument interdit d'y toucher , il n'est qu'une autre localité où l'on pourrait trouver en abondance de l'eau pure et salubre pendant plus de dix mois de l'année : c'est dans le lit du Gardon , entre le moulin Labaume et Collias.

L'eau de cette rivière est bonne , avons-nous dit , hors des temps de

---

(1) Terme , *Des Eaux potables* , 1 vol. in-8° et in-4° ; — Dupasquier , *Des Eaux de source et de rivière* , 1 vol. in-8° ; — Lenthéric , *Approvisionnement de Montpellier* , broch. in-4°.

débordement et d'étiage ; elle est donc irréprochable pendant six mois dans la localité que nous indiquons , aussi bien que partout ailleurs.

Mais elle l'est encore de Labaume à Collias , *et là seulement pendant la saison aride*. En effet , si le cours de la rivière est alors interrompu vers l'amont , sur un espace de deux ou trois lieues , il se reforme au moulin Labaume , où l'eau renaît à l'état de sources véritables . . . . . Ejections fraîches et pures remontant avec force de l'intérieur de la roche néocomienne , fontaines qui seraient aussi précieuses pour notre cité que celles de Némausus et d'Eure , si elles coulaient à un niveau assez élevé , et si les eaux troubles du Gardon , les recouvrant à chaque débordement, ne venaient pas les souiller cinquante ou soixante jours par année . . . . . Mais cet inconvénient n'est pas, heureusement, sans remède ; nous allons indiquer les moyens d'y pourvoir.

Comme les grandes crues du Gardon et de l'Alzon s'observent rarement le même jour ; comme , à l'époque où les inondations ont lieu , les eaux de l'Alzon sont abondantes , qu'on n'a pas besoin de les laisser accumuler peu à peu dans les écluses des ateliers industriels , il en résulte que l'eau est pure et salubre depuis la source d'Eure jusqu'au confluent du Gardon au temps des grandes pluies , ce qui n'existe pas à l'étiage. Cette rivière peut donc remplacer le Gardon pour l'approvisionnement de Nîmes , toutes les fois que les eaux de celui-ci sont troubles et impotables. Mais il faut pour cela que le bief de dérivation , comme nous l'avons déjà expliqué ailleurs , ait deux origines , deux prises indépendantes aboutissant , aux environs de Collias , l'une sur le premier , l'autre sur l'Alzon , afin qu'on puisse , à volonté , puiser dans le Gardon quand il est limpide , c'est-à-dire au moins dix mois de l'an sur ce point , — ou puiser dans l'Alzon quand la rivière principale est momentanément troublée , ce qui ne dure , en tout , qu'un mois et demi à deux mois , par périodes de trois à six jours.

Si l'exclusion d'un liquide chargé de vase , de limon , de sable fin , est importante au point de vue de la salubrité de l'approvisionnement de la ville , elle est , d'autre part , indispensable au point de vue de la conservation des appareils élévatoires des eaux. Qu'on ait recours à une machine hydraulique ou à la force de la vapeur pour mettre en jeu les pompes qui pousseront l'eau du Gardon dans l'aqueduc romain, il est positif que pistons et corps de pompe ne fonctionneraient pas huit jours en bon état quand le Gardon est trouble. Il faut donc, de toute nécessité, si l'on réclame la fourniture de Nîmes à cette rivière : ou que le service soit interrompu deux mois de l'an, ce qui est impossible, ou qu'on puisse s'approvisionner alternativement, suivant les circonstances, dans le Gard ou dans l'Alzon ; — c'est ce que n'a su apercevoir aucun des auteurs des projets mis en avant jusqu'à ce jour.

Mais, dira-t-on, le Gard et l'Alzon ne peuvent-ils déborder à la fois ?

D'abord, cette coïncidence est fort rare ;

De plus, l'Alzon charrie beaucoup moins de sable, de limon, de matières nuisibles aux machines et à l'emploi des eaux que la rivière dans laquelle il se jette ;

Enfin, pour un débordement simultané, nécessairement très-court, il faut que la pluie ait été forte, générale dans la contrée, et alors, Lognac, Bezouce, le Fouze, le Fouzeron, en un mot toutes les sources du parcours de l'aqueduc y versent de l'eau limpide en abondance, et le jeu des pompes peut sans inconvénient être suspendu pendant quelques jours. Il pleut souvent dans les Cévennes, et les Gardons débordent sans que nous voyons grossir les sources de Nîmes ; — mais il n'en est pas de même quand les Gardons, le Seynes et l'Alzon grossissent à la fois (1).

Nous connaissons donc maintenant pour Nîmes deux provenances certaines, abondantes en eaux pures :

Les sources d'Eure, excellentes toute l'année ; — la renaissance du Gardon depuis Labaume jusqu'à Collias, irréprochable pendant dix mois au moins, défectueuse pendant deux, mais offrant tout à côté le bas-Alzon comme ressource supplémentaire à l'époque où le Gardon se trouble.

On peut bien trouver dans la plaine du Vistre, on peut bien chercher au pied des coteaux qui la dominent quelques sources, quelques veines d'eau pure et limpide. Il en existe sous la ville, il en existe à Grézan, à

(1) A Paris, sur le canal de l'Ourcq, on a fait, depuis 1840, des travaux qui permettent, suivant les besoins du service, d'admettre dans le canal ou de rejeter dans la Marne les eaux de l'Arneuse, mauvaises à certaines époques.

Rodilhan, à Marguerittes; — on doit, sur le parcours de l'aqueduc, tenir compte du Fouze, des sources de Bezouce, de Pazac, de Lognac; et, si l'on se décide à recourir à l'emploi des pompes et de la vapeur, on peut puiser presqu'au niveau de l'aqueduc, sur le plateau de Lognac, une quantité de fluide assez considérable;

Mais, à mon avis, les eaux voisines de la ville sont à un niveau trop inférieur, et la quantité connue en est bien peu considérable;

Les eaux du parcours seront plutôt, je le crains, un secours plus ou moins précieux que l'élément principal d'une alimentation suffisante.

Puisque nous voulons tout d'abord une fourniture de six cents pouces d'eau, avec possibilité de la porter au besoin à deux mille, — *il n'est que deux localités, que deux provenances auxquelles on puisse raisonnablement s'adresser pour avoir un liquide pur et salubre.*

Les sources d'Eure, coûte que coûte, par préférence, avant tout;

Et, en cas d'impossibilité ou d'insuffisance, le Gardon, aussi près que possible de sa renaissance, c'est-à-dire à côté de Collias, presque à son confluent avec l'Alzon, afin que le bief d'amenée puisse s'approvisionner alternativement dans l'une ou l'autre de ces deux rivières ou dans toutes les deux à la fois, suivant l'état de pureté et le débit de chacune.

Telle est la seconde de mes conclusions (1).

III.

Des difficultés d'achat ou de concession des eaux.

Tant qu'on ne demandera pour Nimes, à l'étiage, que six cents pouces d'eau y compris celle du parcours : — je l'ai dit bien souvent, — le meilleur de tous les partis à prendre, c'est de restaurer complétement l'aqueduc romain et de ramener les sources d'Eure à tout prix.

(1) Tout ce qui a trait à la dépuration des eaux est traité avec les détails convenables dans l'ouvrage de M. Guérard, de la page 18 à la page 40; voyez aussi pages 45 et 46. — Longtemps avant que M. Guérard eût écrit, j'avais adopté les mêmes principes dans notre *Histoire des Eaux*, mais sans les traiter d'une manière aussi détaillée. Voyez t. I, p. 291 et 683 de mon ouvrage.

Ces fontaines sont des propriétés privées et personne ne peut empêcher qu'elles soient amiablement vendues, que la ville de Nimes les achète. Les usiniers, les riverains de l'Alzon n'ont aucun droit pour s'y opposer : nous n'avons nul besoin de revenir sur un point déjà traité avec tous les détails nécessaires.

Si l'on ne prenait que les sources d'Eure, nous l'avons prouvé, les riverains n'auraient légalement aucun droit de se plaindre :

1° Parce que les sources ne leur appartiennent pas ;

2° Parce que l'Alzon supérieur fournira toujours assez pour la fraîcheur de ses bords et pour les irrigations existantes jusqu'à son confluent avec la Seynes.

La position des usiniers est différente. — Si, dans la rigueur des principes, ils n'ont aucun droit sur le produit des sources appartenant de la manière la plus absolue à MM. Roussel et Vincent, — il n'est pas douteux, d'autre part, que le détournement de ces affluents de l'Alzon leur causerait une perte réelle.

Mu par des sentiments d'équité, nous avons toujours pensé que la ville de Nimes devait les en couvrir, c'est-à-dire leur payer ce qu'il leur en coûterait pour remplacer, par l'emploi de la vapeur, la force hydraulique qui leur serait soustraite. — Certes, il serait impossible qu'on offrît plus à ceux qui légalement n'ont aucun droit, — ni qu'ils prétendissent avoir davantage.

La somme des pertes qu'ils éprouveraient, ou, pour mieux dire, les frais de remplacement de la puissance motrice qui leur serait ôtée, atteindraient au plus les quatre cent mille francs que nous avons introduits dans les prévisions de dépense de notre projet sur la restauration complète de l'aqueduc romain.

Nous avons proposé de saisir immédiatement les sources à leur émergence du rocher ; mais il y aurait un autre moyen d'arriver au même résultat pour Nimes, *sans avoir plus de dépense à faire, et cependant avec une augmentation considérable dans la somme à donner comme indemnité aux propriétaires d'usines, qui, dès-lors, trouveraient un bénéfice réel à traiter avec Nimes de gré à gré.*

Ce moyen le voici :

On n'achèterait pas les sources d'Eure, on les laisserait s'écouler dans l'Alzon, comme par le passé ;

On laisserait subsister les moulins et usines de MM. Roussel et Vincent ; Les choses resteraient telles qu'elles sont jusqu'au moulin de La Tour.

Le bief supérieur de cette usine est à la cote de 72 m. 526 au-dessus du niveau de la mer. Vis-à-vis d'elle, dans la prairie au pied de la montagne, l'aqueduc romain se trouve à la cote 71 m. 060 : — On pourrait donc sur ce point, où le canal antique n'est pas à cent mètres de l'écluse, verser, de celle-ci dans l'autre, une lame d'eau de 1 m. 457 de hauteur.

On ferait, sur le barrage du moulin de La Tour, le partage des eaux de l'Alzon entre les usiniers inférieurs et la ville de Nîmes :

Celle-ci prendrait les deux tiers du produit, et les usiniers, à l'étiage, ne conserveraient que le reste ; mais cette fraction leur suffirait, au moins pendant six mois de l'année. Ce n'est que pour les six mois d'aridité qu'ils auraient à suppléer, au moyen de la vapeur, à la force hydraulique dont on les priverait.

Quel est ce déficit, quelle serait leur perte ; à quelle indemnité pourraient-ils avoir droit ?

Les estimations les plus scrupuleuses, les supputations faites sur l'impôt, sur les ventes, sur les prix des baux à ferme ne portent pas à un million la valeur de toutes les usines que l'Alzon met en jeu (1). — Or, comme on en laisserait trois autres intactes, que les propriétaires des autres garderaient les bâtiments existants, tous leurs accessoires et dépendances, et le tiers encore de la force motrice de l'Alzon, — il est positif que la perte réelle ne s'élèverait pas à cinq cent mille francs.

Aurions-nous les moyens de leur départir cette somme ?

Dans notre avant-projet, nous avons fixé à deux millions et demi le coût de l'entreprise des eaux, sur lequel la restauration complète de l'aqueduc ne s'élèvera pas à dix-huit cent mille francs ; et, dès-lors, il nous

(1) Distraction faite de tout ce qui n'est pas l'usine elle-même, et qui n'éprouverait aucune atteinte, qui resterait dans les mains des possesseurs actuels, distinction qu'on n'a jamais faite.

resté une somme de sept cent mille francs pour indemniser les usiniers ou pour l'achat des sources.

Mais, dans l'hypothèse où nous nous plaçons maintenant, dans celle du détournement des deux tiers de l'Alzon sur le barrage du moulin de La Tour, nous n'avons rien à payer pour les sources, que nous ne sommes plus dans la nécessité d'acquérir ;

Dès-lors, nous avons les moyens d'indemniser les usiniers, même au-delà de leurs pertes, et la ville d'Uzès n'éprouve aucune lésion ni directement, ni indirectement : car les capitaux versés dans les mains des propriétaires de ses fabriques leur permettront d'améliorer leurs appareils, de vivifier leur industrie ; — tandis que Nimes restaurera pour deux millions et demi la construction romaine dans son entier, paiera largement toutes les *indemnités équitables*, et recevra, à l'étiage, six cents pouces au moins de l'Alzon, auxquels on doit joindre les eaux du parcours.

Nimes aurait ainsi de sept à huit cents pouces d'eau dans la saison aride et deux mille pouces environ, soit toute la portée de l'aqueduc, pendant les trois-quarts de l'année. *Je ne pense pas qu'on puisse trouver une solution de la question des eaux plus favorable à tous les intérêts.*

Deux moyens d'exécution se présentent donc dans l'hypothèse de la restauration complète de l'aqueduc romain, et tous les deux sont à mes yeux très-praticables, pour alimenter le canal antique par des prises de niveau :

1° — Achat des sources d'Eure, avec indemnité équitable aux usiniers de l'Alzon ;

2° — *Laisser les sources suivre leur cours, dans les mains des propriétaires qui les ont actuellement*; ne commencer la dérivation qu'au moulin de La Tour ; mais prendre sur ce point, où les eaux ne sont point encore détériorées, les deux tiers du débit de l'Alzon à toute époque, et cela en indemnisant largement ceux qui, aujourd'hui, jouissent du tout.

On peut choisir entre ces deux expédients : — la restauration totale de l'aqueduc romain n'exigera pas, avec l'un ou l'autre, plus de deux millions et demi de dépense, et toutes les difficultés peuvent être très-facilement surmontées (1).

(1) On pourrait même, dans cette combinaison, favoriser extrêmement la ville d'Uzès.

Si un volume de six à huit cents pouces d'eau pendant l'étiage ne paraissait pas suffisant à la ville de Nimes , on pourrait facilement le doubler , quand on le voudrait, par une entreprise complémentaire à laquelle on se livrerait à l'époque où le déficit des premières dépenses serait comblé.

Il s'agirait alors d'exécuter le projet qui fut jugé le meilleur au concours de 1847 , — de dériver deux mètres cubes de l'eau du Gardon à Collias , de créer au Pont-du-Gard une chute de dix mètres , et de pousser , par des machines mues par le choc de l'eau , huit cents pouces de liquide de plus dans le canal antique. Il faudrait pour cela une dépense supplémentaire de quinze cent mille francs ; — mais Nimes obtiendrait deux mille deux cents pouces pendant neuf mois , et quinze cents pouces à l'étiage , — *fourniture plus large que celle qui nous fut primitivement conduite par les Romains.*

Une dépense de quatre millions , faite en une seule fois, et complétement à la charge de la ville , serait sans doute très-forte :

Mais , d'abord , la munificence du gouvernement nous exonère d'un quart ;

En second lieu , rien n'empêche de scinder les deux entreprises , d'en exécuter une immédiatement , sauf à n'en venir à la seconde que quand l'état des finances municipales le permettrait.

Dans tous les cas, mon avis serait de commencer par la reprise des eaux d'Uzès ; — car la valeur des chutes motrices sur l'Alzon doit augmenter plus rapidement que sur le Gard où les travaux d'établissement, plus difficiles et plus coûteux, seront toujours une entrave au développement de l'industrie privée.

— L'Alzon est coupé par le barrage du moulin de La Tour. Sur ce barrage , on prend les deux tiers de l'eau pour Nimes , soit huit cents pouces au plus extrême étiage.

Le tiers restant , soit au minimum quatre cents pouces , chute de deux mètres ; — c'est une force de 174 kilogrammètres pouvant élever au moins les soixante centièmes de leur volume à un mètre , soit cent quatre litres par seconde , ou 104|80ᵉˢ à quatre-vingts mètres de hauteur ,— un litre et un cinquième, plus de cinq pouces qu'on peut faire monter à Uzès. Le mois d'extrême étiage passé , la machine pousserait dans la ville plus de dix pouces et ne coûterait pas cinquante mille francs. La diminution de cinq à dix pouces sur le cours d'eau ne serait rien pour les usiniers.

Sur le bas-Gardon, dans l'état actuel comme dans l'avenir, les résistances, à une dérivation qui ne serait qu'une faible fraction de son volume, sont peu à craindre ; il sera facile de satisfaire à ce que les oppositions auront de raisonnable et de fondé.

Un détournement de deux mètres cubes pris sur le débit de cette rivière, effectué entre Collias et le Pont-du-Gard, ne nuirait à personne, à rien, si ce n'est aux moulins de Saint-Privat. Mais, quand il faudrait payer les deux tiers de la valeur de cette usine, l'indemnité ne serait pas exorbitante.

Qu'on achète le vieux barrage du moulin de Collias, qu'on dédommage le propriétaire des moulins de Saint-Privat, et nul ne peut réclamer contre la construction principale de notre canal d'amenée.

Au Pont-du-Gard, ce bief adducteur rendrait à la rivière toute l'eau qui aurait servi comme force motrice ; on ne prélèverait pour Nimes, on ne pousserait dans l'aqueduc romain, on ne distrairait réellement de la rivière que huit cents pouces d'eau.

A qui, depuis les machines élévatoires jusqu'au Rhône, pourrait préjudicier un si faible détournement ? — Au seul propriétaire de l'usine de Lafoux.

Or, comme ces moulins ont de l'eau de reste pendant dix mois de l'année, et que, pendant les deux mois de pénurie, leur force ne serait diminuée que d'un dixième tout au plus, on sent que l'indemnité qui serait légitimement due ne pourrait s'élever bien haut.

Je montrai en 1847 que, pour deux millions et demi, on pouvait restaurer l'aqueduc romain depuis Nimes jusqu'au Pont-du-Gard, et là élever, par une machine hydraulique, de l'eau dérivée à volonté du Gardon ou de l'Alzon, suivant l'état de ces rivières.

Les juges du concours approuvèrent le projet et son estimation ; deux compagnies sérieuses se présentèrent pour l'exécution à forfait : on voit donc que les ingénieurs les plus éclairés, que des industriels pleins d'expérience ne redoutaient aucune difficulté sérieuse pour l'achat ou la concession des eaux. Comment, en effet, les oppositions de deux ou trois propriétaires, qu'on indemniserait largement de leurs pertes, pourraient-elles balancer un instant les intérêts industriels, les besoins d'alimentation d'une ville de soixante mille âmes ?,

Tels sont les motifs qui me font penser, qu'en indemnisant convenablement tous ceux qui ont des droits et qui éprouveraient des pertes, on ne peut rencontrer d'obstacles invincibles, dérimants :

Ni pour pour amener à Nimes le produit des sources d'Eure par la restauration de l'aqueduc romain ;

Ni pour dériver, si on le préfère, les deux tiers de l'Alzon sur le barrage du moulin de La Tour seulement ;

Et qu'on aurait bien moins de difficultés encore, que les plaintes seraient à la fois moins nombreuses et moins fondées, si l'on se bornait à pousser huit cents pouces d'eau dans l'antique aqueduc, après avoir créé au Pont-du-Gard une chute hydraulique assez puissante.

Rien n'empêcherait même que, pour avoir un jour un double produit, on n'exécutât successivement la prise des deux tiers de l'Alzon à Uzès, et le puisage de huit cents pouces d'eau dérivés à Collias, soit dans le Gardon, soit dans le bas-Alzon, suivant l'occurence : — ce ne sont en vérité que des questions de temps et d'argent.

Dans quelque hypothèse que nous nous placions, je ne vois aucune difficulté qui, en fait comme en droit, ne puisse être facilement surmontée; il ne faut pour cela que de la décision, une équitable générosité et de la persévérance.

Il en serait de même si, rejetant, contre mon avis, le meilleur de tous les moyens de se donner de l'eau, *celui de la rigole à pente,*

Répudiant encore le procédé le plus favorable lorsque la rigole à pente ne peut s'établir, *l'emploi du moteur hydraulique,*

On voulait élever les eaux du Gardon *par le secours de la vapeur.* J'ai montré soigneusement dans mes écrits antérieurs tous les inconvénients de ce système, et la décision solennelle des juges du concours de 1847 a sanctionné mes opinions à cet égard.

Ma conviction est restée la même; mais enfin, si l'on voulait absolument adopter un moteur aussi précaire que dispendieux, l'emplacement le plus favorable, comme je le prouverai tout à l'heure, étant toujours au voisinage du Pont-du-Gard avec puisage dans un bief dérivé de Collias , on ne porterait encore préjudice, comme dans le système du moteur hydraulique, qu'aux deux usines inférieures de l'Alzon, et, sur le Gard, à celles de Saint-Privat et de Lafoux.— On ne leur devrait évidemment d'indemnité, après l'établissement de la machine à vapeur, que pour la part proportionnelle d'eau qu'on pousserait dans l'aqueduc romain ; que pour ce qu'on distrairait de leur force motrice. Cinq à six cents pouces ne seraient pour ces usines qu'une perte insignifiante ; mais, en supposant qu'on remplit l'aqueduc, qu'on y poussât un demi-mètre cube d'eau, ce qui est le plus fort volume proposable , on ne distrairait encore que le quart du débit du Gardon à l'étiage ; on ne nuirait aux usiniers que pendant deux ou trois mois de l'année , proportionnellement à l'abaissement des eaux.

Le quart serait le maximum, pour ainsi dire momentané, de la soustraction à opérer sur leur force motrice.

Or , en supposant une valeur de quatre cent mille francs à l'ensemble des usines à amoindrir , l'indemnité totale à accorder pour la diminution de leur moteur roulerait aux environs de cent mille, ce qui ne saurait être un obstacle dans une affaire de cette importance.

On voit donc en résumé que, dans quelque hypothèse que nous nous placions :

Que nous voulions reprendre le eaux d'Uzès aux sources d'Eure ou au moulin de La Tour ;

Ou bien , que nous voulions puiser dans le bas-Alzon et le Gard , soit au moyen du moteur hydraulique , soit au moyen de la vapeur ,

On voit , disons-nous que , dans ces quatre hypothèses , les seules au fond productives et réalisables , les seules entre lesquelles nos édiles puissent flotter incertains :

Il ne se rencontre, ni en fait, ni en droit, aucun obstacle insurmontable. aucun empêchement sans remède à l'achat amiable des eaux ou à leur concession pour cause d'utilité publique.

Mais on n'arrive à rien sans contradictions , sans efforts et surtout sans dépense.

« Le voyageur qui observe le magnifique service des Eaux de Dijon ,

» qui suppute les avantages nombreux qu'il procure, pourrait croire
» que la nature a tout fait pour cette heureuse cité..... Ce serait une
» grande erreur.

» Depuis deux siècles et demi, elle luttait contre la situation déplorable
» où elle se trouvait sous le rapport des eaux, etcontre l'abondance stérile
» des auteurs d'une foule de projets *insuffisants ou impraticables*, quand,
» il y a une vingtaine d'années, un jeune ingénieur des Ponts-et-Chaussées,
» après une étude consciencieuse et savante des localités, vint soumettre
» aux magistrats et aux autorités compétentes un projet complet de distri-
» bution d'eaux de source situées à plus de quatorze mille mètres de dis-
» tance.

» Unanimement adopté, et bientôt mis à exécution, ce projet a mérité
» à M. Darcy de voir son nom inscrit parmi ceux des bienfaiteurs de sa
» ville natale (1). »

(1) Guérard, *loc. cit.*, p. 91. — Voyez aussi l'*Histoire des Eaux de Dijon*, dans mon
grand ouvrage, tome I, pages 983 à 1053, et tome II, pages 645 à 668.

SECONDE PARTIE.

—

Exécution de l'Entreprise.

Nous venons de prouver dans la première section de cet écrit :

1° Qu'il fallait s'assurer d'abord d'une fourniture d'au moins six cents pouces, qu'on put porter jusqu'à deux mille au besoin ;

2° Qu'il n'existe que deux localités auxquelles Nimes puisse s'adresser pour avoir de l'eau pure et salubre en quantité convenable pour les besoins actuels, savoir :

Les sources d'Eure, qu'il faut s'assurer avant tout et à tout prix ;

Et, en cas d'impossibilité ou d'insuffisance, le Gardon dérivé en un point aussi voisin que possible de sa renaissance, c'est-à-dire, à Collias. Là, tout à côté de l'embouchure de l'Alzon, on devra établir un bief d'amenée à double prise, qui puisse s'approvisionner alternativement et à volonté, dans l'une ou l'autre des deux rivières, ou dans toutes les deux à la fois, suivant la force du débit et l'état de pureté de chacune ;

3° Qu'il n'existe en fait ni en droit aucun obstacle insurmontable, aucune impossibilité à la reprise des sources d'Eure ;

Encore moins à la dérivation des deux tiers de l'Alzon au moulin de La Tour ;

Et bien moins encore au puisage, à volonté, dans le Gard ou l'Alzon aux environs de Collias.

Il n'y a, dans aucune de ces hypothèses que dommages privés, réparables par un sacrifice pécuniaire plus ou moins fort, mais qu'on ne saurait victorieusement opposer à un intérêt public de premier ordre.

Nous devons nous occuper maintenant des moyens d'exécution de l'entreprise.

Les principes généraux suivants sont reconnus pour des vérités incontestables par tous ceux qui se sont sérieusement occupés de l'approvisionnement d'eau pour les populations agglomérées :

1° Le moyen le meilleur, le plus désirable sous tous les rapports, celui qu'on doit mettre en usage toutes les fois qu'il n'y a pas complète impossibilité, — c'est l'adduction de l'eau par la simple déclivité du canal qui la renferme, sa marche par le seul effet de la gravité. On doit faire tous les efforts possibles pour obtenir un fluide arrivant dans une rigole à pente, se mouvant par la même loi qui fait cheminer les ruisseaux et les rivières.

Mais, lorsque la situation des villes ne permet pas d'y conduire de l'eau par le simple effet du plan incliné, quand les sources considérables ou les cours d'eau qu'on voudrait mettre à contribution se trouvent beaucoup trop éloignés ou situés plus bas que le point qu'on voudrait atteindre, il faut bien avoir recours soit à la création de réservoirs artificiels, soit à l'emploi des machines élévatoires.

2° Les réservoirs artificiels d'une capacité considérable sont, en général, très-coûteux à établir; les emplacements convenables sont rares, — et, dans les climats méridionaux, ils ne peuvent pas fournir de l'eau potable, surtout à la fin de l'été, au moment où la disette est la plus grande.

5° Dès qu'il s'agit d'élever une quantité notable d'eau par des moyens mécaniques, il faut trouver un moteur énergique et peu coûteux. On n'en connaît de puissants et réguliers que de deux espèces :

La force d'un courant d'eau chutant d'une hauteur assez grande,

Et l'action de ce liquide raréfié par le feu, la force de la vapeur : malheureusement la production de celle-ci réclame des dépenses énormes et incessantes.

Les chutes hydrauliques, d'une suffisante énergie, ne se rencontrent pas partout. Il faut les créer, pour ainsi dire, le plus souvent, et, à cet effet, il est nécessaire d'avoir à sa disposition un cours d'eau assez volumineux, favorisé d'une pente assez forte qu'on accumule sur un seul point par un barrage et un canal plus ou moins long parallèle au cours d'eau, mais moins incliné.

Aussitôt que, pour obtenir l'approvisionnement désiré, pour élever le liquide dont on a besoin, on peut parvenir à former ainsi une chute hydraulique convenable, il ne faut pas hésiter : en l'absence de sources supérieures, il faut charger le cours d'eau lui-même de mettre en jeu les pompes qui doivent pousser jusqu'au niveau cherché une portion de son propre fluide.

Si la simple rigole à pente est le moyen par excellence de tous points : — à son défaut, c'est le moteur hydraulique qu'il faut adopter résolument; car, sous le rapport de l'économie, il est, en général, infiniment préférable à l'action de l'eau vaporisée.

4° Cependant, il est des lieux habités qui se trouvent si loin de tous les cours d'eau à niveau suffisant, ou qui en sont séparés par des obtacles de telle nature qu'on ne peut penser, pour leur approvisionnement, à l'établissement d'un simple canal à pente.

Lorsque, de plus, ces villes n'ont pas dans leurs environs une rivière inférieure, assez considérable, assez rapide pour y trouver des forces motrices d'une suffisante énergie, il faut bien alors, non-seulement renoncer au moyen le plus désirable de tous, *la rigole à pente*; mais on est encore, malheureusement, privé de celui qui la remplace avec le moins de désavantage : *de la ressource du moteur hydraulique, et la vapeur est alors le seul agent dont on ait la faculté de disposer.*

Ce moyen, beaucoup trop dispendieux, n'a qu'une seule prérogative, — c'est qu'on peut l'employer partout; — mais, en principe, on n'y doit recourir qu'à défaut de tout cours d'eau dont le niveau soit suffisant pour en rendre la simple adduction possible, et quand on manque encore de tout moyen d'établir une chute hydraulique assez forte pour mettre en mouvement les appareils nécessaires à l'ascension du fluide désiré.

S'il est incontestable qu'à égalité de prix la rigole à pente doive être préférée au moteur hydraulique, il ne l'est pas moins que l'emploi de celui-ci vaut beaucoup mieux que celui des fourneaux et des chaudières. Ces points sont de toute évidence ; mais il y a plus :

Tant que la dépense à faire n'est pas au-dessus des ressources d'une cité, en un mot, tant qu'il n'y a pas impossibilité financière à l'exécution d'une entreprise, on doit préférer :

4

La rigole à pente au moteur hydraulique, quand même il faudrait dépenser le double pour l'obtenir ;

Le moteur hydraulique à l'emploi de la vapeur, quand même on aurait avec celle-ci une économie actuelle de la moitié........

Les causes de ces différences énormes se trouvent dans la fragilité, le peu de durée, la nécessité de la surveillance et les frais d'entretien de toutes les machines, mais surtout des appareils à vapeur, et, de plus pour ceux-ci, la certitude de la progression croissante et rapide du prix du combustible.

5° Si l'on dérive d'un fleuve un très-grand volume d'eau par une rigole à pente ; — si l'inclinaison du canal est considérable et que son contenu soit exclusivement destiné à la navigation, à l'industrie, à l'arrosage des champs ; — dans tous ces cas, des tranchées à découvert, des coupures dans le sol naturel, de simples fossés rustiques peuvent suffire.

Mais, quand il s'agit de l'approvisionnement des villes, — de l'établissement des fontaines publiques, de l'usage domestique des habitants, — d'*eaux potables* en un mot : — attendu que, pour de pareils emplois le fluide doit être irréprochable, c'est-à-dire frais et non glacé, constamment à l'abri de tout mélange avec des matières impures, — il est indispensable, surtout dans nos climats, que, pour rester salubre, ce fluide soit amené dans des canaux pavés, voûtés, murés, enfouis; dans de véritables aqueducs pareils à ceux de construction romaine, à tous ceux aussi, qui, dans nos cités modernes, remplissent convenablement le but auquel on les a destinés.

6° Je sais qu'il est peu d'entreprises radicalement impossibles lorsqu'on n'est tenu d'épargner ni le temps ni l'argent ; les trois moyens que nous avons mentionnés pour conduire ou élever les eaux seraient donc presque partout applicables, si l'on ne considérait les choses qu'au point de vue de l'absolu ; mais on ne doit point l'entendre ainsi.

La possibilité d'exécution de l'un de ces procédés plutôt que des autres est chose relative, c'est-à-dire en rapport avec l'état des lieux et les moyens pécuniaires de chaque ville, obligée de renoncer à tout ce qui est réellement au-dessus de ses ressources. Les obstacles physiques d'une part, l'état des revenus municipaux de l'autre, sont les conditions qui dans la pratique forcent souvent à modifier les projets, à renoncer aux entreprises les plus désirées. On doit sagement restreindre son ambition dans la limite de ses facultés, et, pour me faire comprendre d'un seul mot, je dirai comme exemple : — que tout projet de fourniture d'eau qui exigerait à Nîmes une dépense communale de plus de trois ou quatre millions, devrait être rejeté, comme n'étant pas raisonnablement praticable.

7° Dans les projets de fourniture d'eau, il est des travaux de telle nature que leur estimation, faite à l'avance même par les hommes les plus habiles, est chose très-incertaine ; — il est des tracés de canaux ou d'aqueducs qui présentent de telles chances aléatoires qu'une ville prudente ne s'y expose qu'à la dernière extrémité.

Pour rassurer sur l'exécution ou les prix portés dans les devis des entreprises hasardeuses des percés de montagnes longs et profonds par exemple, les auteurs des projets s'abritent sous la garantie promise par des compagnies qui veulent exécuter l'œuvre à forfait : — on serait mal sauvegardé ; car, en pareil cas, les compagnies sérieuses et solides ne se présentent pas, ou bien elles stipulent de telle manière qu'en définitive toutes les éventualités fâcheuses retombent à la charge des cités pour lesquelles on exécute les travaux.

Tout homme familiarisé avec le sujet qui m'occupe reconnaîtra, je pense, que les propositions que je viens d'émettre sont les vrais principes de l'alimentation d'eau pour les populations agglomérées et qu'ils doivent servir de règles dans l'appréciation des idées émises, des projets dressés à l'appui.

Ces principes sont évidents par eux-mêmes ; cependant, je crois utile de les accompagner d'explications et de développements qui en fassent mieux comprendre la vérité et la portée par ceux qui n'ont pas l'habitude de réfléchir sur ces sortes de matières.

I.

Aqueducs à pente naturelle.

Il est évident que, de tous les moyens que l'homme a pu imaginer pour faire passer de l'eau d'un lieu dans un autre, le plan incliné, la rigole à pente, l'aqueduc enfoui, lui-même, durent être mis en usage les premiers, comme les plus faciles, les plus simples, comme une imitation de ce dont la nature offrait le type de toute part dans le lit des ruisseaux, des rivières et dans la marche souterraine des sources.

La simplicité du moyen explique sa stabilité, sa durée, — la constance du produit, la minimité des frais d'entretien, — raisons incontestables, évidentes de sa supériorité sur tous les autres.

En effet, quand même, de prime abord, l'établissement d'un aqueduc, qui amène les eaux d'un lieu dans un autre par le seul effet de la gravité, serait beaucoup plus coûteux que celui des machines destinées à élever ce fluide et permettant souvent de le puiser beaucoup plus près du lieu où l'on en désire l'emploi : — il n'en est pas moins vrai, qu'au bout d'un temps plus ou moins long, l'équilibre se rétablirait, et qu'un jour l'avantage pécuniaire finirait nécessairement par se trouver du côté de l'aqueduc.

Ce beau privilége dépend de ce que celui-ci, une fois construit, fonctionne indépendamment de tout concours de l'homme, et dure même indéfiniment si on l'a établi d'une façon convenable, et surtout s'il est maçonné, enfoui dans le sol, ainsi que les peuples anciens ne manquaient jamais de le faire. Les arcatures, partie la plus frappante des aqueducs romains, ne sont que des constructions exceptionnelles, relativement de peu d'étendue, mais nécessaires pour franchir certaines dépressions du sol qu'on ne pouvait éviter.

Un aqueduc bien construit est, pour ainsi dire, une œuvre faite pour l'éternité.

Toute machine, au contraire, réclame des surveillants actifs, intelligents, des soins perpétuels, des réparations fréquentes et coûteuses, des renouvellements à courts intervalles, — principalement celles à vapeur; — et les appareils doivent être multiples, sous peine de subir les chômages les plus onéreux.

« Heureuses sont les villes, avons-nous déjà dit d'après l'ingénieur Bor-
» gnis, qui peuvent se procurer abondamment l'eau qui leur manque en
» dérivant quelque source prochaine, ou quelque rivière voisine par le

» moyen le·plus simple et le moins coûteux , par une tranchée , une rigole
» à pente, un aqueduc !..... »

La durée de ceux-ci , lorsqu'ils sont enfouis , est chose illimitée , et ,
comme M. l'ingénieur Surell l'a très-bien fait remarquer : — « Les cons-
» tructions hydrauliques sous terre durcissent et se perfectionnent avec le
» temps.»

A Persépolis, tout le terre-plein sur lequel s'élevaient de fastueux palais
est traversé par de larges conduites d'eau en pierres ou en poterie, dont
quelques-unes sont assez grandes pour permettre à un homme d'y pénétrer.

Tavernier , se rendant d'Alep à Ispahan par la route du grand désert ,
vit un grand palais abandonné. Devant la porte se trouvait un étang
communiquant avec un canal alors complétement à sec , canal enfoui ,
voûté , construit en briques. Les Arabes qui accompagnaient le voyageur
lui dirent que ce canal servait à amener l'eau de l'Euphrate éloigné de
plus de vingt lieues (1).

Ce n'est point la vétusté qui a fait périr les nombreux et superbes aqueducs que Rome construisit si noblement sur toute la surface de l'Empire :
c'est la violence , c'est la barbarie , c'est le désir de profiter de leurs maté-
riaux appareillés d'une manière si parfaite.

Les aqueducs de Rome avaient servi de six à huit cents ans , quand les
hordes du Nord les saccagèrent : — après mille ans d'abandon et d'outrages , il a suffi de quelques travaux de réparation pour rendre à leur usage
primitif trois de ces magnifiques monuments, qui inondent la ville des
Papes de leurs salutaires produits (2).

(1) *Voyage en Perse* , t. I, p. 166.

(2) En 537 , les Goths coupèrent tous les aqueducs dont Rome était ornée , au nombre
de quatorze , peut-être même de vingt. Par suite de cet acte de barbarie , les habitants
furent réduits pendant plus de trois siècles à la seule eau du Tibre.

Le pape Adrien Ier rétablit quatre aqueducs en 784 , et Nicolas Ier fit réparer celui de
Trajan en 858. — La ville ne tarda pas à être privée de cette précieuse ressource par suite
des discordes civiles dont elle fut le théâtre.

Elle fut redevable à Nicolas IV, en 1447, du retour de l'*Aqua Vergine*, dont elle se trouva
privée de nouveau en 1559. — Enfin, les trois aqueducs qu'elle possède aujourd'hui lui

Quelques reprises très-peu coûteuses ont remis en état l'un des trois aqueducs romains de Vienne en Dauphiné, et des fontaines nombreuses ont aussitôt rendu à la cité antique la salubrité et la fraîcheur d'autrefois.

Un aqueduc romain enfoui alimente encore abondamment aujourd'hui une ville de nos possessions d'Afrique, Tlemcen ; — le temps n'a pu le détruire, et les Berbers, les Vandales, les Arabes eux-mêmes l'ayant respecté, il ne cesse pas de répandre, peut-être depuis vingt siècles, son merveilleux produit. Il fournit à l'arrosement de la ville et des jardins d'alentour : on s'en occupe si peu que nul ne connaît sa direction ni son parcours, ne sait le lieu de son origine.

Le point d'arrivée est le seul à découvert, et les eaux s'en épanchent comme elles feraient d'une source naturelle dont elles présentent au fond tous les avantages, *même celui de la pérennité*.....

L'aqueduc de Ségovie, qui, malgré les ravages du temps et des perturbations politiques et sociales, *n'a jamais cessé de remplir sa destination première, fournit encore aujourd'hui à la ville toute l'eau nécessaire à sa consommation.*

Il commence à trois lieues de Ségovie, à la source du Rio-Frio, et ne peut, au sortir des montagnes, se soutenir au niveau de la ville que sur une suite d'arcs admirables, réparés en 1400 sous le règne d'Isabelle. Leur longueur est de huit cent vingt-deux mètres et leur hauteur va jusqu'à trente-trois au-dessus du sol. On compte sur ce point cent neuf arches, dont trente-deux datent de l'époque de la restauration de ce superbe édifice (1).

Après la chute de l'Empire de Rome, les Arabes se montrèrent dignes de lui succéder dans l'art des grandes constructions hydrauliques ; ils furent même supérieurs dans celui de distribuer les eaux d'irrigation.

---

furent rendus dans le cours du seizième siècle et au commencement du dix-septième.

L'*Aqua Vergine* fut ramenée vers 1570 par Pie IV et Pie V ;

En 1587, Sixte-Quint fit relever le magnifique aqueduc qui fournit l'*Aqua Felice*, du nom de cet illustre souverain ;

Et l'*Aqua Paola* fut amenée dans la ville en 1612, sous le pontificat de Paul V à qui l'on doit la restauration de l'aqueduc de Trajan.

(1) *Voyage pittoresque et historique de l'Espagne*, par Alexandre de Laborde, t. II, p. 20.

La ville de Grenade en Espagne, et ses environs profitent encore des canaux et des aqueducs construits par eux ; et l'usage où ils étaient d'entretenir la fraîcheur dans l'intérieur de leurs maisons au moyen de jets d'eau, de cascades et de bassins revêtus de marbre, subsiste encore parmi les gens riches de la cité.

Dans beaucoup de ses rues, l'eau circule dans des conduits souterrains. De distance en distance, se trouvent des regards fermés par une bonde en pierre qu'il suffit de soulever pour pouvoir y puiser à volonté. L'eau est amenée dans un canal maçonné d'environ deux mètres de hauteur, un mètre de largeur, et de trente-deux kilomètres de longueur, situé sur le flanc d'une montagne (1).

Que sont devenus les appareils mécaniques si coûteux et successivement si vantés, destinés même à l'approvisionnement de la capitale de la France ?

Les pompes de la Samaritaine établies par Lintlaër ?

Celles de Notre-Dame par Daniel Joly ? — Celles de Jacques Demance ?

La machine hydraulique de Michel Vaurose au pont de la Tournelle, — celles de Rennequin, de Bélidor, de Camus, de Montigny, de Deparcieux, — celles des sieurs Vachette et Langlois, — les pompes à feu des frères Perrier ? — tout cela n'existe plus.

Les machines à vapeur actuelles, perfectionnées par M. Edward, seront-elles sur pied dans un siècle ; et, si l'on mettait à exécution le beau projet de turbines de MM. Fourneyron et Arago, croit-on que ces appareils subsisteraient jusqu'à la postérité la plus reculée ?

Cependant, les aqueducs primitifs de Romainville, de Ménil-Montant existent encore, bien qu'ils aient été construits par les religieux de Saint-Laurent au sixième siècle ;

Celui de Belleville, bâti par les moines de Saint-Martin-des-Champs, en 1044, n'a pas cessé de fonctionner,

Non plus que ceux des prés Saint-Gervais et de Belleville aussi, que Philippe-Auguste construisit, de 1180 à 1223, pour l'usage de la capitale.

De 1613 à 1623, Louis XIII et Marie de Médicis firent établir, à côté

(2) *Voyage en Espagne*, t. II, p. 14.

d'un aqueduc antique, le nouvel aqueduc d'Arcueil projeté par Henri IV. M. l'ingénieur Jollois ne manque pas de faire observer que la construction romaine valait bien mieux que la moderne et que le parti certainement le plus avantageux aurait été la restauration de la première.

Si l'aqueduc de Marie de Médicis a survécu et doit survivre encore à bien des appareils mécaniques mus par la vapeur ou par l'eau,—l'ouvrage qu'on attribue à l'empereur Julien, quoique plus ancien de treize siècles, aurait pu, si on l'avait restauré, surpasser peut-être d'autant la durée future de la construction française, si stable en comparaison des machines, si périssable mise en parallèle avec les aqueducs antiques.

Abondance et pureté du liquide, simplicité des moyens d'adduction, telles sont les conditions que l'on ne doit jamais perdre de vue dans les entreprises ayant pour objet de fournir à une ville l'eau nécessaire à ses besoins.

II.

Réservoirs artificiels.

Nous ne dirons que peu de mots sur les réservoirs artificiels, mais ils suffiront pour supprimer toute incertitude dans la question des eaux de Nîmes.

L'emplacement convenable pour des réservoirs un peu vastes est fort difficile à trouver;

Ils sont fort coûteux à établir;

Et dans nos localités, dans notre climat, il n'en peut sortir à l'étiage de l'eau pure, de l'eau potable.

En effet, sur le premier point, on conçoit qu'il s'agit de trouver une vallée supérieure au canal d'amenée projeté, placée toutefois dans son voisinage pour que son contenu y arrive facilement, et assez large dans le bas pour qu'elle ait une capacité suffisante.

Il faut qu'elle soit assez plane pour que la chaussée de retenue n'ait pas une trop grande élévation, et qu'elle soit creusée dans des roches massives, ou des terrains imperméables pour que le liquide ne s'échappe pas par infiltration, ne soit pas absorbé par imbibition.

Les roches calcaires, à cause du nombre de leurs strates et de leurs fissures, — les terrains légers, sablonneux, caillouteux à cause de la multiplicité de leurs interstices, n'offrent que des emplacements suspects. Les meilleurs se trouvent dans les terrains plutoniques comme les granites, les basaltes, dans les schistes argileux, dans les marnes, dans les terres fortes et surtout dans les argiles.

Ce n'est pas tout que d'avoir rencontré un emplacement convenable pour le bassin : il faut encore que celui-ci puisse se remplir, et, pour cela, on est heureux de trouver une vallée traversée par un cours d'eau permanent ; car, par le bénéfice du temps, un ruisseau, même assez faible, s'il ne tarit pas, finit par produire un grand volume de liquide et remplace, du moins en partie, les pertes produites par l'imbibition dans le sol ou l'évaporation dans l'atmosphère. L'eau qui arrive incessamment empêche d'ailleurs, dans une certaine mesure, la corruption de celle que le réservoir contient.

Si l'on ne peut y conduire un cours d'eau pérenne, il est indispensable que les versants, qui inclinent vers le bassin projeté et sur lesquels glissent les eaux de la pluie, aient une étendue considérable, sans quoi le réservoir ne se remplirait pas. Pour compléter l'approvisionnement de ceux de St-Ferréol et de Lampy, il a fallu établir des rigoles adductives de plus de vingt lieues de développement, dans la Montagne-Noire où l'on trouvait cependant plusieurs ruisseaux, comme le Landot qui ne tarit jamais. Il en a été de même pour les réservoirs alimentaires du canal de Bourgogne aux environs de Pouilly, et pour tous les canaux à point de partage.

Mais il ne suffit pas encore d'avoir trouvé des vallées à versants considérables : il faut que les bassins soient dans des lieux élevés, assez éloignés des populations agglomérées pour ne pas devenir des causes d'insalubrité ; il faut que les terrains supérieurs soient à l'état de roches, de prairies, de pelouse, de landes ou de bois, afin que les eaux arrivent pures dans le réservoir et n'y forment que peu de dépôts.

Les terrains en culture, plantés et fumés, ne donneraient qu'un liquide malsain ; les sols constamment remués par la main de l'homme se détrempent, s'excorient, se ravinent ; les torrents qui se forment par leur

5

déclivité roulent souvent autant de terre, de sable et de pierraille que d'eau, et les réservoirs s'encombrent avec une rapidité déplorable.

On voit qu'il n'est pas aussi facile que pourraient le penser des observateurs superficiels, de trouver des emplacements convenables ; on ne doit, en général, les chercher que dans les vallées supérieures des grandes montagnes. Pour nous, l'étang de La Capelle est une position exceptionnelle dont on peut heureusement profiter ; mais on chercherait vainement d'autres emplacements aussi favorables dans la contrée.

Les réservoirs, avons-nous dit, sont coûteux à établir, et cela se conçoit sans peine, quand on considère :

Qu'il faut acquérir le vallon qu'on veut transformer ; — imposer des servitudes de rigoles, de non détournement des eaux, de non défrichement sur de très-grandes surfaces, dans tout le périmètre d'alimentation ; — enfin, qu'on doit construire un barrage épais et solide, le plus souvent très-élevé, avec des empellements hermétiques, des robinets gigantesques, une rigole fort longue quelquefois, pour aboutir au canal dont on veut soutenir l'alimentation à l'étiage.

J'ai traité de ces diverses questions dans ma publication sur le *Service hydraulique* : je ne fais que les indiquer ici ; mais ceux qui ont vu les digues des bassins de Saint-Ferréol, de Lampy qui alimentent le canal du Languedoc, celle du bassin nourricier du canal de Rive-de-Gier, les barrages des réservoirs qui fournissent aux environs de Pouilly les écluses des deux versants du canal de Bourgogne, ceux-là comprendront sans plus de détails qu'il faut compter sur de grands frais, quand il s'agit de la création de bassins de retenue considérables.

Un dernier point nous reste à traiter ; c'est celui de la qualité de l'eau qu'ils renferment. Eh ! bien, je puis tout dire en deux mots :

Dans notre climat, à la fin de l'été, l'approvisionnement d'aucun réservoir n'est salubre.

Il ne peut être autrement en Angleterre, dans l'Amérique du Nord, dans les vallons élevés des Alpes, des Pyrénées. Peut-être réussirait-on sur la Lozère, sur le plateau central de la France ; mais il serait impossible de conserver, aux environs de Nîmes, de l'eau potable dans un réservoir.

J'en parle par expérience, parce que j'ai goûté dans ce but, à l'époque convenable, l'eau des bassins de Saint-Ferréol et du Gier, et pourtant, ces réservoirs sont placés dans de bien meilleures conditions que ne le seraient les nôtres.

Frontin se félicitait que le bassin de Néron fût creusé dans une contrée ombragée d'épaisses forêts ; toutefois, ce n'était qu'un lieu de dépuration et de retenue momentanée du liquide dérivé de l'Anio, qu'un canal voûté, maçonné, enfoui, conduisait ensuite, frais et pur, jusqu'à Rome.

Après la prise de Constantinople par Mahomet II, on voulut augmenter le volume d'eau que fournissaient les aqueducs des empereurs Valens et Justinien ; pour cela, on fit, dans une forêt couvrant les montagnes voisines, des barrages destinés à retenir les eaux des pluies et des torrents, et l'on transforma les vallées en immenses bassins d'alimentation. Mais, par une sage prévoyance, il fut défendu de couper les arbres de cette forêt, dont l'ombrage protège l'humidité et la fraîcheur du sol et assure la conservation du liquide emprisonné.

III.

De l'emploi du moteur hydraulique.

La comparaison de l'emploi, comme force motrice, d'une chute d'eau et de la vapeur, est un des points que j'ai traités avec le plus de soin dans mes publications successives ; je me contenterai d'en extraire les passages suivants :

Devons-nous rejeter la machine hydraulique pour adopter l'emploi de la vapeur ?

Pour élever les eaux nécessaires à leurs besoins, Genève, Amiens, Rheims, Angoulème, Narbonne, Dôle, Philadelphie et beaucoup d'autres villes se servent de moteurs hydrauliques et s'en trouvent bien. La ville de Cette se dispose à user du même moyen d'après le projet de M. Dupont, ingénieur des Mines.

Qu'à Londres on emploie la machine à vapeur pour élever toute l'eau nécessaire aux besoins de ses habitants, cela se conçoit : pourrait-on faire autrement ; — avait-on la faculté d'établir un barrage au travers de la Tamise , ou bien une dérivation latérale pour créer une chute motrice suffisante avec le peu de pente de ce fleuve ?

Se servir de la vapeur est , dans cette capitale , une condition forcée , mais certainement bien coûteuse , puisque les compagnies qui élèvent et distribuent les eaux , ne font que des bénéfices modérés ; bien qu'elles en vendent beaucoup à un prix très-élevé et qu'elles n'en fournissent point sans rétribution.

Suivant M. le professeur Combes , ingénieur en chef des Mines : — « Les » quantités d'eau qui affluent dans les mines du Cornwal et du Devonshire » sont très-considérables, mais il n'y a qu'un très-petit nombre de localités » où les pompes soient mises en action par un moteur hydraulique. En » général , la difficulté, *l'impossibilité même d'amener des cours d'eau* » *assez importants pour servir de moteur , ou de créer des étangs ou ré-* » *servoirs semblables à ceux qui fournissent les eaux motrices à la plupart* » *des mines d'Allemagne , ont obligé d'avoir recours à la puissance de la* » *vapeur....* »

D'où il résulte évidemment que , dans le Cornouailles même , où les machines à vapeur sont les plus parfaites , on aurait préféré les moteurs hydrauliques s'il en eût existé , ou même si l'on avait pu en *créer* dans le voisinage.

M. *Combes* est revenu tout récemment sur cette assertion remarquable : « Les machines de Cornouailles sont aujourd'hui d'un usage général , dit-il ; » mais seulement *sur les mines près desquelles il n'existe pas de chute d'eau* » *assez puissante pour l'épuisement des affluents souterrains....* »

La conclusion de ce passage , c'est que les machines de Cornwall sont le moyen le plus économique *quand on ne peut se passer de l'emploi de la vapeur* ; mais que , toutes les fois qu'il existe une chute d'eau assez puissante dans le voisinage , *il faut en profiter.*

Les machines de Cornwall doivent remplacer celles à double effet beaucoup plus dispendieuses, suivant M. l'ingénieur Diday ; — « *mais seule-*

» ment dans le cas où le peu d'abondance des eaux et le défaut de chutes ne
» permettent pas l'établissement des roues hydrauliques... »

D'où vient qu'à Toulouse on a rejeté l'emploi de la machine à vapeur ?
Parce qu'elle aurait exigé tous les ans pour plus de soixante mille francs
de charbon, et parce qu'on pouvait disposer d'une chute d'eau motrice.

« Messieurs, disait M. de Villèle aux ingénieurs chargés de l'examen
» de la question des eaux : — Vous êtes fort savants et je ne le suis pas :
» mais vous voulez de l'eau de la Garonne ; les chutes d'eau de vos deux
» moulins ne vous fournissent-elles pas une force suffisante pour élever
» toute celle qu'il vous faut..... ? »

A-t-on lieu de se repentir du parti qu'on adopta ? Nullement, puisqu'on
va maintenant doubler le produit, en doublant la force de la chute motrice.

M. Abadie, l'habile constructeur des appareils toulousains m'écrivait,
il y a sept ans : — « Je ne puis concevoir qu'on songe à établir une ma-
» chine à vapeur, quand on dispose d'une grande puissance hydraulique, et
» surtout lorsqu'il s'agit de porter un volume d'eau considérable à plus
» de quarante mètres de hauteur. On ne peut abandonner une machine à
» feu un quart d'heure, tandis qu'on peut laisser longtemps à elle-même
» une bonne machine mue par l'eau, sans qu'elle puisse en souffrir... »

L'opinion dernière de M. l'ingénieur en chef Daubuisson était : — « Que
» lorsqu'on a dans son voisinage, à sa disposition, une force motrice
» et naturelle suffisante, il y aurait au moins de la maladresse d'y substi-
» tuer une force artificielle obtenue à un prix élevé. »

L'ingénieur en chef des eaux de Paris, M. Mallet, pensait de même à
son retour d'Angleterre, où il venait pourtant d'examiner un grand nombre de services d'eau, tant publics que privés, faits par de belles et bonnes
machines à vapeur, ce qui ne l'empêchait pas d'écrire à M. Daubuisson :

« Je vous félicite de ce que la nature a fait pour vous, en vous donnant
» un moteur qui ne se repose jamais et qui vous livre continuellement son
» action pour rien, vous demandant seulement, et une fois pour toutes,
» de le bien disposer..... »

M. Daubuisson ajoute :

« En définitive, on n'emploie et l'on ne doit employer une machine

» à vapeur que là où un courant d'eau ne saurait produire l'effet
» voulu..... »

A Lyon, M. l'ingénieur Dumont était un partisan déclaré des machines
de Cornwall, qu'il proposait d'établir pour le service de la ville ; mais
ce n'était qu'en désespoir de cause : il avait d'abord publié un projet *dans
lequel il employait une dérivation du Rhône comme force motrice ;* il
n'y renonça qu'à cause de la difficulté d'établir son canal adducteur sur
la rive droite, et de l'impossibilité de construire un barrage au travers
d'un fleuve navigable ; mais il n'en regrette pas moins le moteur hydraulique, et termine ainsi l'un de ses chapitres :

« Même en Angleterre, pays classique de la houille et de la vapeur ; il
» existe beaucoup de localités *où l'on cherche à créer des moteurs hy-*
» *drauliques*..... Les projets de Greenock et l'opinion de l'ingénieur
» habile et expérimenté Robert Thom en disent plus que bien des raisonne-
» ments..... »

Que faut-il penser, dès-lors, quand on possède un moteur hydraulique
puissant et *tout créé* ?

Malgré les difficultés extrêmes de l'établissement d'un moteur hydraulique aux environs de Lyon, M. Favier, inspecteur au corps des Ponts-
et-Chaussées, écrivait, il y a quelques années :

« Si le volume d'eau à élever est inférieur ou égal à mille pouces, le
» système de la machine à vapeur est préférable ; mais au-delà, il vaut
» mieux employer une dérivation de quarante à cinquante kilomètres
» pour se procurer une chute d'eau..... »

Or, le charbon est à bas prix à Lyon, et il eût fallu trois ou quatre
millions pour effectuer la dérivation proposée.

Consulté par la ville de Bordeaux sur les moyens de lui procurer l'eau
qui lui manque, M. Mary, ingénieur en chef des eaux de Paris, après
avoir attentivement exploré la contrée, se décida pour la dérivation d'une
source située à onze kilomètres de la ville et fournissant six cents pouces.
Comme elle coule à un niveau trop bas, M. Mary veut qu'on emploie
pour l'élever, *non la force de la vapeur, mais celle qu'il emprunte à un
cours d'eau voisin.* Nous avons vu que, récemment, ce projet avait été

modifié, et qu'on allait chercher plus loin une source plus considérable, *sans machines.*

Ce qui prouve que la vapeur n'a pas des avantages aussi grands que ceux qu'on entend souvent préconiser, c'est que, partout où c'est possible, on se dispense d'y recourir.

A Paris, on a réalisé en grand le meilleur de tous les systèmes : celui de l'eau amenée par sa propre pente. Malheureusement, au lieu de construire un aqueduc enfoui, maçonné et voûté, on a voulu que le bief adducteur pût servir en même temps de voie de navigation, et l'on n'a eu, par le canal de l'Ourcq, que de l'eau de qualité inférieure.

Dans d'autres temps, on a élevé ce liquide, de la Seine, par des machines à vapeur ; mais ce produit coûte si cher qu'on ne le pousse pas au-delà des quartiers inférieurs ; qu'on ne le dirige sur les fontaines qu'avec parcimonie, et qu'on le vend à un prix fort élevé.

Le problème d'un approvisionnement sain, économique et complet, de la capitale n'était donc pas encore résolu. Il restait à essayer en grand le troisième des systèmes praticables : celui des machines hydrauliques, — inférieur, selon moi, à l'aqueduc à pente naturelle, mais de beaucoup préférable à l'emploi de la vapeur. On sait que les exigences de la navigation s'étaient toujours opposées à ce qu'on fît rien d'important dans ce genre.

Toutefois, les hommes d'intelligence et de savoir ne se sont pas rebutés, tellement ils étaient convaincus de la prééminence des chutes d'eau motrices sur la machine à feu, et MM. Fourneyron et Arago ont conçu le projet de créer, sans dommage pour le commerce, un barrage au travers de la Seine, à Paris, *dans le but d'obtenir un moteur hydraulique capable de porter quinze mille pouces d'eau à quarante-trois mètres de hauteur*, c'est-à-dire dans les quartiers supérieurs de la capitale.

La preuve la plus importante que je connaisse, constatant la supériorité du moteur hydraulique sur l'action de la vapeur, c'est le fait suivant :

Philadelphie tire sa fourniture d'eau de la rivière Schuylkill ; les pompes sont situées à Fairmount, à vingt-quatre kilomètres de la ville. Commencés en 1819, les *Waters-Works* étaient en activité en 1822.

On compte à Philadelphie 16,678 familles qui reçoivent l'eau nécessaire à leur consommation au moyen de tuyaux greffés sur les conduites, et 3,000 familles alimentées par les pompes publiques ; soit, en tout , 19,678 familles. En 1857, les sommes payées pour l'eau par ceux qui en jouissent se sont élevées à 576,861 fr. , tandis que les frais d'établissement de toute espèce et ceux de roulement représentaient un capital de 7,485,188 fr. On voit que la compagnie à qui l'on doit cette œuvre n'avait pas fait une mauvaise opération financière.

Mais voici la circonstance la plus remarquable et la plus importante pour nous :

Les machines à feu furent d'abord employées à Fairmount jusqu'en 1852 ; mais, à cette époque, la force hydraulique de la rivière Schuylkill fut substituée à celle de la vapeur ; — et voici le jugement que M. Stephenson porte sur ce remplacement extraordinaire :

« *La faible dépense qui suffit aujourd'hui pour approvisionner d'eau* » *Philadelphie justifie suffisamment les travaux faits pour remplacer,* » *malgré les frais énormes de première mise de fonds, la force motrice* » *de la vapeur par celle de l'eau !.....* »

La ville de Béziers a suivi l'exemple de la cité américaine ; — elle vient de détruire une machine à vapeur construite par M. Cordier, qui ne l'approvisionnait d'eau que d'une manière ruineuse, après lui avoir toutefois substitué des roues hydrauliques mues par les eaux de l'Orb, système dont l'idée première fut donnée par le célèbre Prony.

Les deux machines ont fonctionné pendant assez longtemps ensemble ; mais, après une comparaison réfléchie, la machine à vapeur a été supprimée : il n'en reste plus de traces.

« Lorsqu'on a le choix, me faisait écrire M. le professeur Pouillet, » entre des roues hydrauliques et des machines à vapeur, on doit, sans » hésiter, donner la préférence aux premières.....»

« Il faut des considérations bien puissantes, m'écrivait M. Duchêne, ingé» nieur civil, lorsqu'on peut utiliser une chute d'eau qui remplit les » conditions voulues, pour lui préférer l'emploi des machines à vapeur. »

Et mon regrettable ami, M. Renaux, ajoutait : — « Dussiez-vous, pour

» disposer une chute d'eau convenable, dépenser à Nimes six cent mille
» francs de plus que par la vapeur, il ne faudrait pas hésiter : on ne doit
» recourir à ce dernier moyen que lorsque les moteurs naturels manquent
» tout à fait. Il n'y a pas d'incertitude possible entre un moteur hydrauli-
» que et une machine à feu, surtout quand on s'occupe des intérêts d'une
» ville. »

IV.

De l'emploi de la vapeur.

Il existe des motifs distincts de celui de l'économie, un ordre de considérations que je dois exposer aussi, et que j'appellerai *politiques* en
m'en tenant à l'étymologie (1) de ce mot, qui me font surtout répugner à
l'emploi de la vapeur.

L'approvisionnement d'eau dans une cité est toujours précaire, quand
il est subordonné au vote annuel du conseil municipal : — il n'a réellement le caractère de perpétuité et d'indépendance nécessaires à tous les
services publics que lorsqu'il il résulte :

*Soit d'un aqueduc à pente, où l'eau marche éternellement par le simple
effet de la gravité ; — soit de l'action des machines hydrauliques qui, une
fois établies, fonctionnent toujours sans rien coûter.*

Je suis loin de nier l'importance de la machine à vapeur et les services
immenses qu'elle rend tous les jours au commerce, aux arts, à l'industrie.
Je sais que, dans les ateliers, c'est le moteur le plus généralement en
usage et que, dans les mines, l'existence d'une quantité innombrable
d'ouvriers tient à la constance et à la régularité de son action ; je sais
qu'avec elle, les vaisseaux ne souffrent plus sur la mer de l'absence du
vent ; qu'elle sert à dessécher les étangs et les marais ; que sur les chemins
de fer elle règne en souveraine ; je sais que, par son action, des villes
très-importantes sont alimentées, en grande partie, de l'eau nécessaire à
leurs besoins, comme Londres, Paris, Vienne, Munich, Glascow, Liverpool et tant d'autres en Europe et en Amérique.

(1) De πολις, ville.

6

« La machine à vapeur, dit M. Daubuisson, semble devenir l'agent
» universel ; elle se multiplie de toutes parts avec le plus grand succès ;
» c'est à elle que l'Angleterre doit son étonnante industrie et, par suite,
» sa richesse; c'est à elle que le nord de la France doit sa supériorité,
» dans toute espèce de fabrication, sur le midi. »

Je ne conteste aucun de ces faits ; mais, dans les lieux où la vapeur a été
employée pour élever l'eau nécessaire à l'alimentation des villes, —
n'était-il pas indispensable qu'il en fût ainsi ? — Aurait-on pu s'en pro-
curer par une pente naturelle ; ou bien pouvait-on, sans obstacle, dis-
poser de la force et de la chute d'un courant moteur suffisant ?

C'est uniquement là que se trouve le nœud de la question.

La machine à vapeur a des avantages qui lui sont propres : — on peut
l'établir et la faire fonctionner partout ; — sa puissance est illimitée ; —
mais, d'autre part, son entretien coûteux, et sa dépense énorme en combustible, sont des inconvénients qu'on ne saurait passer sous silence.

« Ce n'est pas, dit M. Daubuisson, dans des considérations théoriques
» qu'il faut chercher l'évaluation de la consommation des appareils à
» vapeur, et, encore moins, dans les prospectus des constructeurs; on
» éprouverait de grands mécomptes. C'est dans l'expérience des machines
» construites et en activité depuis plusieurs années, qu'il faut prendre des
» données moins trompeuses..... »

Il résulte de l'examen comparatif fait par cet ingénieur sur les machines de Cormeaux près d'Alby, de Marly et de Chaillot à Paris : que
la dépense en charbon, à Toulouse, pour élever deux cents pouces d'eau
à vingt-quatre mètres, eût été de cinquante à soixante-et-dix *mille francs*
par an.

Proportionnellement, elle serait de cent à cent vingt *mille francs* pour
Nîmes, si l'on élevait cinq cents pouces à Lafoux à quarante-huit mètres,
et cela pour les frais de combustible seulement.

D'après les supputations de M. Genyès, — la dépense de premier établissement, d'entretien des machines, de personnel et de combustible,
s'élèverait à cent mille francs, représentant un capital de deux millions
qui, joints aux huit cent mille francs que coûterait la restauration partielle

— 47 —

de l'aqueduc romain, feraient en tout près de trois millions pour une fourniture de cinq cents pouces.

D'après des calculs faits pour Lyon par M. l'ingénieur en chef Mondot de Lagorce, par M. l'ingénieur en chef des mines Puvis, MM. Frère-Jean, Vachon, industriels ; et d'après les renseignements puisés dans les ouvrages ou les notes obligeantes de MM. Dupont, Abadie, Flachat et Petiet, Léon Lalanne, Genyès, Mallet, Tredgold, Janvier, Combe, Diday, Dumont, Favier, Fourneyron, Arago, Pouillet, Pigeon, Chatelux, Bergeron, Jordan, Duchêne, de Pambour, Grouvelle et Jaunez, Wiksteed, Coriolis, Gaymard, Moisson-Desroches, de Gasparin, Maynard, de Billy, Hawkley, le célèbre Robert Thom, et plusieurs autres ingénieurs, mécaniciens, manufacturiers, industriels du premier mérite, ce serait beaucoup que d'atténuer d'un quart ou d'un tiers la dépense de combustible indiquée ci-dessus, pour les machines en marche constante et lorsqu'elles auraient fonctionné quelque temps (1).

Avec une machine de Cornwall, aussi parfaite que celle du Rocher-Blau *dans les premiers temps*, il faudrait encore, pour le puisage de cinq cents pouces d'eau à Lafoux, dépenser plus de cinquante mille francs par année en charbon du pays.

Tous les hommes capables qui ont mûrement réfléchi sur ce sujet sont d'accord qu'on ne doit recourir à la vapeur que quand il est impossible de se procurer un moteur hydraulique. Les villes qui ont adopté ce dernier moyen en sont satisfaites, à moins qu'elles ne voient la possibilité d'obtenir de l'eau par une simple rigole à pente ; et celles qui se servent de la vapeur ne peuvent pas, malheureusement pour elles, faire autrement.

A Reims, le système est mixte : les machines élévatoires sont mues par un courant d'eau, tant que celui-ci a une force suffisante ; on n'allume les fourneaux qu'à l'étiage.

A Béziers, nous l'avons déjà dit, on s'est lassé de l'action coûteuse de la vapeur, et l'on a eu recours enfin à une chute de la rivière d'Orb.

(1) Voyez mon *Hist. des Eaux*, tom. II, p. 207 à 307, et p. 445 à 523.

A Madrid , on se servira d'une chute formée sur le Mançanarès , tant qu'il y aura dans ce torrent une quantité d'eau suffisante , et la vapeur ne fournira que pendant l'été l'appoint d'une puissance ruineuse , mais nécessaire.

Enfin, en Amérique, dans la patrie de Fulton , là où les bateaux à vapeur triomphent sur tous les fleuves , nous avons vu qu'après qu'on eut fait pour Philadelphie l'essai coûteux des pompes à feu , on les a résolument détruites , uniquement dans des vues d'économie.

On leur a substitué l'impulsion d'un courant d'eau , et l'on se félicite du parti tardif qu'on a pris. C'est une compagnie qui en est venue à cette extrémité *après expérience faite , et sans avoir d'autre motif que celui de son propre intérêt.*

Nous ne pourrions présenter d'argument plus décisif , et nous passons à des considérations d'un autre ordre.

« Une des conditions essentielles d'un bon service de fourniture d'eau » publique, d'après M. Terme, c'est la permanence. Lorsque toute la po- » pulation d'une ville a réglé ses habitudes et la plupart de ses travaux » industriels sur une distribution réputée constante, une interruption d'un » jour présente un grand inconvénient, une interruption d'une semaine » devient une véritable calamité.

» Mais , il en est des villes comme des familles ; elles ne se soutiennent » pas toujours au même point de splendeur. Tant qu'elles sont en voie de » prospérité et jouissent de revenus considérables , leurs besoins sont faci- » lement satisfaits ; on s'empresse à les servir , et tout concourt à leur » bien-être. Mais , que des jours malheureux arrivent à leur tour , soit » par des discordes intestines, soit à la suite des fléaux dont l'humanité ne » sera jamais exempte , alors les ressources communales sont bientôt » épuisées ; — les services publics s'arrêtent..... »

L'emploi de la houille s'accroît tous les jours et , par conséquent , son prix doit bientôt s'élever comme s'élève celui de tous les combustibles en France (1). Les mines sont , en général , dans les mains de compagnies

(1) Si le prix du bois a baissé depuis quelque temps, ce n'est qu'un effet momentané de l'amélioration des routes et des moyens de locomotion, qui ont donné une activité, une

puissantes qui tendent à acquérir successivement toutes celles dont les produits peuvent leur faire concurrence. Une fois délivrées de l'action de la petite propriété, les compagnies nanties de la richesse houillère du pays ne manqueront pas de s'entendre et d'élever, on ne peut prévoir à quel taux, le prix marchand d'un combustible dont les applications augmentent incessamment.

Cette tendance fâcheuse, qu'on peut prévoir dès aujourd'hui, préoccupe le gouvernement lui-même : une ville doit-elle sagement soumettre son avenir à une éventualité pareille, quand elle peut faire autrement ?

Une ville qui fonde un service d'eaux publiques doit agir dans une pensée d'avenir ET DE PERPÉTUITÉ.

Les partisans de la vapeur regardent comme une chose avantageuse dans ce système *que le capital de premier établissement soit moindre que pour le moteur hydraulique, sauf à supporter des frais annuels plus forts :*

Je suis d'un avis contraire.

En effet, la dépense première s'éteindra soit sur les revenus ordinaires de la ville sagement aménagés, soit par des ventes d'immeubles, des aliénations d'eau temporaires ; soit, au pis-aller, par un emprunt qui disparaîtra d'une manière quelconque. Pour si faible que soit l'amortissement qu'on adopte, à quelque distance qu'on fixe le terme d'une complète libération, *on peut être assuré qu'avec un moteur hydraulique, la ville finira par se libérer de son obligation principale ;* elle ne sera chargée, en fin de compte, que d'une dépense minime, de la dépense d'entretien.

La position sera tout opposée avec l'emploi de la vapeur. Ici, comme pour les moteurs hydrauliques, on se rédimera bien des frais de premier établissement et plus promptement, je l'admets, puisque ces frais-là seront moindres ; mais la charge, qui pèsera annuellement et à perpétuité sur la ville, sera non-seulement l'entretien de l'aqueduc et *de machines beaucoup plus destructibles ;* mais *un personnel plus nombreux et surtout la*

---

extension plus grande à l'extraction et au transport des houilles; mais on conçoit qu'une consommation ascendante doit, en définitive, accélérer l'épuisement et amener l'augmentation de ce dernier combustible.

fourniture de combustible qui ira de quarante à cinquante mille francs
par an, et même à un taux inconnu si les mines deviennent d'une exploi-
tation plus difficile ou si la vente des charbons se change en monopole.

Même, dans l'état actuel des choses, la dépense annuelle et perpétuelle
de personnel, d'entretien et de combustible, irait au moins à quatre-vingt
mille francs : — la ville sera-t-elle toujours en position de satisfaire à des
obligations pareilles ?

« Nous vivons, disais-je en 1846, à une époque de paix et, par conséquent, de prospérité insolite ; l'argent surabonde en apparence, mais il
n'en sera pas toujours ainsi. Les Etats et les villes ont, comme les individus, leurs moments de crises et de revers. Gardons-nous d'imposer à la
postérité des charges trop lourdes et *surtout perpétuelles.* Dans un moment de gêne financière, de trouble, de révolution, Nîmes ne pourrait
plus prendre chaque année cinquante mille francs sur son budget pour un
seul emploi ; les machines dépériraient, les habitudes seraient en souffrance, et, pour bien longtemps peut-être, le service des eaux, c'est-à-
dire le plus important de tous, serait compromis...

» C'est au conseil municipal, c'est aux tuteurs naturels des intérêts de la
cité que ces réflexions sont adressées d'une manière toute spéciale. Il
ne s'agit plus ici de questions d'art et de science, mais de prudence et de
bonne administration ; il n'y a pas deux règles et deux théories de gestion
financière, et les magistrats éclairés établissent le même ordre dans les
ressources publiques que dans leur fortune privée.

» Si l'on adopte le système de la vapeur, il faudra que tous les ans et
à jamais, le conseil vote les sommes nécessaires à ce service. Pense-t-on
que les intérêts privés ne lutteront pas, de temps à autre, et quelquefois
avec succès contre l'intérêt public ?

« L'année est pluvieuse, dira-t-on, l'eau surabonde à notre antique fon-
» taine, elle peut bien suffire jusqu'au budget prochain ; — reportons les cin-
» quante mille francs que nous allons voter sur des choses plus urgentes,
» si ce n'est plus utiles ; — ce sera pour un an ou deux ans seulement.... »

Et chaque année des besoins prétendus sérieux et très-urgents seront
mis en concurrence avec celui des eaux !....

» Enfin, n'y aura-t-il jamais, dans une ville comme Nimes, des coalitions d'intérêts, de quartiers, de classes, d'opinions, contre cette allocation *éternelle* pour les eaux qui se présentera chaque année comme un obstacle aux désirs de chacun ?

» Nous laissons à la sagacité, à la sagesse du conseil municipal d'apprécier un ordre de faits que nous avons cru pouvoir appeler *politiques* ; qui se reproduiront inévitablement tôt ou tard, et que notre devoir était au moins d'indiquer. »

Ces doutes, ces craintes sur la stabilité perpétuelle des ressources municipales, la révolution de Février vint bientôt prouver qu'ils n'étaient nullement chimériques ; mais, du reste, avant que mes idées reçussent la sanction des événements, elles avaient obtenu l'approbation flatteuse des juges du concours de 1846. On trouve ce qui suit dans le rapport de la Commission spéciale :

« Le projet présenté, où la vapeur est employée, ne soutient pas aussi bien l'examen lorsqu'on cherche à prévoir les modifications qu'un laps de temps considérable peut amener dans ses conditions d'établissement et de fonctionnement. D'abord on peut craindre que, peu à peu les machines ne se détériorent, et que leur consommation normale de combustible ne soit augmentée :

» Mais, surtout, nul ne peut prévoir à l'avance les changements qu'un demi-siècle apportera dans le prix de la houille ; aucune compagnie de mines ne voudrait aujourd'hui prendre des engagements à si long terme.

» Tout le monde sait que, dans le bassin de la Loire, il s'est formé une association entre presque tous les exploitants de houille.... et pas un des propriétaires d'usines dont l'aliment est le charbon, ne trouve aujourd'hui à renouveler ses marchés pour plus d'un an.

» Est-il prudent, pour une ville dont les besoins une fois créés exigeraient impérieusement d'être satisfaits, — est-il convenable de risquer de tomber un jour sous le coup d'une demande exorbitante, et d'être sans défense contre des exigences de cette nature ?

» D'ailleurs, dans un siècle ou deux, quel sera l'état des mines de houille du bassin d'Alais ? — Nul ne saurait répondre aujourd'hui à cette question ; mais ce que personne n'ignore , c'est que trente ans ont suffi pour faire de cette substance, qui était presque sans valeur dans le Gard , un objet des plus précieux ; — ce que chacun pressent c'est qu'à mesure que l'industrie l'appropriera à un plus grand nombre d'usages, la valeur s'en élèvera ; — il y a dès-lors un inconvénient grave à ce que la ville de Nîmes se pose à perpétuité pour faire concurrence aux besoins actuels et futurs.

» Aujourd'hui elle peut demander à une chute d'eau le moteur qui lui est nécessaire ; — dans cent ans elle ne le pourra plus : toutes les chûtes disponibles seront occupées.... Aujourd'hui , avec un capital modique, eu égard aux résultats , elle crée un nouveau moteur , elle fait une conquête sur les forces inanimées de la nature , et approprie à l'usage de l'homme et de la cité l'intarissable volume d'eau versé par les Cévennes dans les gorges du Gardon; tandis qu'en demandant son moteur au combustible minéral, la ville est assurée qu'un jour arrivera où les dépôts houillers seront épuisés dans toutes les parties accessibles aux méthodes d'exploitation actuellement en usage.

» A cette époque, quelle transformation éprouvera l'industrie ? Une génération prévoyante aura-t-elle repeuplé le vide des forêts, afin de satisfaire du moins aux exigences les plus indispensables ?

» L'industrie particulière vit au jour le jour et élude des questions importantes ; mais une ville, qui ne meurt pas , ne peut avoir la même imprévoyance..... »

Bien que l'emploi de la vapeur ait été condamné, à l'unanimité, au concours de 1846 par jugement d'une commission spéciale composée d'ingénieurs en chef des Ponts-et-Chaussées et des Mines, on dira peut-être aujourd'hui :

« Sept ans se sont écoulés depuis cette décision , et, par rapport aux » progrès des machines repoussées alors, cet intervalle est immense ;

» Ce qui n'était pas acceptable en 1846 doit avoir la prééminence en » 1853 ;

» La machine à vapeur s'est perfectionnée à Paris , à Londres , en Amé-» rique où les découvertes du capitaine Ericson excitent une admiration

» générale. On construit des machines où l'on vaporise l'éther, — d'au-
» tres à l'alcool, à l'air chaud, d'autres à système mixte où l'air et la va-
» peur sont combinées ensemble; l'électricité mettra bientôt des forces
» irrésistibles à notre disposition..... Nous devons donc, dans une situation
» nouvelle, rejeter le moteur hydraulique et adopter, sans hésitation,
» l'emploi du feu, d'un effet plus constant, d'une puissance illimitée, et,
» *maintenant*, d'une application plus économique..... »

A tout cela je réponds :

Je n'ai certainement ni parti pris d'avance, ni prévention systéma-
tique. Quand, en 1846, je me suis prononcé contre l'emploi de la machine
à vapeur, c'est que la création d'une chute en rivière était véritablement
préférable. Mais, s'il m'était clairement démontré, en 1853, que la vapeur
a conquis tous les avantages qu'on lui attribue, je devrais l'adopter sans
hésitation ni rancune, et je le ferais aussitôt.

Sous l'empire de faits nouveaux, changer de système serait pour moi
une obligation de raison et de conscience. — *A nouveaux faits, nouveaux conseils*, dit l'adage vulgaire : — mais les choses en sont-elles
venues bien réellement à ce point qu'il faille déserter la cause du moteur
hydraulique comme perdue sans ressource? — Je ne le pense pas.

Je me permettrai de faire remarquer :

1° Que les machines, si vantées, à l'état d'expérience encore à Paris,
à Londres, ou même seulement en Amérique, ne nous sont pas suffisamment connues, et — que probablement, de longtemps, elles ne seront ré-
pandues, ni vulgarisées à de grandes distances du lieu de leur invention.
Ce qu'on peut exécuter et entretenir avec succès dans une capitale,
au milieu de toutes les ressources, avec des ouvriers habiles dans tous les
genres, — ne réussit pas si tôt en province, dans les petites villes, à la
campagne ;

2° On disait aussi des merveilles des machines de Cornouailles, marchant avec moins d'un kilogramme de charbon par heure et par force
de cheval; — et pourtant, tout bien considéré, de pareils résultats nets
et constants n'étaient nullement obtenus en Angleterre; ils l'étaient encore
moins en France, et, en marche suivie, à Lafoux passé les premiers temps,

7

on aurait été heureux de voir fonctionner les appareils avec le quadruple de cette quantité de houille du pays ;

3o Il faut se défier des journaux, des annonces, des prospectus, en France, en Angleterre, et surtout en Amérique. — Les effets surprenants annoncés pour les machines qui sortent des mains des constructeurs, s'évanouissent le plus souvent au bout de quelques années comme l'ombre devant le soleil. De nouveau tout est admirable ; — mais bientôt la réclame est oubliée, et la machine, hors ligne disait-on, ne fonctionne pas mieux que les autres.

Certainement la science est en progrès, les appareils se perfectionnent ; les idées de MM. Burdin, Franchot, Liais, Lemoine, Lobereau, Wargny-Dionis, Belleville, Ericson, pourront ne pas être sans avantage ; mais combien de fois seront-elles modifiées, avant qu'on en retire ce qu'on espère : les promesses qu'on prodigue se réaliseront-elles jamais ? — M. Ericson a eu la bonne foi de prémunir le public, par une lettre qui a été imprimée, contre l'exagération des journaux en ce qui le concerne.

4o Mais enfin, quand la plupart de ces merveilles seraient effectuées, quand l'emploi perfectionné de la vapeur, quand l'usage exclusif de l'air chaud, quand le système mixte ou le mélange de la vapeur et de l'air, quand l'emploi de l'alcool, de l'éther, quand la vaporisation instantanée de l'eau tombant goutte à goutte sur du fer rougi — tiendraient toutes les promesses qu'on nous fait de tous les côtés, — quand on arriverait à une économie notable sur le combustible :

D'autre part, — les machines nouvelles ne seraient-elles pas d'un établissement plus coûteux ;

Leur entretien ne se trouverait-il pas plus difficile et plus cher ;

Ne s'useraient-elles pas plus vite, ne faudrait-il pas les remplacer plus souvent ?

5o Mettons, si l'on veut, toutes ces objections à néant : — Les frais d'achat et d'entretien des machines nouvelles ne seront pas plus considérables que pour les anciennes ; — leur durée sera égale, *avec une consommation de combustible beaucoup moindre......*

Certes, je fais des concessions très-larges, j'accepte l'argument qui semble capital , et, pourtant, je ne suis pas complétement rassuré pour l'avenir.

Un des grands motifs pour lesquels la Commission rejeta , en principe , l'emploi de la vapeur, ce fut que, même en admettant le perfectionnement des appareils , — par contre, le prix de la houille tend évidemment à s'élever.

L'augmentation de valeur de ce pain de l'industrie ne marchera-t-elle pas plus rapidement que le perfectionnement des machines ?

Nul n'oserait l'assurer.

Tout est donc incertain avec l'emploi du feu ; tandis qu'une chute d'eau étant une fois achetée , établie , on n'a plus aucune augmentation de dépense à redouter.

6° *Les motifs les plus graves de rejet du service par la vapeur sont ,* selon moi , son instabilité, alors que les conseils municipaux doivent voter tous les ans une somme considérable pour son maintien ; l'état de gêne , d'ignorance , d'incurie et de division où les villes peuvent se trouver ; l'effet des révolutions, des calamités passagères ou permanentes.

Toutefois, pour ne pas être taxé de partialité , de prévention exclusive , accusé de cacher la lumière sous le boisseau : — quand je présenterai le résumé de mes projets *avec moteur hydraulique* , je mettrai en parallèle l'effet pareil de la machine à feu , *tout en accordant une réduction de moitié dans la moindre consommation actuelle du combustible , c'est-à-dire , en la réduisant de quatre kilogrammes à deux , par heure et par force de cheval.* On ne saurait exiger davantage quand il s'agit de nos localités , avec nos qualités courantes de charbon, avec nos ouvriers , nos chauffeurs , c'est-à-dire avec le combustible et le personnel que nous avons sous la main , dont nous pouvons disposer.

Nous indiquerons de plus le seul emplacement où il soit raisonnable de placer une machine soit hydraulique , soit à vapeur , ce qui n'était pas facile à déterminer, et ce qui est peut-être le point le plus utile de nos recherches.

Pour donner , en terminant ce paragraphe , la sanction la plus importante à nos opinions, nous dirons :

Que, dans une aggrégation municipale de trois cent mille âmes ;

Dans la seconde ville de France , où se trouvent des savants , des hommes spéciaux , des industriels habiles , des administrateurs éclairés , des ingénieurs exercés ; où l'on veut , pour le service public , adopter les machines à vapeur , parce qu'on trouve trop de difficultés à disposer les lieux pour des appareils hydrauliques , — à Lyon , en un mot ;

Quand on a dressé le programme des conditions pour les compagnies qui voudraient concourir à l'établissement du service municipal des eaux , on est parti des bases suivantes pour fixer la mise à prix sur laquelle les rabais devaient être proposés :

1° D'une consommation de quatre kilogrammes de houille , par heure et par force de cheval ;

2° De la probabilité d'une augmentation prochaine dans le prix de ce combustible , qui , de vingt-cinq francs la tonne , ne manquerait pas d'arriver bientôt à trente....

A Lyon , les ingénieurs , les constructeurs , les industriels , n'ignorent sans doute ni les perfectionnements récents de la machine à vapeur , ni tout ce qu'on s'efforce d'y ajouter.

Qu'est-il advenu cependant ?

Il s'agissait , pour la fourniture municipale des eaux , de s'engager pendant cinquante ans sur des bases qui paraissent peut-être plus que raisonnables aux partisans des machines à feu :

Et cependant , au jour dit , aucune compagnie ne s'est présentée pour traiter aux conditions du programme de l'administration , et encore moins pour consentir à un rabais (1).

(1) M. Burdin annonce qu'en 1836, il s'est occupé de l'air chaud comme moteur, avec des pièces analogues au diaphragme en toile métallique d'Ericson.

En 1846, M. Liais a recherché d'après quels principes doit être construite une machine à air chauffé, pour donner lieu, avec le plus grand effet, à la moindre dépense de combustible.

En 1847, M. Lemoine établit à Rouen une machine à air, dilaté par la chaleur qu'absorbaient des toiles métalliques réchauffant l'air froid de nouveau.

En 1849, M. Lobereau a fait marcher à Paris une machine à air chaud.

M. Wargny-Dionis prétend avoir trouvé le moyen, non-seulement de supprimer la va-

V.

Des moyens de conduire de l'eau potable au loin,
sans qu'elle se détériore.

J'ai toujours soutenu que pour approvisionner les villes d'eau salubre, pour obtenir un liquide potable, il fallait que les canaux adducteurs , sur-

peur et tous ses dangers comme force motrice, mais encore la nécessité du combustible.

M. Belleville se contente d'annoncer que ses appareils, qui fonctionnent près de Saint-Denis, produisent une économie de moitié sur le charbon.

M. Galy-Cazalat cherche à prouver par le calcul, que la faible économie produite par le régénérateur d'Ericson est annulée par la résistance que les toiles de cuivre opposent à la sortie de l'air chaud que M. Lemoine prétend employer comme force motrice par un système plus simple que celui du capitaine suédois.

M. Liais trouve que les essais de MM. Lobereau et Ericson ne sont nullement concluants ; que la machine de celui-ci dépensera presque autant de combustible qu'un appareil à vapeur de même force. Quant à lui, il espère consommer huit fois moins de charbon en fonctionnant à huit atmosphères, et seize ou dix-huit fois moins à douze atmosphères, qu'avec des machines à vapeur de même pression et de même force. — *Mais les appareils de M. Liais n'ont pas encore été construits....*

D'après les journaux les plus modérés, le système Ericson, [que MM. Liais, Lemoine, Galy-Cazalat trouvent défectueux, économiserait pourtant les neuf dixièmes du combustible !.....

MM. Reynaud , Devaud , Testu pensent qu'on arrivera bientôt à une économie d'au moins cinquante pour cent en pratique , la théorie prouvant d'ailleurs la possibilité d'une réduction bien plus considérable.

Attendons, pour être fixés sur des questions si controversées, le rapport dont l'Académie des sciences a chargé MM. Poncelet, Pouillet, Lamé, Morin, Séguier : la doctrine sera fixée par ces hommes éminents. Mais voici, en attendant, l'avis judicieux que donne le *Moniteur* à ce sujet, avec toute la réserve qui convient aux communications gouvernementales :

« *Des découvertes, qui manquent encore il est vrai de la sanction de l'expérience, mais qui* » *méritent le plus sérieux examen, laissent entrevoir la possibilité de réduire, dans une forte* » *proportion, la consommation du combustible.......* »

Malgré les lois soit encore ouverte, que les discussions théoriques n'aient pas cessé, j'admets une grande amélioration pratique et prochaine.....

Mais, comme les meilleurs résultats n'arriveront que lentement jusqu'à nous ;

Comme je crois que, pour les appareils à feu les mieux perfectionnés, il faudra toujours du charbon, un personnel nombreux, des soins intelligents et continus ;

Comme l'établissement et l'entretien en seront coûteux encore, je ne conseillerai pas tout lorsqu'ils ont un long parcours dans les pays chauds, fussent mis à l'abri du soleil et des intempéries, qu'on les maçonnât, les couvrît, les enfouît autant que possible.

Je lis avec étonnement, dans un journal de la localité l'argumentation suivante :

« ..... Il n'appartient qu'à la suprême intelligence, qui a tout créé,
» d'atteindre tout d'un coup à la perfection, *et pourtant, Dieu n'a pas*
» *voûté les fleuves, les rivières, les simples cours d'eau; il n'y a mis ni*
» *radiers ni pieds-droits, et c'est par des crapaudières, puisqu'on veut*
» *appeler ainsi les canaux creusés dans la terre, qu'il nous donne les eaux*
» *qui nous alimentent, qui fécondent le sol et qui nous enrichissent...*

» Le canal industriel du Gard pourrait débiter plus de trois mètres cubes
» par seconde (plus de 15,260 pouces !...), *et en supposant le débit*
» *réduit au tiers de ce volume pendant l'étiage,* la vitesse de l'eau serait
» encore de cinquante-six centimètres par seconde, c'est-à-dire supérieure
» à celle des rivières navigables.....

» Si nous parlions de la facilité que présentent la surveillance et l'en-
» tretien d'un canal ouvert à la place d'un aqueduc enfoui sous le sol,
» il serait aisé de dire *quel serait celui qui conviendrait le mieux aux*
» *reptiles aquatiques.....*

» Au reste, la question est aujourd'hui nettement posée : — la ville
» doit-elle se contenter de cinq à huit cents pouces d'eau pour son alimen-
» tation, ou bien lui faut-il en même temps des chutes d'eau considérables
» qui lui donnent les moyens de soutenir son industrie et de la transformer
» au besoin ?

» Quand il s'agit de la prospérité d'une ville, *quelques millions de*

moins aujourd'hui, comme je l'ai fait il y a sept ans, de préférer, pour approvisionner une ville d'eau, un aqueduc sans machine, si son établissement est possible ;

Et, à défaut de recourir à des appareils mis en mouvement par une chute d'eau. On n'aura jamais à se repentir d'une décision pareille.

(Voy. *Annales des Mines* de 1836. — *Moniteur* des 14 mars et 24 avril derniers. — *Gazette de France* du 25 avril. — *Comptes-rendus* de l'Académie des sciences, t. XXXVI, p. 260-263-298-336, etc.)

» *plus ne sont rien* , surtout si les revenus qu'ils doivent produire s'élè-
» vent à dix pour cent des capitaux employés..... (1) »

Dans un travail de généralités , je ne puis transcrire tout l'article qui
fourmille de singulières erreurs ; je ne relèverai donc que celles qui ont
trait au contenu de ce paragraphe.

Les rivières , les fleuves n'ont sans doute ni voûtes, ni radiers , ni pieds-
droits ; — mais si leur eau ne se corrompt pas, cela tient à son volume et à
la rapidité de sa course.

Quant aux simples ruisseaux qui s'amoindrissent beaucoup en été , lorsqu'ils ne roulent pas sur un fond de gravier et qu'ils n'ont qu'une très-
faible pente , comme celle des aqueducs , il vaudrait mieux pour le voisinage qu'ils fussent complétement à sec ; car *les herbes et les reptiles
les envahissent , leur eau se détériore et exhale souvent des miasmes dangereux.*

Tel canal , tel cours d'eau qui féconde et enrichit le sol au printemps,
est fréquemment en été , en automne , une cause d'insalubrité pour toute
une contrée ; d'ailleurs , les habitants se gardent bien de s'abreuver d'un
semblable produit.

Que font-ils dans ces circonstances? Une chose bien simple : ils ont recours
à l'eau pure et fraîche des sources , qui ne sont rien autre que *les aqueducs
souterrains de la nature* , ayant le plus souvent voûte, pieds-droits et
radier de la roche la plus solide , — - tant il est vrai que , quand l'homme
croit inventer , il en est réduit , bien plus qu'il ne le croit , à l'imitation
imparfaite des œuvres du Créateur. Là où les sources manquent, on creuse
des puits qui ne sont, eux aussi, que des espèces de regards ouverts sur
des canaux enfouis , sur les veinules intérieures de la terre. — Tels sont
les faits dans leur réalité.

Nous savons bien que les canaux d'irrigation sont une source de
richesse pour le sol brûlant de la Provence ; mais on ne les a pas construits
pour l'alimentation des villes auxquelles , dans certaines saisons , ils seraient loin de fournir une bonne eau potable.

(1) *Gazette du Bas-Languedoc* du 3 décembre 1852.

Bien que le canal de Marseille roule huit à dix mètres cubes de liquide, son produit laissera toujours beaucoup à désirer comme eau ménagère. Même après la construction ruineuse des bassins de repos et de rafraîchissement, il faudra que chaque consommateur se soumette aux frais et aux ennuis de la filtration artificielle à domicile. Et, cependant, la Durance prenant sa source dans les glaciers des Alpes n'est pas réduite pendant l'été à un volume infime, et ses eaux rapides ne s'altèrent pas dans leur propre lit sous l'influence de la chaleur, comme il arrive à la plupart des rivières, des ruisseaux de notre voisinage, que des neiges persistantes n'alimentent pas toute l'année.

Vouloir — « conduire au pied de la Tourmagne l'eau du Gardon » — c'est une prétention injuste et bien ambitieuse ; car les riverains ne peuvent s'en passer, et cela coûterait beaucoup trop cher ;

« En dériver un mètre cube à l'étiage » — est chose tout à fait impossible : nous l'avons clairement prouvé ;

Amener ce qu'on pourra « dans un simple fossé creusé dans le sol », — c'est laisser l'industrie en chômage à l'époque des vrais besoins, et fournir à la boisson et aux usages domestiques de notre ville, de l'eau pernicieuse pendant l'été.

Ce qu'on a fait une fois peut être fait encore : on risque moins de s'égarer sur les sentiers battus que dans des directions nouvelles. On peut faire mieux que les Romains, sans doute ; mais il faut se garder de faire plus mal, et, quant à leurs constructions, elles étaient en général assez solides pour qu'il y ait profit à les restaurer, alors qu'on en trouve plus de la moitié sur pied encore utilisable.

Quoi qu'on en dise, un fossé creusé dans le sol, un canal découvert à pente faible, ne roulant que peu d'eau dans la saison brûlante, ne peut être que promptement envahi par la végétation et les reptiles aquatiques ; ne peut fournir, pour la boisson, un aliment salubre à l'étiage.

L'eau se corrompt sous l'influence de la lenteur de sa marche et de son peu de volume, quand elle est à découvert. Chez les anciens, le Phase, au cours trop lent, était renommé pour son insalubrité ; les eaux de la Saône sont impotables à Lyon. Les filtres découverts de Toulouse furent

envahis dès la première année par les reptiles et les plantes aquatiques :
M. Daubuisson fut obligé de les faire enfouir.

Les ruisseaux de notre pays roulent peu d'eau en été , mais en général
ils ont beaucoup de pente. Dans la plaine , quand leur déclivité devient
très-faible , ceux que le soleil ne dessèche pas sont souvent des causes
funestes d'insalubrité pour le voisinage , et , dans tous les cas , on se garde
bien d'y recourir pour la boisson.

On assure « que le canal qu'on baptise *Industriel du Gard* pourrait
» débiter plus de trois mètres cubes par seconde et qu'en supposant la
» réduction , à l'étiage , au tiers de ce volume , la vitesse de l'eau serait
» encore de cinquante-six centimètres par seconde... »

Le bas étiage du Gardon d'Anduze étant de trois mille pouces , — les
étiages extrêmes de deux mille , comment prendra-t-on plus de quatre
mille pouces d'eau quand la moitié n'existe pas ? Et ne doit-on pas forcément laisser dans le lit de la rivière ce qui est indispensable aux usages
industriels, agricoles , à la salubrité des habitants nombreux d'une aussi
belle vallée , c'est-à-dire toute l'eau qui s'y trouve et qui est loin d'être
surabondante aux époques d'aridité?

Moins il y a de liquide dans le lit du torrent , plus les graviers s'échauffent et plus l'évaporation dans l'atmosphère est active. D'ailleurs, quand le
Gardon d'Anduze ne roule que trois mille pouces, et à plus forte raison
quand il n'en a que deux mille , l'eau est chaude , fade , impotable.

Il est impossible de dériver du haut-Gardon à l'étiage , ni cinq mille ,
ni quatre , ni trois , ni deux mille pouces ;

Il est impossible d'y trouver , dans la saison brûlante, de l'eau propre
à la boisson ; et quand on passerait sur la mauvaise qualité , on ne pourrait y prendre même mille pouces.

En effet , cette quantité restreinte serait souvent la moitié du débit total,
et, après ce détournement : — il ne resterait que mille pouces dans le lit
de la rivière , lesquels seraient évaporés sur des graviers ardents, avant
que d'arriver à Ners.

Quelques flaques d'eau subsisteraient sans doute dans les parties basses
du lit (les *Gourds*) ; mais ce liquide serait bientôt corrompu et le pays ne

8

manquerait pas d'en ressentir les funestes conséquences ; on ne peut traiter ainsi les populations riveraines.

Quant au prétendu *canal industriel* lui-même , *comme il ne recevrait que mille pouces, réduits à cinq cents entre ses berges brûlantes avant que d'arriver à Nimes*, ce ne serait plus un canal moteur d'usines , comme on le promet , mais seulement une fosse adductrice d'eau corrompue qu'il faudrait pourtant distribuer dans les quartiers élevés de la ville pour la boisson des citoyens.

Pourrait-on révoquer en doute cette insalubrité ? — mais l'eau se détériore dans le lit naturel du Gardon , même quand le volume en est double, triple, quadruple de ce que contiendrait la rigole , et pourtant ce lit étant partout de sable et de gravier , nulle végétation ne s'y développe : la mousse s'y forme seule sous l'influence de la diminution du produit, du ralentissement de sa marche et de l'intensité de l'action solaire.

Que sera-ce dans un bief ouvert dans la terre végétale , assez large pour conduire en hiver quinze mille pouces d'eau à Nimes , alors qu'en été sa portée sera réduite au quinzième ou au trentième de ce volume ? Évidemment , ici, pour éviter la végétation et les reptiles , un canal maçonné serait indispensable.

Dans le Gardon , malgré que le moindre débit soit de deux mille pouces aux environs d'Anduze , — malgré que le lit soit de sable pur , puisque chaque inondation le renouvelle ; — que la pente soit considérable , — l'eau se détériore pendant les chaleurs. Que sera-ce dans un canal où l'on n'introduira que le tiers du débit d'été du torrent , dont le fond et les bords , qui s'envaseront peu à peu , ne seront jamais renouvelés , où la marche du liquide sera gênée et ralentie par une végétation active et touffue , — *dont la pente sera bien moindre que celle de la rivière.*

Pour ce dernier point , il est, en effet, de toute évidence qu'en suivant à une certaine élévation les courbes horizontales du haut de la vallée , le canal aura bien plus de sinuosités et de développement pour aboutir d'Anduze à Nimes , que le lit du Gardon n'a d'inflexions et de longueur entre Anduze et le Pont-du-Gard. Or , en ce lieu , la ligne d'étiage est à 19 m. 80 au-dessus du niveau de la mer , et les hémicycles de la

Fontaine de Nimes sont à 51 m. 49 d'altitude, d'où il en résulte que , même pour ne déboucher qu'à ce point, le canal projeté devrait avoir 51 m. 69 de pente de moins que la rivière. Mais ce n'est pas seulement au niveau des hémicycles qu'on veut faire arriver ce bief , c'est à cinquante-six mètres plus haut , afin de créer les chutes d'eau promises ; — c'est donc près de quatre-vingt-huit mètres qu'on veut gagner sur la pente de la rivière : ce qui me semble peu propre à augmenter la vitesse de l'eau , alors surtout que le canal artificiel doit avoir un développement plus considérable que le cours naturel du torrent.

Ce que je ne puis comprendre, c'est que l'auteur du projet que je combats ait écrit ce qui suit :

« L'aqueduc romain, avec son tracé défectueux, ses coudes brusques , sa faible pente, *ne permettrait pas à l'eau de se mouvoir, même avec la vitesse qu'exige la salubrité.....* »

Certes, dans l'aqueduc romain, nous pouvons accorder toute la lenteur de mouvement qu'on voudra supposer , sans que la salubrité de son contenu ait à en souffrir le moins du monde, et l'eau, quoi qu'on en dise , se conserverait pure, excellente , même dans un état d'immobilité complète.

Est-il besoin de le prouver ? — Chacun connaît le produit des citernes ; ignore-t-on les récipients immenses dans ce genre construits depuis l'antiquité la plus reculée , par les Romains , par les Grecs, par les Arabes , par les Hébreux, par tous les peuples du monde, surtout dans les pays secs et chauds ? Plusieurs de ces vastes constructions fonctionnent parfaitement encore après des milliers d'années d'existence. On ne boit presque que de l'eau de citerne à Venise. La citerne du Palais ducal est aussi remarquable par sa capacité que par les soins qu'on a mis à sa construction ; le public y puise à volonté l'eau qui lui est nécessaire ; mais les plus belles citernes connues sont celles que bâtirent à Constantinople les empereurs grecs. L'une d'elles, dite des *mille et une colonnes*, a une capacité égale à 1,288,000 m. c. , les voûtes en sont supportées par 424 pilliers disposés sur deux rangs. Toutes recevaient directement leurs eaux des aqueducs de Justinien et de Valens. Quand Delon, quand M. Valz proposaient de transformer l'aqueduc en réservoir, d'y renfermer pour la saison chaude les eaux abondantes qui dégorgent du Fouze pendant l'hiver, ils ne croyaient assurément pas que, dans un aqueduc pavé, maçonné, voûté, enfoui, l'eau se corrompît quand elle chemine lentement : — *pas même quand on l'y retient immobile !...*

Qu'un canal découvert, creusé dans le sol, qu'il faudra dégravoyer après chaque orage, faucarder tous les trois mois ; dont les berges, ravinées par l'eau pluviale, s'affaisseront par la gelée, « *soit d'une surveillance* » *et d'un entretien plus faciles qu'un aqueduc maçonné et enfoui*..... » c'est encore, à mon avis, une assertion bien étonnante ; mais qui l'est moins que ce qui suit : — « *Il serait aisé de dire quel serait celui des* » *deux canaux qui conviendrait le mieux aux animaux aquatiques*..... » — Et l'on conclut que c'est l'aqueduc romain !.....

Pourquoi ne pas ajouter les plantes aux animaux ?

Je n'ai pu trouver nulle part, dans mes observations, dans mes lectures, que les reptiles eussent envahi les aqueducs enfouis et maçonnés, soit antiques, soit modernes, pas plus que les végétaux aquatiques qui pourtant incommodent beaucoup les propriétaires des canaux découverts, qui détériorent le liquide et en ralentissent le cours.

Non, ce n'est point un aveugle engoûment pour les constructions romaines qui nous fait réclamer le rétablissement de l'aqueduc d'Uzès ; c'est la ferme conviction où nous sommes de la nécessité d'un établissement pareil pour l'approvisionnement de Nîmes, heureux de pouvoir restaurer l'antique monument sans d'énormes dépenses, tandis que la construction, faite de toutes pièces, d'un aqueduc placé ailleurs dépasserait de beaucoup les ressources.

Pour moi, comme pour M. Jouvin, « *la question est nettement posée ;* » — mais je la résous autrement.

Dans ma conviction, la ville de Nîmes doit se contenter *actuellement* de cinq cents ou de huit cents pouces d'eau pour son alimentation, pour son industrie, parce que maintenant elles n'en réclament pas davantage.

Si, plus tard, on a besoin de treize cents pouces, on pourra les *obtenir* en réunissant à celui de mes projets qu'on aura exécuté le premier (adduction de la fontaine d'Eure, ou puisage au Pont-du-Gard), celui qu'on aura laissé en arrière. Le point indispensable sera de cicatriser la plaie faite au budget par l'entreprise d'abord réalisée, car ce n'est qu'alors qu'on pourra s'occuper de la seconde.

Enfin, après un repos plus ou moins long, on pourrait, si on le voulait, élever au Pont-du-Gard, par l'action de la vapeur, le complément d'eau nécessaire à l'entière portée de l'aqueduc romain, c'est-à-dire verser en tout, par seconde, un demi-mètre cube d'eau à Nimes, ce qui serait assurément une magnifique fourniture.

Mais, ce que l'on peut faire en deux ou trois fois, on ne peut pas l'exécuter en une seule; il est des appels de fonds auxquels le budget municipal ne saurait satisfaire tout d'un coup, et c'est là ce qui fait le mérite, comme nous ne cessons de le répéter depuis douze ans, des entreprises partielles, sagement combinées, isolément productives et conduisant peu à peu au but définitif, à mesure que les besoins s'en font sentir et qu'il est possible de pourvoir à la dépense.

Quant — « à des chutes d'eau du volume indiqué, dérivées du Gardon, » descendant de cinquante-six mètres le long des coteaux dans le voisinage » de la Tourmagne, et mettant en action de nombreuses usines..... » Nimes ne les aura jamais...., parce que la rivière indiquée n'en peut pas plus fournir les éléments, que la ville n'en pourrait supporter la dépense.

Heureusement que la prospérité locale n'est nullement subordonnée à ce projet. Ne nous berçons pas d'espérances non moins chimériques *que le revenu de dix pour cent* promis à ceux qui engageraient leurs capitaux dans cette entreprise.

Nous aborderons la question financière dans un autre article; nous terminons celui-ci en disant :

Même avec beaucoup d'eau, un canal creusé dans le sol, découvert, et qui a peu de pente, ne donne qu'un liquide inférieur en qualité, témoin le canal de l'Ourcq, qui débite pourtant trois mètres cubes.

Non-seulement les peuples anciens, mais ceux de tous les âges et de tous les pays, ont reconnu que, pour avoir de la bonne eau potable, c'està-dire non glacée en hiver, fraiche en été et toujours pure, il faut, pour peu que sa provenance soit éloignée, qu'elle arrive dans des conduits maçonnés et enfouis.

« *Ce ridicule de l'imitation antique* », — si la qualification était juste, — serait une faute dont tout le monde se rendrait coupable ; car, dans tous les temps, et jusque dans les moindres villages, — tant le plus important aqueduc que la simple conduite en poterie des modestes fontaines bannales, — sont partout maçonnés, enfouis afin de soustraire le liquide destiné à la boisson à toute influence nuisible de la malveillance, des accidents, de la chaleur, des météores. On cache même, sous le sol, les tuyaux de plomb et de fonte. Une fontaine, dans l'intérieur de nos cités, est comme les sources en pleine campagne : pour être bonne, l'eau doit jaillir des profondeurs de la terre.

Quand de simples tuyaux suffisent à l'approvisionnement d'un village, celui d'une ville réclame la construction d'un aqueduc.

J'ai fait connaître celui que Dijon a édifié d'après le type romain et qui mérite tous nos éloges ; j'ai fait aussi la description de celui de Gênes, bâti à l'imitation d'un aqueduc antique voisin. Pour conserver quelques usines, on a cru pouvoir laisser à découvert une parcelle de celui-ci, et l'on s'en repent malgré que la portion non voûtée soit peu considérable, qu'elle se trouve au voisinage des sources, et, par conséquent, au point le plus éloigné de la ville.

Le liquide est souvent trouble à la suite des pluies ; il est trop froid en hiver, il s'échauffe trop en été. Le riche le dépure par le repos, le rafraîchit dans des citernes, le filtre même dans son habitation ; mais le peuple est approvisionné d'une manière nuisible, parce qu'il ne peut user des mêmes procédés.

Pour remédier à des inconvénients aussi graves, Gênes veut couvrir son aqueduc tout entier ; toutefois, comme la dépense sera considérable, on recule d'année en année, ou l'on ne procède que par très-petites fractions.

Nul doute que tous les auteurs de projets de fourniture d'eau pour Nimes n'eussent adopté de préférence les aqueducs maçonnés et enfouis, si la dépense n'y avait mis obstacle. *Comme les constructions à faire, quelque indispensables qu'elles soient, apporteraient à certains devis* des

augmentations par millions, on aime mieux passer cette portion de l'en-
treprise sous silence : — car on sait bien que , dans les limites des ressources municipales, s'il faut se soumettre à toutes les règles d'une bonne
exécution , — *il n'y a de réellement praticable que la reconstruction*
partielle ou totale de l'aqueduc romain.

«Nous devons poser en principe, dit M. Guérard , qu'il convient de couvrir les réservoirs et d'enterrer les conduites à une profondeur suffisante,
soit pour soustraire celles-ci aux grandes variations de température auxquelles participe le sol jusqu'à un mètre et plus au-dessous de sa surface,
soit pour abriter ceux-là pendant la saison chaude contre l'action des rayons
solaires, et afin d'arrêter dans leur chute les feuilles, les insectes qui, en
se décomposant, pourraient altérer la pureté du liquide (1). »

« Pendant l'hiver de 1838, la contraction des tuyaux fut un jour à
Dôle tellement considérable, qu'il s'en rompit vingt-trois presque simulta-
nément : ils n'étaient pas assez profondément enfouis (2). »

« L'eau qui abreuve les habitants de *La Valette* , dans l'île de Malte , y
arrive de *Civita-Vecchia* par un aqueduc en pierre porté hors de terre
dans un espace de quatre mille pas et plus : cette eau est très-désagréa-
ble en été à cause de sa chaleur. Il en est de même à Villefranche dans
le voisinage de Nice (3). »

« M. Charles Tessier a visité un aqueduc très-remarquable , dont les
ruines se trouvent dans la plaine d'*Aspendus.* Les eaux renfermées dans
des conduits en pierre descendaient sur des arches rampantes , traver-
saient la vallée dans un canal horizontal , et remontaient ensuite sur d'autres arches inclinées, pour aller s'épancher dans les citernes de l'ancienne
ville. — Ce système paraît avoir été introduit chez les Ottomans par les
princes de la Karamanie, qui passent pour avoir les premiers , depuis
l'ère chrétienne, employé des tuyaux fermés pour la conduite des eaux.
Aujourd'hui, on en fait usage dans toute l'Anatolie (4). »

(1) Guérard. — *Du choix et de la distribution des eaux dans une ville*, p. 46.
(2) Terme. — *Des eaux potables*, p. 164.
(3) Fodéré. — *Traité de médecine légale et d'hygiène publique*, tome VI, p. 845.
(4) *Voyage en Orient*, tome III.

Cet aqueduc, étant fermé de partout, fournissait de l'eau pure ; et quand elle était chaude, cet excès de température disparaissait dans les citernes immenses destinées à la recueillir.

Les anciens construisirent sans doute quelques aqueducs sans voûte ; mais toujours maçonnés. Nous pouvons citer comme exemple une belle et utile construction romaine, *qui fonctionne encore aujourd'hui après deux mille deux cent cinquante ans d'existence* : elle est destinée à dégorger le trop-plein des eaux du lac d'Albano, et à prévenir des inondations fâcheuses. Le canal de l'ancien cratère volcanique, aujourd'hui plein d'eau, qui va jusqu'au Tibre, a deux mètres de hauteur et 1 m. 15 de largeur. Il attaque la montagne en percé, sous le nom d'*Emissario*, au-dessous de la ville de Castel-Gandolfo, à 180 mètres plus bas que le bord le plus déprimé du cratère. La galerie au travers de la roche volcanique a de quinze cents à deux mille mètres de longueur.

Un aqueduc monumental des temps modernes est celui que Vanvitelli construisit dans le milieu du siècle dernier pour amener, d'une distance de quarante kilomètres à travers le mont Garzano, une véritable rivière jusqu'au château de Cazerte. On y trouve un percé de mille mètres, une arcature de cinq cents mètres de long et de cinquante-six de hauteur ; il alimente une superbe cascade, plusieurs pièces d'eau dans les jardins royaux et fournit enfin au vaste système d'irrigation qui féconde la plaine d'*Afragala*, ville de treize mille habitants, dont le principal revenu est la production des fraises destinées au marché de Naples.

Mais, ni l'*Emissario* terminé en deux ans par F. Camillus, ni l'aqueduc de Vanvitelli, n'ont été destinés à alimenter une ville d'eau potable.

Nous avons plusieurs fois indiqué le temps nécessaire à la clarification des eaux des torrents et des rivières troublées par les débordements ; M. Guérard nous fournit encore des exemples confirmatifs de ce que nous avons avancé.

« On peut déduire des expériences très-intéressantes et des calculs faits » à Bordeaux, par M. Leupold, qu'après dix jours de repos absolu, l'eau » de la Garonne, prise en temps de crue ou de *souberne*, ne serait pas » encore revenue à sa limpidité naturelle. Au commencement, il est vrai,

» les plus grosses matières se précipitent très-vite, mais les plus fines
» descendent avec une lenteur désolante (1). »

« M. Terme ayant fait faire à Lyon, sur l'eau du Rhône très-chargée
de matières limoneuses, des expériences semblables à celles que nous venons de citer, est arrivé aux résultats que voici : — « Pour une limpi-
» dité approximative, cinq ou six jours suffisent; mais ce n'est qu'après
» neuf ou dix que le liquide est entièrement dépouillé de toute matière
» en suspension (2). »

« D'après ces expériences, on voit quelle étendue on serait obligé de
donner aux bassins dans lesquels on recevrait les eaux destinées à l'alimentation d'une grande ville, pour leur laisser le temps de se clarifier par le
repos (3). »

S'il s'agissait de Nimes, par exemple; si l'on y conduisait de l'eau
trouble du Gardon ou du Rhône, et si l'on voulait la laisser clarifier ainsi :
— quand la fourniture ne serait que de six cents pouces, on recevrait
douze mille mètres par jour, et, pour les dix jours nécessaires à la clarification, il faudrait un bassin d'une capacité de cent vingt mille mètres
cubes, couvert et enfoui, sans quoi l'eau perdrait en qualité, exposée à
la lumière, à la chaleur et à l'air, plus qu'elle ne gagnerait en limpidité.
Et remarquons, en passant, que les eaux du Rhône ne sont jamais plus
troubles que pendant les chaleurs de l'été, par suite de la fonte des
neiges et de l'impétuosité des torrents qui ravinent alors le flanc des Alpes.

Ainsi, en dernière analyse, disons avec M. Arago : — « que le repos
» ne peut pas être adopté comme méthode définitive de clarification de
» l'eau destinée à l'alimentation des grandes villes; ce n'est qu'un moyen
» de la débarrasser de tout ce qu'elle renferme en suspension de plus lourd
» et de plus grossier. C'est à ce point de vue seulement que des bassins,
» que des récipients de dépôt ont été préconisés et établis en Angleterre
» et en France (4). » — Et c'est dans le même but sans doute que Mar-

(1) Arago, *Rapport à l'Académie des sciences*, — Comptes-rendus de 1837, t. v, p. 193.
(2) Terme, *Des eaux potables*, p. 39.
(3) Guérard. — *Du choix et de la distribution des eaux*, p. 20.
(4) Arago, *loc. cit.*, p. 98.

9

seille construit les bassins immenses destinés à recevoir les eaux de la Durance à leur arrivée dans la ville, puis successivement sur plusieurs points élevés, centres de distribution pour les quartiers divers.

Il est aussi difficile de rafraîchir l'eau que de la clarifier.

Nous avons vu que lorsqu'il s'agissait d'approvisionner Nîmes avec celle du Gardon prise à Boucoiran, l'objection du manque de limpidité pendant les crues et celle de l'élévation de la température en été furent plusieurs fois posées.

Diverses commissions municipales, ne pouvant méconnaître la réalité de ces inconvénients, cherchèrent à les pallier en disant : — *Les eaux se clarifieront par leur séjour dans le canal d'amenée ;*

Elles se rafraîchiront par leur passage dans les souterrains...

Erreurs évidentes, illusions complètes. Le parcours, dans le canal d'amenée, se faisait en un jour environ ; tandis que, pour la dépuration de l'eau, il aurait fallu un repos complet pendant dix.

L'eau, se renouvelant sans cesse, ne restait que sept à huit heures dans les souterrains : — nous allons voir combien peu cette circonstance pouvait influer sur sa température.

L'eau ne se refroidit que très-lentement, même lorsqu'elle est retenue immobile dans un réservoir souterrain ; en effet : — celle de la source du Rozoir arrive à Dijon par un canal enfoui de maçonnerie de quatorze mille mètres de longueur ; elle fournit huit cents pouces en hiver et deux cent cinquante en été ; la source est enfermée sous une voûte qui la préserve du contact de l'air extérieur, de manière à maintenir en toute saison sa température initiale, et les mêmes précautions ont été prises pour l'aqueduc de dérivation qui, voûté, se trouve constamment recouvert d'une couche de terrain d'un mètre, excepté sur trois ponts, et une arcature aux abords de la ville. Eh ! bien, dans ces conditions, soit en hiver, soit en été, quand le thermomètre varie à l'extérieur de dix degrés au-dessous de la glace fondante à trente degrés au-dessus, *l'eau, dans l'aqueduc de Dijon, reste constamment à dix degrés de température.*

Dans l'intérieur de la ville, où les conduites sont en fonte et se trouvent moins enfouies, où le volume d'eau qui les parcourt est peu considérable pour chacune , — la variation de température du jour à la nuit, de l'hiver à l'été , commence à être appréciable , mais elle a bien peu d'importance ; et, ce qu'il y a de remarquable : l'effet de la chaleur du jour n'élève la température de l'eau que la nuit suivante , comme la fraîcheur de la nuit n'influe que le jour d'après. Le fluide qui coule dans l'intérieur des conduites est , en somme , très-peu modifié par l'action de la température extérieure , et au bout de douze heures seulement. — M. Darcy , ayant fait interrompre la circulation dans les conduites du puits de Grenelle, il a reconnu que, par un froid extérieur de quatre degrés , la température de l'eau étant de 26° 50 au pied de la colonne descendante , n'avait baissé que de 1° 70 après huit heures d'immobilité (1). En voici la raison : Malgré que la fonte dont les tuyaux sont formés soit un bon conducteur de la chaleur, comme l'eau qui les remplit et le sol qui les entoure la conduisent fort mal , il n'y a presque pas d'échange de l'un à l'autre à travers les parois.

Des sources donnent à Chaudes-Aigues, dans le Cantal, de l'eau à quatre-vingts degrés au point le plus élevé de la ville. Un réservoir les reçoit et , de là , des tuyaux en bois de pin, suivant les deux côtés des rues, fournissent à chaque maison l'eau nécessaire au chauffage. Pour cela , sous les pièces du rez-de-chaussée se trouvent des bassins recouverts de dalles : ces bassins communiquent entre eux d'une pièce à l'autre , et le degré de chaleur dépend du plus ou moins d'eau de source qu'on y reçoit et qu'on y fait circuler. Cette chaleur , qui peut aller de 22 à 26 degrés , est pour le chauffage des habitants une économie que M. Berthier estime pareille au produit en combustible d'une forêt de chênes d'au moins cinq cent quarante hectares (2). L'eau n'est pas refroidie quand elle arrive aux dernières maisons du bourg.

Ne résulte-t-il pas des faits que nous venons d'exposer deux choses importantes ?

La première que, quand on dérive pour une ville des eaux troubles et impures , comme le sont si souvent celles du Rhône ou du Gardon , on ne

(1) *Bains et lavoirs publics.* — *Rapports*, etc. — Paris, 1851 , in-4°, p. 82.
(2) Chevalier. — Annales d'hygiène, XLIII , p. 223.

peut espérer de les voir se clarifier convenablement dans le canal d'amenée, quelle qu'en soit la longueur ;

La seconde que, lorsqu'on dérive des eaux glacées d'une rivière, dont la température s'abaisse encore dans la rigole d'adduction, — ou quand on prend des eaux à une température élevée, qui s'échauffent de plus en plus dans un canal découvert, on ne doit pas compter que le fluide se réchauffe ou se refroidisse convenablement en cheminant pendant quelques heures dans un souterrain.

Pour avoir de l'eau constamment de bonne qualité, il faut la dériver des sources ;

Pour qu'elle reste limpide, fraîche et pure; en un mot, pour que ses bonnes qualités se conservent, il faut nécessairement qu'elle soit conduite depuis son point d'émergence jusqu'à la ville, dans un aqueduc maçonné, voûté et même enfoui. Tout canal découvert ne peut donner que de détestables produits.

VI.

Des obstacles qui peuvent s'opposer à l'adduction de l'eau.

Nos projets présentent en général peu de ces chances aléatoires qui peuvent bouleverser toute l'économie d'un système, démentir toutes les prévisions de dépense.

Quant à celui que nous recommandons d'une manière toute spéciale, *la reconstruction complète de l'aqueduc romain*, il ne s'y trouverait aucun élément d'incertitude, si nous n'y avions introduit la proposition d'un percé qui n'existait pas dans l'exécution primitive. Mais ce changement est motivé par de grands avantages, tandis que, d'autre part, le souterrain à creuser depuis le Pont-du-Gard jusqu'au vallon de Saint-Bonnet sera très-court, très-peu profond, et que, pour nous garantir de tout mécompte, nous avons eu soin de mettre en réserve une somme à valoir de plus de cent mille francs, c'est-à-dire de nous prémunir contre une dépense double du prix de l'estimation.

Les projets de nos concurrents ne nous offrent ni les mêmes précautions , ni des circonstances aussi favorables.

Les uns veulent établir des barrages au travers du Gardon , pour lesquels il est à craindre que les ouvrages ne soient plusieurs fois détruits en cours d'exécution par des crues subites de ce torrent impétueux , ou même que leur démolition n'arrive alors qu'ils seront achevés.

Sur beaucoup de points , on ne peut répondre que le barrage le mieux construit ne laissera pas échapper l'eau qu'on veut retenir , au travers de la masse des sables et des graviers sur lesquels on sera obligé de l'emplacer.

Mais , s'il est quelquefois impossible d'arrêter et de dévier le courant visible , la rivière qui coule à la surface du sol : n'est-on pas bien moins assuré de saisir ce qu'on appelle *la rivière souterraine* ? L'existence de ce courant invisible est-elle constante partout ; — en connaît-on la force ; — est-on sûr de pouvoir l'intercepter , l'emprisonner pour ainsi dire , l'empêcher de fuir , le forcer de s'élever même de plusieurs mètres au-dessus de la ligne de flottaison de la rivière qui coule à la clarté du jour ; — est-on sûr de pouvoir ainsi , dans les lieux où la rivière véritable est à sec , trouver à volonté une autre rivière inconnue et suffisante pour alimenter un canal de dérivation? Nous ne voyons, dans de pareils systèmes, qu'incertitudes sur incertitudes , et dépenses très-considérables à tenter sur des chances encore plus aléatoires.

Les uns ont un indispensable besoin d'établir des galeries filtrantes ; ils ne peuvent s'en passer vu la mauvaise qualité des eaux dont ils disposent ; mais ces filtres fourniront peu d'eau limpide ou devront être fort étendus : or les filtres considérables coûtent toujours beaucoup d'argent , et des travaux creusés nécessairement dans les graviers voisins de la rivière peuvent être facilement envasés , avariés , mis hors d'usage ou complétement détruits.

La plupart des projets présentés demandant le fluide que leurs auteurs veulent conduire à Nimes à des provenances impures , ce liquide devrait être nécessairement filtré , et, pourtant, aucun des projets ne contient l'estimation de ce que coûterait l'établissement des appareils indispensables. Est-ce oubli , erreur involontaire , crainte de mettre en évidence la dé-

pense , ou les chances d'insuccès de l'entreprise? nous l'ignorons , mais
nous avons dû relever une omission aussi grave.

Certains des canaux d'amenée proposés sont placés de telle manière ,
qu'on doit redouter qu'ils ne glissent sur le flanc des collines , si , sur des
pentes trop rapides , on se contente de les creuser dans le terrain-meuble
sans murailles de soutènement ; ailleurs , de simples fossés doivent être en-
traînés ou comblés par les eaux sauvages ;

Plus loin, bon gré mal gré , ce qu'on présente comme un simple déblaie-
ment de terre , ne sera rien moins qu'un entaillement complet qu'il faudra
pratiquer à grands frais dans une roche dure.

On sait que , sur de longues dérivations, les souterrains sont les travaux
d'art qui présentent les chances les plus dangereuses d'augmentation dans
la dépense. M. Jouvin dit à ce sujet :

« Comme on a beaucoup exagéré la dépense des souterrains, nous
» croyons devoir justifier notre prix par quelques observations.

» Dans le département de l'Aude, on vient d'exécuter tout récemment
» un tunnel de deux mille cent soixante-cinq mètres de longueur dans une
» roche autrement rebelle que celle que nous aurions à exploiter. Cet ou-
» vrage, qui peut amener jusqu'à sept mètres cubes d'eau, n'a coûté en
» tout que deux cent mille francs, y compris les puits d'aérage de douze à
» trente-trois mètres de profondeur, et les faux frais de toute espèce : de
» sorte que le mètre courant de souterrain revient au plus à quatre-vingts
» francs.

» Pour les percés de Boucoiran et de Ners, le chemin de fer a payé le
» mètre cube de déblais de dix à seize francs. En adoptant ce dernier prix,
» notre galerie, ayant cinq mètres et soixante centimètres de section, ne
» reviendrait qu'à quatre-vingt-neuf francs soixante le mètre courant, et
» nous le comptons cent vingt francs.....

» Nous sommes persuadés que l'exécution de notre projet n'excéderait
» pas trois millions..... »

Nous examinerons en détails ce dernier point. — Quant aux souterrains, nous savons très-bien qu'on peut en ouvrir à quatre-vingts francs,
à cent, à cent vingt le mètre courant; il y a quelques années que nous

avons examiné cette question du prix de revient des percés dans chaque nature de roche (1), et nous avons vu que, par l'influence de cette seule cause, le prix du mètre cube pouvait varier de trois francs à trente-trois, ce qui, pour la section de la galerie de M. Jouvin, embrasserait une limite de 16 fr. 80 à 109 fr. par mètre d'avancement. Le prix moyen du relevé fait dans onze mines de France était de 20 fr. 73 et celui des mines des environs de Freiberg de 21 fr. 69 : soit 21 fr. 21 pour la moyenne des deux catégories, ce qui porterait à 120 fr. le mètre d'avancement de la galerie en question.

Mais, si la dépense *ordinaire*, *normale*, pour chaque nature de roche, est une chose *à considérer* : la possibilité *des dépenses extraordinaires* en est une dont il ne faut pas moins tenir compte.

Dans les grands percés, par diverses circonstances accidentelles et qu'on ne peut prévoir à *l'avance*; dont on ne peut, par conséquent, supputer les effets dans les devis, la différence entre l'évaluation et le coût des travaux devient quelquefois énorme, *et c'est là ce qui constitue une chance aléatoire très-redoutable.*

On a cité deux exemples dans les prix normaux ; on en pourrait trouver des milliers.

J'en avais indiqué un d'effrayante augmentation imprévue : je pourrais énumérer beaucoup d'autres cas pareils. C'est l'ignorance où l'on est de la quotité des frais d'exécution que peuvent, en définitive, entraîner les longues galeries, qui éloigne, à bon droit, les forfaitaires des entreprises de cette nature.

Je m'explique : — si l'on a sous les yeux une montagne, si les nivellements, les plans et profils du percé à exécuter ont été régulièrement faits, il se trouvera bien des entrepreneurs qui se chargeront du travail pour un prix déterminé ; *toutefois, sous la réserve expresse que la nature de la roche ne changera pas et que les eaux n'envahiront, en cours d'exécution, ni les puits, ni les galeries.....*

Il est évident que cette réserve doit être faite ; car on rencontre souvent des roches qui, en avançant dans les flancs de la montagne, deviennent beau-

(1) *Histoire des Eaux*, tom. II, p. 437 à 439.

coup plus dures ou plus ébouleuses qu'on ne l'avait cru ; on a vu l'invasion abondante des eaux porter à cinquante, soixante-et-quinze, cent francs le mètre cube de fouilles estimées dix, quinze ou vingt : ainsi, dans des percés de cinq à six mille mètres, plus ou moins, la dépense peut décupler sur la plus grande portion du parcours.

Où trouver des compagnies sérieuses qui assument pleinement, à forfait, sans aucune réserve, de pareilles éventualités ?

Au reste, en indiquant les chances fâcheuses de l'entreprise des grands souterrains, j'ai eu les projets Blachier, Delille, Valz, Perrier, Foëx plus particulièrement en vue que celui de M. Jouvin, qui est, sur ce point, dans une position moins défavorable que les autres.

En effet, plus les percés sont longs, plus leur niveau est inférieur dans le flanc des montagnes, et plus on doit craindre de rencontrer soit des eaux préjudiciables, soit des roches de mauvaise nature qu'on ne pouvait, à priori, reconnaître à l'extérieur.

Quelques circonstances, prises dans les projets cités, me feront mieux comprendre.

Entre le vallon de St-Bonnet et le Pont-du-Gard, je propose le percé le plus court de tous, le moins enfoncé sous la montagne. Il n'a que seize cents mètres de développement, il touche presque à la surface du sol sur plusieurs points, et, pourtant, je mets en réserve, dans mon devis, cent mille francs pour les chances aléatoires de cette œuvre.

Pour le projet de dérivation du Gardon en amont d'Anduze, les souterrains devant avoir environ cinq mille mètres de longueur, devant être tracés plus profondément dans le sein des collines que celui de St-Bonnet, on conçoit qu'il serait sage d'avoir au moins cinq cent mille francs de somme à valoir pour les obstacles éventuels.

La somme à valoir pour les souterrains nécessaires aux dérivations dont le point de départ est le canal Calvière devrait être au moins de douze à quinze cent mille francs, attendu qu'on est obligé d'attaquer les montagnes beaucoup plus bas, et que les souterrains doivent avoir de huit à dix mille mètres de longueur.

Quant au projet de prise d'eau à Russan, comme la galerie qu'il nécessite est la plus longue de toutes ; comme elle doit être poursuivie en pleine roche et sans interruption pendant onze mille mètres à peu près ; — comme elle est la plus profondément située, et que l'augmentation des prix et des chances funestes dépend surtout de la profondeur des puits , — pour se garantir de tout mécompte , *ce ne serait pas trop que de s'assurer d'une réserve de deux millions.* On aurait ainsi des approvisionnements de guerre en rapport avec la longueur de la campagne à entreprendre et les dangers probables des combats qu'on veut livrer.

Mais, je le répète, ce n'est pas spécialement au point de vue des percés de montagne que la dérivation proposée en amont d'Anduze est la moins acceptable. Ce système offre tant d'infirmités sous d'autres rapports , qu'il ne saurait éviter la réprobation la plus complète.

La plus désastreuse des chances aléatoires pour un projet , c'est de ne trouver personne qui veuille se charger de l'exécution.

Or, pour la dérivation en amont d'Anduze , ce malheur est inévitable, dès qu'il est avéré :

Que la promesse d'un mètre cube par seconde à l'étiage , seul moment où ce liquide ait de la valeur , est complétement irréalisable ;

Qu'on n'amènerait à Nîmes que de l'eau impropre à la boisson ;

Que les frais de l'entreprise seraient énormes.

Les mêmes impossibilités se rencontrent pour les dérivations en aval d'Anduze et aux environs de Boucoiran.

Le volume et la bonne qualité de l'eau sont sans doute les conditions fondamentales de l'exécution de tout projet; mais, comme nous le verrons tout à l'heure , la question d'argent, sur laquelle des obstacles imprévus peuvent réagir d'une manière désastreuse, a bien son importance aussi.

J'ai vu de près, en 1847 , tout le mal que l'administration municipale se donnait, pour trouver les moyens de pourvoir à une dépense de deux millions et demi seulement, pour laquelle on lui accordait même un délai de vingt ans,

Et pourtant la situation du pays était prospère.

Quand les avantages des projets qu'on nous oppose seraient aussi grands, aussi certains, qu'ils sont restreints, douteux ou irréalisables , nous ne

10

pourrions dire avec M. Jouvin : — « *Quelques millions de plus ne sont*
» *rien......*»

Une différence de cinq cent mille francs peut faire échouer un excellent
projet, à Nimes comme ailleurs; — ce n'est point une bagatelle que
vingt-cinq mille francs de plus ou de moins à prélever à perpétuité sur le
budget municipal ; — mais que serait-ce si, pour remédier à quelque
obstacle imprévu, pour surmonter les difficultés qu'on ne peut reconnaître
d'avance et qu'on doit sagement redouter dans certains systèmes, dans
ceux surtout où des percés de montagnes sont nécessaires ; que serait-ce,
dis-je, si l'intérêt des sommes qu'il faudrait dépenser en dehors des devis
votés, des sacrifices acceptés, s'élevait à plusieurs centaines de mille
francs ?

MM. Didion et Talabot disaient en 1852 :

« L'exécution du projet de dérivation des eaux du canal Calvière jus-
» qu'à Nimes *doit s'élever à cinq millions à peu près.*

» Nous nous sommes aidés, dans cette estimation, de tous les renseigne-
» ments que nous avons pu recueillir sur les grands percements exécutés,
» soit en France soit en Angleterre, et c'est d'après ces documents que
» nous avons porté le mètre cube de déblais de la galerie de Nimes à cin-
» quante francs. Ce prix paraîtra fort; mais, si l'on veut bien se rendre
» compte de la marche que nous avons suivie dans cette appréciation', on
» le trouvera plutôt trop faible. En effet, nous n'avons estimé qu'à dix
» francs par mètre cube l'accroissement de dépense que ne peuvent man-
» quer de produire les eaux qui afflueront dans une galerie aussi basse, et,
» pourtant, cet article seul a coûté, dans des galeries bien *moins profondes*
» que celle du projet, cinquante francs par mètre cube de déblai de roche.

» Au canal de Saint-Quentin, le souterrain de Riqueval a coûté près
» de cent vingt francs le mètre cube ; il y a tel souterrain en Angleterre
» qui est revenu à trois cents francs, et pourtant le plus grand qui ait été
» exécuté jusqu'ici, celui que nous venons de nommer, ne fait pas en
» longueur la moitié de celui que nécessiterait le projet dont nous nous
» occupons.

» Il est vrai qu'il a été exécuté dans beaucoup de mines des galeries

» immenses ; mais les circonstances sont toutes différentes : d'abord , il y
» a nécessité absolue ; ensuite les travaux se font avec beaucoup de len-
» teur et sur des points déjà pourvus des ouvriers et des machines né-
» cessaires ; enfin , ces grandes galeries ont presque toujours coûté des
» sommes énormes , et des frais pareils n'ont pu être supportés que par
» des entreprises très-productives.

    » L'exécution de pareils ouvrages entraîne des difficultés trop graves ,
» l'estimation en est trop incertaine pour qu'une compagnie puisse l'en-
» treprendre à ses risques et périls. Un projet où l'erreur d'un cinquième
» dans le prix du mètre cube d'un déblai impossible à évaluer exacte-
» ment, produit une augmentation de plus de cinq cent mille francs ; un
» projet où le temps nécessaire à l'exécution ne saurait être déterminé
» d'avance ; un projet qui renferme un ouvrage dont la hardiesse dépasse
» tout ce qui a été fait dans ce genre : — un tel projet ne saurait être
» exécuté par une compagnie , qui ne peut et ne doit aventurer ses fonds
» que dans des opérations où tout peut être prévu et apprécié , du moins
» entre les limites les plus étroites possibles (1)..... »

    Lorsqu'il s'agit de l'approvisionnement d'eau de Toulouse , on rejeta la
dérivation de niveau , la rigole à pente , à cause des longs percés et des
nombreuses arcatures qui eussent été nécessaires pour la réalisation de ce
système ; on préféra l'emploi des machines et d'une chute d'eau pour
moteur.

    Marseille, moins timide, n'a pas reculé devant les chances aléatoires ;
j'ai dit ailleurs les frais énormes du souterrain des Taillades , résultat ino-
piné de l'invasion des puits et des galeries par une grande masse d'eau ; et,
déjà, en 1843, je signalais ce qu'une entreprise aussi hardie avait de re-
doutable pour les finances municipales (2) : mes prévisions n'ont pas été
trompées.

<hr/>

  (1) *Rapport de la compagnie d'études du projet Talabot.*—Papiers de M. de Seynes.
  (2) *Histoire des Eaux*, tome 1er , page 198.

VII.

Dépenses et ressources.

Après les conditions de salubrité et de volume du liquide qu'on veut se procurer, celle de la dépense à faire pour l'obtenir est aussi d'une importance capitale.

Il est sans doute peu d'obstacles qu'on ne puisse surmonter à force d'argent ; — mais les villes sont comme les particuliers, il est des limites pour leurs sacrifices pécuniaires, qu'elles ne sauraient franchir avec sagesse.

Ainsi, la vente volontaire des sources abondantes dont elles auraient besoin peut ne leur être offerte qu'à un prix beaucoup trop élevé ;

L'expropriation, par cause d'utilité publique, de ces fontaines ou de tout autre cours d'eau, peut les entraîner à des indemnités trop considérables ;

Par suite de la distance à laquelle se trouvent les eaux désirées, par l'effet des difficultés du tracé à suivre pour les amener, des accidents, des obstacles qui se rencontrent sur le parcours, la construction de l'aqueduc projeté peut être une entreprise ruineuse ;

L'élévation des cités au-dessus des lieux d'un approvisionnement, sans cela convenable, peut être si grande, que l'établissement et l'entretien des machines et des moteurs réclameraient des frais exorbitants ;

D'autres fois, pour avoir de l'eau potable, il faudrait s'épuiser en subventions d'épuration et de filtrage.

Dans tous ces cas, on doit sérieusement s'enquérir de tous les moyens d'atténuer la dépense, étudier les circonstances diverses avec persévérance, au point de vue de la possibilité, de l'économie, — ne pas craindre même de retarder l'entreprise la plus utile, si l'on n'est pas en mesure de l'accomplir ; — car, s'il ne faut jamais accabler une ville sous le poids de sacrifices pécuniaires excessifs, — d'autre part, il est plus déplorable encore de commencer une opération qu'on se trouve hors d'état de terminer.

Malgré les ressources de son trésor royal, Louis xiv lui-même ne sut pas se mettre à l'abri d'une erreur de ce genre, et l'aqueduc de Maintenon fut conçu sur une échelle si grandiose que de magnifiques travaux, forcément interrompus, ont péri sans résultat, négligés d'abord, puis livrés aux outrages de tous ceux qui ont pu profiter de leurs débris.

Sur le point particulier qui nous occupe, la discussion d'un des projets offerts au concours peut éclairer la question de principe.

M. Jouvin dit dans le journal de la localité déjà cité :

« Ce que je revendique, c'est d'avoir fait ressortir l'éminent avantage » d'amener à Nimes les eaux du Gardon à la plus grande hauteur pos- » sible.....

» On dit qu'une force de trois cent trente-six chevaux suffirait pour » des siècles à l'industrie nimoise, et que si l'on avait une force *pérenne* » de deux mille chevaux, on en serait fort embarrassé : je laisse la » réponse au bon sens public et surtout aux industriels qui ont été forcés » d'abandonner la cité pour aller chercher ailleurs l'élément qui leur » manque..... » (1)

Je suis attaqué, je dois me défendre.

Je n'ai jamais dit qu'il ne fût avantageux pour Nimes de recevoir de l'eau à une très-grande hauteur : au pied de la Tourmagne, par exemple ; mais peut-on faire tout ce qui serait bon, tout ce qu'on désire ?

On veut s'adresser au Gardon, et j'ai prouvé que le gouvernement ne pouvait concéder la dérivation demandée ;

Qu'en été, le volume d'eau qu'on voulait n'existait pas ;

Que le peu qu'il y avait, au point désiré, ne pouvait fournir un approvisionnement salubre.

Je n'ai plus à m'expliquer que sur le chef de la dépense. Nul ne

(1) Voir la *Gazette du Bas-Languedoc* des 14 novembre et 5 décembre 1852.

conteste assurément qu'une force de deux mille chevaux ne vaille mieux qu'une de trois cents : la difficulté n'est pas là , mais à savoir si l'achat des deux mille ne serait pas au-dessus des ressources de notre cité.

Pour une force hydraulique, la pérennité est le plus grand de tous les avantages , et c'est celui malheureusement qu'on ne peut garantir. Les chutes d'eau qui font défaut à l'étiage sont évidemment sans valeur , et la ville aurait grand tort de s'en procurer de pareilles avec des frais énormes; car elle ne pourrait recevoir la compensation de ses sacrifices.

On nous dit « que des industriels ont été obligés de quitter la ville pour » aller chercher ailleurs l'*élément* qui leur manquait ». Cette expression est trop élastique. Cet élément est l'eau , sans doute , mais est-ce bien comme force motrice qu'on s'est déplacé pour en avoir ? Ne serait-ce pas plutôt pour le lavage et la teinture seulement , objets auxquels mes projets pourvoiront avec abondance?

Dans tous les cas , les industriels qui , sans doute , auront cherché des moteurs pérennes et peu coûteux , reviendraient-ils pour utiliser , sur le flanc de nos collines , des moteurs ruineux et intermittents ?

Le bon sens public a déjà répondu.

On nous dit encore : — « Le Gardon est plus considérable que la » source d'Eure , et peut bien mieux satisfaire , par suite , à nos » besoins..... »

Mais le premier besoin d'une ville, et de la nôtre en particulier pour ses quartiers élevés, c'est d'avoir de l'eau potable, et le Gardon n'en peut fournir pendant six mois de l'année ;

Pour les usages domestiques , pour la salubrité des rues , pour les lavoirs , pour les teinturiers , pour la fabrique , cinq à six cents pouces de plus que ce que nous avons suffisent , et la source d'Eure peut les fournir aussi bien que le Gardon.

Le besoin des forces motrices ne s'est pas encore manifesté et six cents pouces d'eau nous satisferont peut-être pendant des siècles. S'il en était un jour autrement, j'indique les moyens de pourvoir aux besoins de l'avenir. Pourquoi se chargerait-on , prématurément et sans nécessité , d'une dépense à laquelle on ne pourrait actuellement faire face ?

Le Gardon d'Anduze est sans doute plus abondant que la fontaine d'Eure, même que la rivière d'Alzon ; je l'ai établi par mes jaugeages. A l'extrême étiage , la fontaine d'Eure donne aux environs de six cents pouces d'eau ; l'Alzon, avant que de la recevoir, en roule un peu moins ; tandis que le Gardon d'Anduze en fournit deux mille ; — mais, qu'importe ?

Les sources d'Eure sont des propriétés privées dont la ville de Nimes peut se rendre maitresse en les achetant.

L'Alzon, il est vrai, est une eau publique qu'on ne pourrait détourner sans des indemnités considérables ;

Mais le Gardon supérieur est une eau publique aussi , qu'on ne saurait dériver entièrement à aucune condition. L'adduction à Nimes de la moitié, du quart même , pris aux environs d'Anduze , causerait des dommages incalculables.

Le volume à introduire, à l'étiage, dans le prétendu canal industriel a donc forcément de ce côté des limites très-étroites : on ne peut, à volonté, changer la nature des choses, créer, comme on le promet , *des forces motrices, des moyens d'irrigation sur les points élevés du territoire nimois.*

On nous dit encore :

« L'eau du Gardon n'est-elle pas potable, lorsque M. Teissier lui-même » voulait la jeter dans l'aqueduc romain en l'élevant au Pont-du-Gard au » moyen de machines , en la puisant dans un canal qui avait reçu les dé- » jections des usines du côté d'Uzès ? Pourquoi les employait-il dans un » projet de fourniture d'eau pour la ville d'Alais, et disait-il alors :

» L'expérience de tous les puits des quartiers bas prouve évidemment » que l'eau prise à quelques mètres de la rivière *et qui en provient par* » *infiltration, est bonne, fraîche et limpide.....* »

Je ne rétracte rien de ce que j'ai écrit, et qu'on essaie de tourner , bien à tort, contre moi.

L'eau , puisée au Pont-du-Gard , *était , dans mon projet , dérivée du Gardon à Collias où elle est bonne* ; elle était conduite sous les pompes par un canal d'amenée maçonné et couvert : c'était le liquide pur qui jaillit du rocher même , à la renaissance du Gardon au moulin Labaume.

L'eau de l'Alzon n'est pas toujours pure près de son confluent avec le Gardon, je le reconnais ; mais elle s'améliore par son mélange avec une rivière beaucoup plus considérable ; c'est un fait facile à vérifier. Dans ce cas, le fort couvre le faible et les impuretés deviennent insaisissables : en hiver, elles n'existent pas. On n'aurait pas dû soulever l'objection sans réfléchir qu'elle serait applicable à tous les cours d'eau.

Cependant, par un scrupule qu'on aurait dû mentionner, et pour mettre l'eau de mon canal adducteur à l'abri de cette influence, même insensible, j'avais, dès l'année 1846, proposé de donner deux origines à ce canal, afin de prendre à volonté ou de rejeter les eaux, tant du Gardon que de l'Alzon, suivant que les unes seraient pures ou que les autres auraient cessé de l'être, comme on le fait au canal de l'Ourcq pour le produit de l'Arneuse.

Enfin, quant à la fourniture d'Alais, le filtrage de l'eau au travers d'une masse suffisante de graviers, dont je faisais une condition expresse, est un moyen d'épuration bien connu, mais malheureusement très-coûteux.

A Toulouse, il a fallu dépenser trois cent mille francs pour rendre potables deux cents pouces d'eau appelés de la Garonne ; à Lyon, on s'attend à dépenser huit cent mille francs pour les galeries filtrantes de huit cents pouces de liquide, qu'on veut construire à côté du Rhône.

Pourquoi se résigne-t-on à de pareils établissements ? Parce que les deux fleuves ne roulent pas constamment une onde limpide, pure, potable.

On pourrait sans doute établir des filtres pour Nîmes sur une des rives du Gardon ; — mais tous les points ne sont pas favorables ; — on ne réussit pas toujours dans cette entreprise, — on perd de l'élévation des eaux, — et des filtres *pour le canal industriel* exigeraient un tel développement que la dépense première en deviendrait énorme.

Il faudrait les couvrir pour que l'eau ne fût pas gâtée par les intempéries de l'air, comme il advint d'abord à Toulouse ;

Il faudrait les protéger par des ouvrages solides, pour que le torrent ne les détruisît pas ;

Préserver le canal adducteur de l'infiltration du produit de la pluie qui lave les champs cultivés et vicie les cours d'eau voisins, comme cela arrive à Saint-Etienne pour le Furens (1).

Il faudrait de temps en temps les reconstruire quand ils seraient envasés ou engorgés. Afin d'approvisionner Glasgow d'eau pure, on avait creusé, d'après le conseil de Watt, des galeries concentriques aux rives de la Clyde dans un banc de sable très-étendu et presque entièrement entouré par la rivière. Ces galeries fournirent d'abord une abondante provision d'eau excellente ; mais la quantité alla progressivement en diminuant, et, au bout de quelques années, on fut réduit à puiser directement l'eau dans la rivière. M. Robert Thom fut d'avis d'étendre les galeries le long du banc de sable : cette opération augmenta le produit d'eau pure ; mais, deux ans après, au moment où M. Mallet visitait les travaux, on s'occupait déjà des moyens d'obtenir des produits plus abondants (2).

Ces objections, à tout projet de détournement du Gardon en amont du moulin Labaume, sont assurément mieux fondées que celles qu'on a soulevées contre moi. Les eaux de la rivière prises à Collias, les eaux de la source d'Eure saisies à leur origine, le bas-Alzon lui-même, quand son produit n'a pas trop baissé, n'auront nul besoin d'être filtrés, ce qui est un avantage immense pour mes projets et une condition très-importante d'économie.

L'énormité de la dépense est un des obstacles insurmontables qui s'opposeront toujours à la réalisation des idées de M. Jouvin.

Il dit :

« Le Gardon donnera de l'eau pour créer des forces à Nîmes : on objecte
» qu'il en coûterait beaucoup trop, mais pourquoi, s'il vous plaît ?
» Quelles sont donc les grandes difficultés d'un canal qui trouve toujours
» son appui sur le revers de la chaîne qui sépare la vallée du Vidourle de

_____

(1) Si la ville de St-Etienne se fût rendue propriétaire de la plaine de Champagne, si elle était maîtresse d'y régler les travaux de la culture, elle n'aurait pas à regretter aujourd'hui, non-seulement la diminution du volume des eaux pour le service de ses fontaines publiques, fondé depuis une vingtaine d'années, mais encore leur altération, suite de l'engrais répandu sur le sol, lavé et entraîné jusqu'aux galeries d'infiltration par les eaux pluviales. — Terme. — *Des eaux potables*, etc.

(2) *Annales des Ponts-et-Chaussées* 1831, 1ᵉʳ semestre, p. 225.

11

» celle du Gardon ? — Mais il faut un percé !.... En effet, il est iné-
» vitable , et c'est à cette circonstance que tient précisément l'avantage de
» pouvoir allonger le canal sans augmenter la dépense ; car, en élevant la
» prise , on diminue la longueur du souterrain , et, comme celui-ci doit
» coûter sur l'unité de longueur au moins trois fois plus que le canal à ciel-
» ouvert, il s'ensuit que si l'on diminue le premier de huit mille mètres,
» on peut augmenter le second de vingt-quatre mille , sans que la dépense
» totale ait sensiblement varié.

» Je me suis assuré par des calculs, par la comparaison de travaux
» analogues , et par de nombreux documents : que l'exécution de tout le
» projet, y compris une somme de huit cent mille francs pour dépenses
» imprévues, *ne dépasserait pas trois millions , somme à laquelle s'élèvera*
» *au moins la restauration de l'aqueduc si l'on veut amener la fontaine*
» *d'Eure ; — et que, par cette dépense, on pourrait obtenir un revenu de*
» *sept cent mille francs par an , indépendamment du profit qu'on pour-*
» *rait retirer des eaux à la sortie des usines , soit pour les lavages , soit*
» *pour les irrigations !....* »

Ce serait magnifique..... mais cela me paraît beaucoup trop beau.
Examinons les choses de près , hors du prisme de l'enthousiasme.

J'ai déjà parlé des souterrains et des filtres ; transcrivons le tableau général de dépense que produit M. Jouvin.

Il dit : « Cinq mille mètres courants de souterrains , à cent vingt francs
» le mètre.................................... 600,000 fr.

» Quatre cents mètres de puits à soixante-douze francs . 28,000

» Quarante mille mètres courants de canal à ciel-ouvert ,
» y compris l'achat du terrain, à trente francs le mètre.. 1,200,000

» Barrage et prise d'eau........................ 50,000

» Total pour le canal principal.................. 1,878,800

» Sept mille mètres courants pour le canal des usines ,
» au prix moyen de quarante francs le mètre.......... 280,000

» Ensemble................................ 2,158,800

» Somme à valoir pour dépenses imprévues.......... 841,200

» Total général.................... 3,000,000 fr.

» Avec cette dépense, on pourrait obtenir les avantages suivants :

» 1° Fourniture de six à huit cents pouces d'eau pour la
» ville de Nîmes.................................... 100,000 fr.

» 2° Dix-huit cents chevaux-vapeur applicables à l'in-
» dustrie, à quatre cents francs chaque 720,000

» 3° Irrigation et lavage, pour mémoire.............. 0,000

           Revenu annuel................... 820,000

» A déduire, pour entretien annuel, frais de gestion, etc. 50,000

          Revenu net....................... 770,000 fr.

» Quelles que soient maintenant les réductions ou les augmentations
» raisonnables qu'on fasse subir à nos chiffres, *on arrivera certainement*
» *à un revenu d'au moins dix pour cent du capital employé...* »

Je suis très-loin d'être convaincu ; — l'auteur me paraît voguer à
pleines voiles sur une mer imaginaire ; voici mes simples observations :

M. Jouvin propose de dériver le Gardon en amont d'Anduze : ce qui
est impossible à cause de l'intérêt de la ville elle-même ; mais, quand cet
intérêt public n'existerait pas, on n'en aurait pas moins à satisfaire aux
dommages privés, *article tout à fait omis.*

Cinq mille mètres courants de souterrain à exécuter pour six cent vingt-
huit mille francs : c'est une somme bien faible, vu la nature de la roche
et les chances aléatoires de ce genre d'entreprises : *il n'y aurait rien d'ex-*
traordinaire à ce qu'il fallût doubler la somme.

M. Jouvin ne compte que quarante mille mètres à ciel-ouvert pour la
longueur de son canal ; quand il en aura étudié le tracé sur le terrain, *il*
verra qu'il faut au moins augmenter son chiffre d'un quart.

Mais, pour faire arriver à Nîmes de l'eau salubre et potable, un simple
fossé creusé dans le sol, laissé découvert, est une chose inadmissible :
nous l'avons assez prouvé, nous n'y reviendrons pas ; seulement, nous
notons ici que, vu la plus grande longueur du parcours et la transformation
nécessaire de la rigole proposée en aqueduc maçonné, *il ne s'agirait*
de rien moins, pour un seul article, que d'une augmentation de deux à
trois millions.

Ce point suffit pour ruiner tous les projets autres que la restauration de l'aqueduc romain ; mais que faire ? Il est absolument impossible de dériver dans un simple fossé de l'eau potable pour Nîmes, ni du Gardon, ni d'ailleurs. Qui veut la fin doit pourvoir aux moyens.....

La nécessité d'un aqueduc, semblable en tout à celui des Romains, juge complétement la question financière et je ne continue cet examen que pour la forme.

Pour une dérivation de cinq à six cents pouces d'eau à l'étiage, produit des sources d'Eure, j'ai eu soin d'affecter, dans mon projet, pour prix d'achat des eaux ou indemnité aux usiniers de l'Alzou, une somme de cinq à sept cent mille francs.

Pour une dérivation, *impossible à la vérité*, de trois mille pouces à prendre au Gardon d'Anduze à l'étiage, *l'auteur du projet concurrent ne suppute rien* : c'est commode, économique, sans doute ; mais je ne pense pas que les usiniers des Tavernes, de Maruéjols, de Boucoiran, de Labaume, de Saint-Privat, de Lafoux, trouvent la chose satisfaisante, — non plus que les irrigateurs de Maruéjols, de Boucoiran, et tous les propriétaires riverains depuis la prise d'eau jusqu'au Rhône ; non plus que tous les villages de la vallée du Gardon qui, pendant la sècheresse, ont un besoin indispensable du peu d'eau qui reste dans cette rivière, soit pour leurs usages domestiques, soit pour leurs bestiaux : tant pour la fertilité de leurs fonds ruraux qu'au point de vue le plus important de tous, celui de l'hygiène publique.

Dans mon projet, j'amoindris, sur un parcours de trois mille mètres, la jouissance des usiniers, et j'accorde sept cent mille francs d'indemnité ; *dans le projet concurrent, qui serait la désolation de la contrée sur une longueur de soixante mille mètres, on n'offre aucun dédommagement !...*

Même silence pour les filtres, accompagnement nécessaire de toute dérivation du haut-Gardon : ils seront pourtant très-coûteux d'établissement et d'entretien.

Silence complet sur les travaux d'art, et, cependant, un canal de cinquante-cinq à soixante kilomètres de longueur ne rencontre pas toujours de la terre franche et des surfaces uniformes. Il faudra, indépendamment des cinq mille mètres de souterrain , ouvrir beaucoup de tranchées dans le roc, faire des murs nombreux de soutènement, franchir un grand nombre de ruisseaux et de torrents ; il faudra conserver , au moyen de ponts ou d'inflexions de la ligne , beaucoup de voies de communication , de routes, de chemins de toute espèce, se préserver des éboulements, niveler les parties basses par des chaussées et même avec des arcatures.

MM. Blachier, Delille, Valz et Perrier , bien que leurs canaux , de moitié moins longs, débouchassent cinquante mètres plus bas ; bien que le tiers de leur parcours fût en souterrain , avaient cependant trouvé , sur leur ligne à ciel ouvert, de nombreux travaux d'art à exécuter.

La distance d'Uzès à Nîmes, à vol d'oiseau , n'est que de vingt mille mètres, et cependant l'aqueduc romain qui joint ces deux villes en a cinquante-deux mille de développement ; la proportion entre la distance des lieux et la longueur du canal est environ de deux à cinq.

La distance , en ligne droite, depuis Nîmes jusqu'au point où M. Jouvin veut établir sa prise, en amont d'Anduze, étant d'au moins quarante mille mètres, ne faudrait-il pas que les dispositions naturelles du terrain fussent extrêmement favorables pour que son canal adducteur n'eût pas plus de soixante mille mètres de longueur , c'est-à-dire pour que le rapport entre la distance des lieux et le développement du bief ne fût que de quatre à six?

L'aqueduc romain , tel qu'il était primitivement , coûterait six millions à construire ; — et l'aqueduc de M. Jouvin , établi comme il devrait l'être pour donner de bons résultats , demanderait de sept à huit millions de déboursés ; car, outre son excédant de longueur : la nécessité du filtrage des eaux , les frais que réclame le percement des souterrains , et les indemnités légitimement dues dépasseront de beaucoup ce que coûterait la construction d'un monument comme le Pont-du-Gard , inutile dans ce projet.

Il y a loin de sept à huit millions, que coûterait la dérivation des eaux en amont d'Anduze , à trois millions seulement que l'estime son inventeur ; et la restauration de l'aqueduc romain est infiniment préférable , *même au point de vue de la dépense et du produit.*

Quels seraient , en fin de compte , puisqu'on a porté la question sur ce terrain , les avantages des compagnies qui se chargeraient de l'une ou de l'autre de ces entreprises ?

Je demande deux millions cinq cent mille francs à la ville et à l'Etat, collectivement, pour réparer l'antique aqueduc et amener , au minimum, six cents pouces d'eau de source.

Je pense que l'Etat n'accordera jamais plus d'un million , et que la ville ne donnera pas plus de quinze cent mille francs pour l'entreprise des eaux. Mais, quand celle-ci fournirait deux millions de ses propres fonds pour qu'on lui amenât (si c'était possible) mille pouces d'eau du Gardon à l'étiage , la somme totale que toucherait la compagnie exécutant le projet Jouvin ne s'élevant qu'à trois millions , *il lui resterait à fournir quatre ou cinq millions de ses propres deniers…..*

Qu'aurait-elle pour se couvrir ?

Elle aurait , pendant neuf mois , autant d'eau que ses filtres en pourraient dégorger ; car il faut toujours à Nimes de l'eau salubre.

Supposons, ce qui est beaucoup, que les galeries filtrantes puissent donner un mètre cube , vingt fois plus que celles de Toulouse :

Mille litres par seconde , chutant de quatre-vingt-six mètres (on voit que nous ne marchandons pas sur les chiffres), font quatre-vingt-six mille kilogrammètres , soit la force de onze cent quarante-six chevaux théoriques , ou , en mouvement transmis à l'axe des machines , cinq cent soixante-et-treize chevaux effectifs comme le *cheval-vapeur.*

Accordons maintenant pour chaque cheval effectif une valeur annuelle de quatre cents francs ; il n'en résultera pas moins que , pour cinq millions de dépense à la charge exclusive de la compagnie , elle ne trouverait qu'un revenu annuel de deux cent vingt-neuf mille deux cents francs, — que les frais de personnel et d'entretien réduiraient à moins de cent cinquante mille.

La compagnie aurait donc à perdre plus de deux millions dans cette affaire , non compris le montant des sept mille mètres courants du canal pour les usines , que nous laisserons cependant , si l'on veut , en compensation de la vente des eaux pour l'arrosement , *bien que l'auteur évalue lui-même ce canal à deux cent quatre-vingt mille francs.*

Mais il reste toujours la question la plus grave, la difficulté la plus importante : — *Trouvera-t-on à vendre immédiatement*, hic et nunc , *dès leur arrivée, ces cinq cent soixante-et-treize chevaux de force hydraulique ?* J'en doute extrêmement.

Trouvera-t-on même à les vendre jamais, lorsqu'il est reconnu que cette force ne peut être pérenne, qu'elle est intermittente , qu'elle exige le déplacement des industriels , *et fera forcément défaut au moment où elle serait le plus nécessaire, à l'étiage ?*

Comme on ne vendrait ni tôt ni tard six cents chevaux *endormis quatre mois de l'année* , la perte sèche de la compagnie serait de plusieurs millions.

La ville prélèverait sa part d'eau : huit cents pouces filtrés , qu'elle aurait payés trois millions y compris le secours de l'Etat ; mais , pour ce qui est du *revenu net de la compagnie* , au lieu de s'élever à sept cent soixante-et-dix mille francs , il serait au moins de cent cinquante mille au-dessous de zéro.

Il y a loin entre placer ses capitaux à dix pour cent , ou les perdre sans intérêt..... Et, ne serait-ce qu'au point de vue financier , la dérivation du Gardon en amont d'Anduze , pour l'alimentation de Nîmes , est la plus irréalisable de toutes les entreprises.

Toujours plein , toutefois, de ses chimériques espérances, M. Jouvin écrie :

« Voyons ce que produirait , proportionnellement aux frais, la restau-
» ration de l'aqueduc romain proposée par M. Teissier ?

» Rétablissement de l'aqueduc, d'après ses dernières esti-
» mations .... 1,800,000 f.
» Indemnités à payer *pour vingt-deux usines à acquérir*   500,000
» Somme à valoir.............................. 200,000
          » Dépense totale............. 2,500,000 f.
....» Et voici le produit du projet :
» Six cents pouces d'eau pour la ville................ 100,000 f.
» Cent cinquante chevaux-vapeur à 400 fr..,,.......... 60,000
                                            160,000 f.
» A déduire pour frais de gestion et d'entretien........ 20,000
              » Revenu net................... 140,000 f.

» Différence en faveur de notre projet : *six cent trente mille francs !...*

» Si l'on considère maintenant qu'avec le projet de M. Teissier, la ville
» de Nimes n'aura jamais plus de deux mille pouces (si l'aqueduc peut
» les lui amener), lorsque son industrie actuelle en exigerait trois mille,
» *et que l'on ferait un sacrifice qui peut atteindre six cent mille francs*
» *par an*, certes on avouera, avec moi, que ce serait payer un peu cher la
» vaine satisfaction d'avoir ranimé de vieilles ruines !.... »

Ce trait termine *heureusement* la critique de mes idées....

Ce que M. Jouvin appelle *un sacrifice*, c'est la privation du profit qu'il
promet à ses actionnaires !..... *Le sacrifice est fait d'avance* et ne préoccupe personne assurément.

Qu'on ne pense pas comme moi : je l'accepte ; mais ce que je ne conçois
pas, c'est qu'on ait pu accumuler des erreurs aussi graves et aussi nombreuses dans une seule page de journal.

Je trouve d'abord : —« *Indemnité à payer pour l'acquisition de vingt-*
» *deux usines.... cinq cent mille francs.....* »

Mais où donc M. Jouvin a-t-il vu cela dans mes ouvrages ? — Ce serait
absurde, et je ne l'ai pas dit.

Les usiniers jouissent de leurs droits de riverains du cours de l'Alzon
auquel se joint le produit des sources d'Eure. Si l'on achète celles-ci, *qui*
sont une propriété privée, en les conduisant à Nimes on ne doit légalement rien aux usiniers.

Cependant, par un sentiment d'équité, on les indemnisera de la perte
du débit des sources, dont ils jouissent, *et qui n'est que la moitié de*
l'Alzon. Cette rivière seule fournit en abondance pendant neuf mois ; les
sources qui s'y jettent ne sont un supplément utile que pendant trois ou
quatre, et les détourner, en donnant cinq cent mille francs à ceux qui en
possèdent les eaux, — *est-ce bien acquérir vingt-deux usines pour cinq*
cent mille francs ?

« La somme à valoir de M. Teissier, dit aussi M. Jouvin, n'est que le
» dixième de sa dépense totale, tandis que la mienne dépasse le tiers....»

Quand cette allégation serait exacte, j'aurais encore une somme à valoir
proportionnellement plus forte que celle de mon contradicteur, attendu

qu'il s'agit, pour la restauration de l'aqueduc, d'un projet véritablement
étudié : — tandis que la prise d'eau en amont d'Anduze n'est qu'une simple
idée, dans l'exposition de laquelle on a omis les trois quarts des dépenses
les plus inévitables.

Mais il y a plus que cela : M. Jouvin n'a vu dans mon projet que deux
cent mille francs de somme à valoir, quand il y en avait bien davantage.
La somme qu'il mentionne n'est, pour ainsi dire, qu'une réserve sur une
autre, un redoublement de précaution, un moyen de parer à toutes les
éventualités imaginables.

En effet, dans mon projet, chaque article de dépense est accompagné
d'une somme à valoir particulière. On y trouve :

« Somme à valoir sur la restauration de l'aqueduc depuis Nimes jusqu'à
Lafoux, ...   65,194 f.

» Autre pour le souterrain de St-Bonnet au Pont-du-Gard   9,576

» Chances aléatoires dudit souterrain.   88,200

» Somme à valoir pour la restauration de l'aqueduc depuis
le Pont-du-Gard jusqu'à Uzès.   120,000

» Somme à valoir surérogatoire, de laquelle seule parle
M. Jouvin, propre à rassurer contre toute éventualité.   200,000

Véritable somme à valoir de mon projet. . . . .   482,970 f.

Or, ce chiffre est très-près du cinquième de ma dépense totale, tandis
que la réserve de M. Jouvin, au lieu de dépasser le tiers comme il l'annonce, ne serait guère que le dixième de ce que coûtera réellement un
projet dont la première esquisse ne comprend pas les points les plus onéreux de l'exécution, mais qu'on ne peut supprimer sans annihiler le service.

Tant que je ne conduirai à Nimes que six cents pouces d'eau à l'étiage,
je n'aurai pas à construire de canal particulier *pour les forces motrices* :
ce que la ville ne consommera pas se rendra au Vistre par les cloaques ou
canaux existants, et, de là, à Caissargues, en augmentant de douze à
treize chevaux, sur chacun des barrages existants, la force effective de ce
cours d'eau, ou fournissant, comme moyen d'irrigation, cinq cents
pouces de liquide chargé des matières fertilisantes acquises par le nettoi-

ment des habitations et des rues. Ce sera une valeur nouvelle dont le pays profitera, mais nullement la compagnie.

Je veux simplement, de prime abord, restaurer l'aqueduc romain et ramener les sources d'Eure : il ne me faut pour cela que deux millions et demi, et je n'ai aucun besoin de construire un canal spécial pour des usines.

Mais, avec cette somme, je n'ai jamais promis d'amener deux mille pouces d'eau à l'étiage ; c'est seulement cinq cents, produit minimum des sources d'Eure, et une centaine environ ramassés sur le parcours de l'antique aqueduc. Ces quantités, dans mon opinion, peuvent très-long-temps suffire.

Par mon projet de dérivation du Gardon à Collias, je puis élever avec des machines huit cents pouces d'eau dans le canal romain. Je préfère, à dépense égale, six cents pouces d'eau naturellement fluente à huit cents pouces élevés artificiellement, et bien des gens sont de cet avis ; toute-fois, je ne me suis pas borné à donner le choix de ces deux provenances.

Après la construction du souterrain de St-Bonnet, l'aqueduc pourra débiter au moins un demi-mètre cube, et, une fois l'étiage passé, les sources d'Eure offrent constamment cette quantité sans dépense, avantage que le moteur hydraulique ne peut fournir qu'en multipliant les appareils.

Mais si, à l'étiage, Nîmes ne veut pas se contenter du produit des sources d'Eure et de celles du parcours, des six cents pouces obtenus par le simple effet de la gravité et pour deux millions et demi, ci   600 pouces,

Qui empêcherait, au bout de quelques années, en dépensant quinze cent mille francs de plus, d'établir un barrage
à Collias, des pompes au Pont-du-Gard, et de se donner à
l'étiage un supplément de fourniture de   800

Si cela ne suffisait pas, une fois qu'on aurait transformé
l'étang de La Capelle en réservoir, ce qui n'exigerait pas un
million, on pourrait prendre, sans opposition, tout le débit
de l'Alzon supérieur et introduire ainsi dans l'aqueduc encore.   600 pouces.
                                                          _____
                                                          2,000 pouces.

Nîmes recevrait ainsi deux mille pouces à l'étiage pour cinq millions,
dépensés par fractions à longs intervalles : — tandis que, pour une somme
égale, même en la dépensant toute à la fois, ce que ne permettra jamais
l'état des finances municipales, on ne pourra, dans aucune autre direction, fournir pendant l'été une quantité pareille d'eau fraîche, limpide et
salubre.

Ne voulant conseiller que des entreprises exécutables je n'ai pu offrir
» d'amener, pour deux millions et demi, deux mille pouces à l'étiage »,
espérance complétement et à jamais chimérique à quelque provenance
qu'on ait la velléité de s'adresser.

Au point de vue industriel, je ne puis croire à la valeur d'une force
hydraulique intermittente, d'un moteur qui ferait défaut pendant trois
ou quatre mois de l'année; la ville n'en obtiendrait aucun revenu, et ce
serait assurément un bien mauvais appât pour attirer les capitaux, un
pauvre encouragement pour fonder une compagnie.

Tout en critiquant mon projet, dont l'exécution ne coûtera pas plus de
deux millions et demi, M. Jouvin en porte cependant le revenu net annuel
à cent quarante mille francs, ce qui répond à un capital de deux millions
huit cent mille francs : ce projet n'est donc pas si mal conçu, puisque, du
propre aveu de celui qui le discute, la compagnie exécutante placerait ses
fonds à près de six pour cent.

Quant à moi, je me préoccupe beaucoup plus des intérêts de la ville que
de ceux d'une compagnie quelconque, et je dis tout simplement :

La ville de Nîmes déboursera pour la restauration de l'ancien aqueduc et le rachat des sources d'Eure, sur les fonds municipaux... 1,500,000 f.

Plus le secours gouvernemental qui lui a été promis.... 1,000,000

Somme suffisante pour l'entreprise................. 2,500,000 f.

Voilà l'article de la dépense clairement énoncé.

Quant au profit de l'entreprise :

Selon moi, la valeur de six cents pouces d'eau, versés à l'étiage au
point culminant de la ville de Nîmes, est une chose incalculable sous le

rapport de l'agrément, de l'industrie, de la salubrité, — et, pour faire une pareille conquête, la cité ne doit reculer devant aucun sacrifice possible ; — mais, d'autre part, à mes yeux, les eaux d'hiver sont presque inutiles, et les forces intermittentes sans valeur.

Pour ce qui est de la dérivation du Gardon en amont d'Anduze, si jamais, ce qui me paraît très-douteux, on pouvait se faire concéder huit cents pouces d'eau à l'étiage, je ne contesterais pas la grandeur du bienfait ; — *mais je dirais que les ressources de la cité ne lui permettent pas de supporter les frais d'une pareille entreprise.*

Il faudrait malheureusement plus que doubler l'estimation de dépense du projet de M. Jouvin si jamais on l'exécutait, et quant aux sept cent soixante-et-dix mille francs de revenu net qu'il promet annuellement, je doute qu'il se trouve beaucoup d'actionnaires qui soient tentés d'en courir l'aventure.

Les actionnaires manquant, que ferait la ville? Elle est hors d'état d'engager là des capitaux suffisants, et, le pourrait-elle, que certainement elle ne voudrait pas le faire.

La discussion dans laquelle je suis entré au sujet du projet de M. Jouvin juge la question financière pour tous les cas analogues, c'est-à-dire pour toutes les dérivations du Gardon qui exigent des percés de montagnes, le filtrage préalable de l'eau, et des dommages très-considérables, sans donner un produit qui réponde à l'énormité des sacrifices.

Il serait superflu de s'occuper d'aucune dérivation de niveau du Rhône : ce sont des entreprises évidemment au-dessus des ressources du budget municipal.

La ville ne doit dépenser que deux millions en une seule fois, parce qu'obligée d'emprunter cette somme, elle ne peut prendre sur ses revenus plus de quatre-vingts ou cent mille francs par an pour le service des intérêts.

Voilà l'exacte vérité sur la question d'argent, et, pour être bien inspirés, les auteurs de grands projets n'auraient pas dû la perdre de vue. On ne peut faire accepter que les conseils en harmonie avec la réalité des choses.

Mais, quand la ville aura emprunté et dépensé deux millions pour l'entreprise des eaux, pour la restauration de l'aqueduc antique, devra-t-elle, à perpétuité, servir les intérêts de cette somme?

Je ne l'entends point ainsi.

Une prospérité plus grande résultant de cet immense bienfait augmenterait ses revenus, et cette bonification s'élèverait bientôt, je n'en doute pas, à vingt mille francs au moins par année (1).

Avec cette somme mise de côté tous les ans, et dont on capitaliserait les intérêts sans en rien distraire, la dette de deux millions serait dans trente-huit ans amortie.

---

(1) « Ce qui prépare à la ville des revenus considérables et certains, disait, en 1832, » M. Abric au conseil municipal, c'est l'accroissement de sa population, qui augmentera » progressivement le revenu de ses octrois.

» C'est sous ce point de vue large et étendu qu'elle doit considérer les avantages qui lui » sont assurés par une entreprise infiniment utile. Il faut compter que chaque augmentation » de mille habitants ajoute dix mille francs à ses revenus; que, dans trente ans, sa popu- » lation sera peut-être doublée par le nouvel essor que prendront tous les genres d'industrie » qui y fleurissent déjà et ceux que sa nouvelle position relativement aux eaux ne peut » manquer d'y attirer. C'est presque dans cette proportion que nous avons vu Avignon » s'accroître et prospérer depuis que ses fabriques de *florence* et le commerce s'y sont établis » sur des bases solides; c'est à nos portes, de nos jours, et nous pouvons en juger par nos » propres yeux.

» Pour atteindre ce but, la ville ne doit pas chercher à se créer des ressources immé- » diates par la vente de ses nouvelles eaux; elle doit s'efforcer, au contraire, d'en » rendre l'usage aussi général et aussi profitable à tous qu'il sera possible. Loin de s'en » montrer avare, elle ne saurait se montrer trop grande et trop libérale. Ce seront des » avances bien placées, dont l'avenir la dédommagera amplement.

» Ses différents canaux alimentés d'une manière constante et sans interruption, de nou- » veaux lavoirs construits sur divers points doivent être entièrement livrés au public pour » les usages journaliers et continus du blanchissage, et aux différents ateliers d'impression » et de teinture pour tous les besoins du commerce et de l'industrie. C'est ainsi que, faisant » sentir son utilité à la population entière, cette entreprise vraiment grande ne pourra » qu'obtenir l'assentiment général dans une ville où depuis quelques années on a vu » faire de si nombreuses dépenses d'embellissement et de constructions nouvelles... »

Abric. — *Rapport de la commission des finances du conseil municipal*, 1832.

La première des entreprises que je conseille se trouvant ainsi payée, on pourrait passer à la seconde sans témérité :

C'est ainsi que je comprends l'augmentation progressive du volume des eaux, et l'emploi fructueux des ressources municipales, sans souffrances, sans déceptions, sans impositions nouvelles.

Nimes, le 25 avril 1853.

TROISIÈME PARTIE.

—

Application des principes généraux, ou revue des divers moyens proposés pour approvisionner d'eau la ville de Nimes.

Une fois les principes généraux posés et acceptés, le jugement à porter est beaucoup plus facile ; il ne s'agit en effet que de voir en quoi chaque système mis en avant s'y conforme ou s'en écarte.

Dans un rapide examen, nous diviserons les propositions faites en trois catégories :

Projets *inadmissibles ;*

Projets *insuffisants ;*

Projets exécutables et répondant à tous les besoins.

Nous parcourrons chacune de ces divisions, en nous occupant :

D'abord des propositions d'amener les eaux par une pente naturelle ;

En second lieu, de l'approvisionnement au moyen des pompes mises en jeu par un moteur hydraulique ;

Enfin, des propositions d'élever les eaux par l'action du feu.

Nous allons, en peu de mots, donner notre avis sur chacune des entreprises proposées, à mesure que nous traiterons de la division qui les renferme.

PREMIÈRE SECTION. — PROJETS INADMISSIBLES.

—

PREMIÈRE CLASSE.

ADDUCTION DES EAUX PAR LEUR PENTE NATURELLE.

I.

Dérivations du Rhône.

(Projets Bourdy, — Salles, — de Preigne, — Michel Colliot et Compagnie.)

Nul projet d'adduction d'eau du Rhône à Nimes n'avait été sérieusement abordé, avant les études que le Conseil général du Gard demanda

en 1851 à M. l'ingénieur Dombre. Son travail ayant prouvé qu'une dérivation au niveau nécessaire *pour n'arriver qu'au pied de notre cité , coûterait plus de trente millions*, ce dont j'étais depuis longtemps persuadé, il
est devenu évident, même pour les esprits les plus enthousiastes, que
Nimes devait renoncer à toute espérance du côté de ce fleuve (1).

On pense bien qu'il est inutile que je m'arrête à l'examen des propositions faites pour amener l'eau du Rhône par un canal de près de quatre-
vingt-dix lieues, dont la dépense de quatre-vingts millions devait être le
produit volontaire d'une loterie, canal sans point de partage indiqué, et
qui, par suite du niveau du lieu de prise, du lieu d'arrivée et de l'altitude des contrées à traverser, aurait été profondément enfoui sous les
montagnes et même sous les vallées dans presque toute sa longueur : —
n'aurait pu servir qu'à la navigation des ombres et à l'irrigation du
royaume de Pluton.

Dans une seconde édition du projet considérablement amendé, ce canal
ne prend plus son origine au Rhône à Ste-Foi-lès-Lyon, — ne passe plus
à Montbrison, au Puy, à Pradelle, à Langogne, à Villefort, à Génolhac,
à Portes, à St-Jean-du-Gard, à Anduze pour arriver à Nimes.... (2). La
dérivation se fait seulement à la hauteur de Valence (Drôme) et le canal,
placé sur la rive droite du Rhône, traverse les départements de l'Ardèche,
du Gard et de l'Hérault, et va joindre le canal du Lez près de Montpellier.
C'est certes bien assez.

L'auteur s'en réfère aux études de M. l'ingénieur Dombre : c'est beaucoup plus sage ; mais il faudrait encore une quarantaine de millions, —
ce qui n'est pas facile à trouver....

M. Manlius Salles dérive aussi le Rhône par un canal commençant près
de Valence, traversant l'Ardèche et le Gard et se jetant dans la Médi-
terranée, après avoir opéré sa jonction avec le canal du Languedoc.
Comme M. Bourdy, il s'en rapporte, pour l'exécution, aux études de
M. Dombre ; mais alors, pourquoi remonter jusqu'à Valence, quand la

(1) Voyez : *Délibérations du Conseil général*, mon rapport de 1851, p. 112, et mon
rapport de 1852, p. 74.

(2) M. Bourdy a eu grandement raison de répudier la responsabilité de ce tracé ridicule.

prise de cet ingénieur, avait lieu au Pouzin ? Si l'on change le point de
dérivation, on a sans doute pour cela de graves motifs ; toutefois, le changement de la prise d'eau entraîne celui du canal, ce qui réclame des
études spéciales ; car, dans des conditions différentes, on ne saurait construire sa maison avec les plans de celle du voisin.

Quoi qu'il en soit, M. Salles creuse un port à Nîmes, verse des eaux
industrielles à la hauteur du coteau des Trois-Piliers, fait de la Tourmagne un phare, et se propose de joindre, plus tard, par un second canal
la Loire au Rhône, d'arroser le centre de la France, d'ouvrir les plus
belles communications au commerce, les plus précieux débouchés aux
productions nationales : — toujours au moyen d'une loterie !....

J'ai vu beaucoup d'incrédules, et je suis du nombre. Cependant, je
m'adresse involontairement cette question : — « Maintenant qu'avec des
» sociétés par actions, le monde se transforme et se bouleverse, — la plu-
» part des coupons de nos gigantesques opérations industrielles valent-ils
» mieux que n'auraient valu les billets des loteries Salles et Bourdy ? » —
On pourrait plaider le pour et le contre.

Le mot de *société par actions* est cabalistique, celui de loterie, beaucoup
moins noble, fut malheureusement trouvé. Le canal *Napoléon III*, le
canal *de la Fortune et de la Paix* n'auraient pas dû s'offrir au public
sous cette forme.

En novembre dernier, M. de Preigne annonça à M. le préfet du Gard,
par une pétition, qu'il avait entrepris l'étude d'un canal d'irrigation destiné à conduire les eaux du Rhône des environs de Tournon jusqu'au-
delà de Nîmes, et sollicita l'autorisation de procéder sur la rive droite du
fleuve aux opérations nécessaires pour compléter son travail.

Cette faculté lui fut immédiatement accordée ; mais nous n'avons plus
entendu parler de cette affaire. L'examen des études faites par M. Dombre aura sans doute dégoûté M. de Preigne de continuer les siennes ; car
il aura vu que, dans l'entreprise qui le préoccupait, les frais avaient une
énormité à laquelle les revenus ne pouvaient répondre. Le *Courrier de la
Drôme* estimait l'exécution du projet à cinquante millions ; après une

inspection attentive des lieux, on reconnaît qu'on peut se dispenser d'une étude régulière.

Une compagnie anonyme, pour laquelle signe M. Michel-Colliot, propose de dériver pour Nîmes deux mille pouces d'eau du Rhône, *par l'établissement d'un aqueduc cylindrique en béton, fortifié d'une doublure en tôle partout où la charge du liquide l'exigerait, et qui aurait six mètres de circonférence.*

L'aqueduc doit coûter dix millions sur une longueur de cent trente-trois kilomètres ; mais, comme il alimenterait diverses localités, Nîmes pourrait recevoir la portion d'eau qui lui est offerte *moyennant deux cent mille francs de rente seulement*, moins de la moitié de l'intérêt du capital engagé. Cette eau déboucherait au chemin d'Uzès à la cote 55 au-dessus de la mer, c'est-à-dire à trois mètres et demi au-dessus de la hauteur des hémicycles de la Fontaine.

Au bout de quatre-vingt-dix-neuf ans, la ville deviendrait propriétaire du canal tout entier.

Bien que ce projet nous paraisse, sous le rapport de la dépense, beaucoup moins *inadmissible* que tous ceux dont nous avons parlé jusqu'ici, cependant les sacrifices de la ville seraient encore bien au-dessus de ses forces ;

On lui demande :

1° De subroger la compagnie exécutante à la subvention d'un million promise à Nîmes par l'Empereur ;

2° De lui payer une redevance annuelle de deux cent mille francs pendant quatre-vingt-dix-neuf ans ;

3° De subroger la compagnie aux droits éventuels de la ville sur l'aqueduc romain ;

4° De lui concéder le droit de traverser et d'occuper gratuitement les propriétés communales sur la ligne de l'aqueduc ; et, de plus, notamment les deux Cadereaux, le cimetière du chemin d'Uzès et ses environs ; d'établir des conduites sous le pavé des rues, — le tout pour tels établissements qu'il plairait à la compagnie de faire afin de tirer parti des eaux qu'elle possèderait en propre.

Ces conditions sont trop dures, les sacrifices demandés trop considéra-

bles , et , d'autre part , la fourniture d'eau ne serait pas constamment irréprochable au point de vue de la qualité. Celle destinée à la boisson aurait
encore besoin d'être filtrée.

Enfin , comme il sagit d'un système d'adduction tout à fait nouveau ,
pour lequel on se prépare à prendre un brevet d'invention , il ne serait
pas prudent pour une ville d'être le sujet d'une expérience première , qui,
selon moi , ne saurait réussir , et qui n'offrirait pas d'ailleurs des garanties
suffisantes de stabilité pour un service public.

Que risque la ville , dira-t-on , elle ne paiera qu'une rente ?

On risque toujours quand on s'associe à une entreprise qui croule , et
l'on perd tout au moins un temps précieux.

En résumé , sur ce paragraphe :

Toute dérivation du Rhône par une rigole à pente ne peut donner de la
bonne eau potable , sans l'établissement préalable de filtres ;

Dépuré dans des galeries souterraines ou dans des appareils plus modestes , ce liquide devrait encore être rafraîchi en été dans tous les projets,
excepté dans celui de la compagnie Colliot , s'il était amené dans un cylin-
dre creux de béton.

Enfin , ce qui est l'objection capitale , *le coût de tous les projets qui*
s'adressent au Rhône par une rigole à pente , est de beaucoup au-dessus
des ressources financières de notre cité.

II.

Dérivations du Gardon.

(Projets Jouvin , — Delpuech et Durand , — Didion et Talabot , — Carrière et Fabre , — Blachier ,
— Delille , — Valz , — Perrier , — Delachaise et Sigaud , — Foëx , — Simil , — Bosc et Vigne ,
— Lyonnet.)

Le Vidourle est beaucoup plus faible que le Gardon ; son eau n'est pas
saine en été ;

L'Ardèche et la Cèse sont à une bien plus grande distance de notre
ville ; dès-lors , c'est au Gardon que tous les auteurs de projets raisonnables

ont dû s'adresser quand ils n'ont pas proposé de ramener les sources d'Eure.

Malheureusement, nous l'avons prouvé, beaucoup d'obtacles et d'inconvénients s'opposent à la dérivation désirée de ce cours d'eau.

M. Jouvin est le premier qui ait proposé de détourner, pour Nimes, le Gardon en amont d'Anduze. Mon opinion, sur ce projet, a été exposée avec assez de détails pour que je n'aie nul besoin d'y revenir ; il est inadmissible à tous les points de vue.

MM. Delpuech et Durand, MM. Didion et Talabot avaient successivement pensé à dériver, par une seule entreprise, le Gardon d'Anduze au-dessous de cette ville, et le Gardon d'Alais au-dessus de celle-ci.

Mais ces idées n'ont pas eu de suite, pour ces premiers auteurs : — parce que leur canal de navigation, qui aurait manqué d'eau en été, manqua toujours d'actionnaires.....

Et, quant aux seconds, parce que, frappés du nombre et de l'importance des oppositions, ils trouvèrent d'ailleurs plus avantageux de construire leur chemin de fer sur une autre ligne que celle qu'il aurait fallu adopter pour combiner les pentes et contrepentes qui y sont admissibles, avec la déclivité dans une seule direction nécessaire aux aqueducs.

Si les percés plus considérables, et, par suite, les dépenses beaucoup plus fortes qu'eût exigées la condition de joindre au canal adducteur, dégoûtèrent d'abord ces ingénieurs de l'entreprise ; — ils l'abandonnèrent surtout quand ils se furent convaincus qu'il était impossible à l'étiage d'obtenir une concession suffisante dans la vallée du Gardon supérieur.... Car autant vaudrait pour les habitants qu'on les chassât de leurs propriétés.... D'ailleurs, il est évidemment impossible de prendre dans ce torrent plus d'eau qu'il n'en débite.

Ce n'est que tout récemment, qu'on a eu l'idée de conduire à Nimes la source de la *Berlue* ou du *Bourlu*, voisine de Massannes, et cette entreprise a souri à MM. Fabre et Carrière, aussi bien qu'à M. Jouvin, de prime abord.

Mais pourquoi prendre le Bourlu plutôt que le Gardon ?

On allègue deux avantages ; j'y trouve en compensation de plus graves inconvénients.

Si le Bourlu est une propriété privée, si cette source n'est pas tombée dans le domaine public, on pourrait la détourner sans doute, en traitant avec ceux qui ont le droit absolu d'en disposer.

On dit qu'elle fournit de l'eau pure et il semble qu'il devrait en être ainsi ; car elle n'est, du moins en très-grande partie, qu'une filtration du Gardon supérieur qui chemine au travers des graviers ; mais, soit qu'il y ait dans ce filtre naturel une masse de vase infecte, soit qu'il s'y trouve trop d'humus et de résidus végétaux ; soit que la partie qui peut venir des collines supérieures (lacustres ou néocomiennes) tienne en dissolution des principes malfaisants ; toujours est-il que l'eau de cette source laisse beaucoup à désirer au point de vue de la salubrité. Les hommes n'en boivent pas et l'on en éloigne les bestiaux, car ceux qui en usent sont atteints de diverses maladies.

Quant aux autres inconvénients, les voici :

Le Bourlu ne fournit pas, en été, une quantité d'eau suffisante ;

Le Gardon peut venir s'emplacer sur le point d'émergence de la source et la faire disparaître comme c'est déjà arrivé ;

Tout propriétaire supérieur peut la couper, la diriger vers d'autres fonds ou la rejeter vers la rivière, ce qui obligerait la ville de Nîmes à la racheter plusieurs fois.

Le débit qu'on attribue à la source du Bourlu n'est que le résultat d'*un seul jaugeage*, ce qui ne donne pas une garantie suffisante. Les auteurs du projet, éprouvant eux-mêmes des craintes sur l'importance de son volume, ont proposé :

De construire un double aqueduc ; — d'introduire dans l'un les eaux *pures de la source*, — dans l'autre les eaux le plus souvent impotables du Gardon et de conduire le tout à Nîmes ; — il y en aurait pour tous les goûts.

Mais ils n'ont fait aucune estimation régulière de la dépense, et cependant il faudrait double achat des eaux, — double catégorie d'indemnités, — construction d'un barrage en rivière sur un point où le succès

douteux serait toujours difficile. Il faudrait enfin, ce qui n'est pas praticable, construire pour l'adduction des eaux à Nimes, — sept kilomètres d'aqueduc, dont quatre en galerie à ouvrir dans une roche très-
dure, de plus que si l'on se contentait de dériver le Gardon à Boucoiran,
et il faudrait que tout cet aqueduc, depuis Massanes jusqu'à Nimes, fût
maçonné, voûté, et double.

C'est là l'obstacle dirimant de tout projet relatif à la source du Bourlu.
Comme la dépense serait énorme, ainsi que les chances aléatoires, et tout
à fait hors de proportion avec les avantages, je suis dispensé d'en parler
plus longuement.

J'arrive aux projets dont les points de prise d'eau sont aux environs
de Boucoiran, sur le bief d'amenée ou le canal de fuite des moulins de
M. de Calvière.

Après la restauration de l'aqueduc romain, c'est la provenance sur
laquelle l'attention publique a été le plus souvent appelée, s'est fixée le
plus longtemps.

Nous avons fait connaître avec détail les projets de MM. Blachier,
Delille, Valz et Perrier, qui ne sont au fond que des variantes sur la
même idée ; ils offrent tous les mêmes inconvénients, qui sont :

De provoquer des réclamations nombreuses et légitimes qu'on ne
pourrait apaiser qu'à de très-onéreuses conditions ;

De ne donner que de l'eau très-mauvaise à l'étiage et en temps de crue ;

D'exiger une dépense d'au moins quatre millions, et de présenter des
chances aléatoires d'augmentation des frais de travaux, si effrayantes qu'on
ne trouvera jamais de compagnie sérieuse qui veuille se charger de l'exécution à forfait, quoi qu'il arrive et sans réserve.....

M. Foëx a voulu remédier à plusieurs des inconvénients des conceptions
de ses devanciers et, pour atteindre ce but, il a proposé d'éloigner la prise
d'eau de Boucoiran, et de la porter en aval, au droit du village de Russan.

Mais, à l'entrée de cette gorge, et déjà depuis deux lieues, c'est-à-dire
depuis Brignon, le Gardon est complétement à sec à l'étiage, comme il
l'est encore pendant deux lieues en aval, c'est-à-dire jusqu'au moulin
Labaume.

M. Foëx *suppose* — « que , bien que l'on voie le lit de la rivière sans
eau sur un aussi long espace , *un courant souterrain puissant marche à*
quatorze ou quinze mètres de profondeur entre les graviers et la roche
inférieure ;

» Qu'on peut mettre ce courant à découvert par une tranchée , — l'arrêter au moyen d'un barrage parfaitement étanche , — le forcer à remonter
à la surface des graviers dans le lit d'hiver des eaux , *et même à quatre*
mètres de hauteur de plus.....

» Cela fait, *il ne resterait qu'à conduire mille pouces de liquide à Nimes,*
au moyen d'une galerie de 10,568 *m.* 81 *de longueur avec quarante-un*
puits d'une profondeur additionnée de 2,773 *m.*, *le plus favorisé n'en*
ayant que dix-sept, *et le plus profond cent vingt. Ce percé, en ligne*
droite, *serait exécuté au travers d'un massif de collines de roche néo-*
comienne. »

On s'aperçoit, au premier coup d'œil , que trop de choses dans ce projet
sont hypothétiques, aléatoires.

Pour la réussite , il faudrait d'abord : — qu'un courant souterrain
existât entre le gravier et la roche inférieure ; — on n'en sait rien.

Il faudrait que ce courant fût assez puissant pour fournir à une dérivation de mille pouces ; — on ne le sait pas davantage.

Il serait nécessaire qu'il cheminât juste entre le gravier et la roche
néocomienne , et non pas dans les fissures ou les anfractuosités de celle-ci;
— malheureusement , cette dernière hypothèse est la plus probable ; car
c'est par éjection violente et de la masse même de la roche néocomienne
que l'eau ressort au jour au moulin Labaume par un grand nombre de
sources vives.

Il faudrait de plus que , par l'effet du barrage projeté , le courant dont
on suppose l'existence voulût remonter de quatorze à vingt mètres de profondeur ; que le liquide ne s'échappât latéralement ni en s'infiltrant dans
les parois rocheuses de la gorge, ni même en passant au-dessous de la
construction ruineuse destinée à le faire surgir..... Pour arriver à la certitude sur ce point capital, il faut hasarder une dépense très-considérable,
bâtir le barrage de la vallée, pour ainsi dire, à la grosse aventure.....

Quant au bief d'amenée à Nimes, un percé continu de près de onze mille mètres en pleine roche, est un travail dont nul ne peut exactement apprécier la dépense *à priori*.

Enfin, en supposant que le barrage réussit, en supposant qu'à force de sacrifices on vint à bout de terminer la galerie, qu'obtiendrait-on après tant d'incertitudes et d'efforts? — De l'eau débouchant à la fontaine de Némausus, du sein de la montagne, *seulement à la hauteur des hémicycles*, c'est-à-dire laissant, à cause des niveaux respectifs, près de la moitié de la ville tout à fait privée des bienfaits de son usage !...

Je ne pense pas que nos édiles puissent jamais accepter un projet qui ne satisferait aux besoins que d'une partie de la population, — un projet dont on ne peut fixer, même approximativement, la dépense, et dont le succès, même avec toutes ces défectuosités, est entouré de tant d'obscurité et d'incertitude.

A la gorge de Russan se termine la possibilité de conduire l'eau du Gardon à Nimes par une simple dérivation de niveau. En aval de ce point, par l'effet de la déclivité naturelle de la vallée, la rivière est inférieure à l'assiette de la ville et l'emploi des machines devient indispensable.

Pour éviter à la fois les appareils mécaniques, les grands percés et obtenir du Gardon de l'eau pure, MM. Delachaise et Sigaud avaient imaginé de construire, à Moussac, un barrage filtrant, versant son produit dans la longue branche d'un siphon renversé de vingt-sept mille trois cents mètres de longueur, qui aurait suivi la vallée et les gorges rocheuses jusqu'au Pont-du-Gard.

Ce projet, assez séduisant en théorie, eût été malheureusement d'une réussite aussi incertaine que d'une ruineuse exécution.

Le barrage aurait-il saisi les eaux souterraines pour les faire remonter et les filtrer? — La galerie filtrante ne se serait-elle pas promptement envasée ? — Dans les gorges, depuis Russan jusqu'au Pont-du-Gard, la roche est à pic au-dessus de l'eau dans une foule d'endroits où il faudrait des percés, de longues entailles; — les contreforts des montagnes projettent des angles saillants suivis de reculs qu'une conduite sem-

blable ne pourrait franchir ou contourner sans de grands travaux d'art.
Ce projet fut regardé comme inadmissible par les juges du concours de
1847.

Nous ne rappellerons pas des idées beaucoup moins rationnelles, tendant au même but d'élever les eaux sans machines, comme les tuyaux à
pente insensible de M. Laurent, les tours emprisonnantes de M. Simil :
tout cela doit rester dans l'oubli ; mais nous devons mentionner une
autre forme que cet auteur a donnée à son idée fixe de forcer l'élévation
des eaux pour Nimes aux environs du pont de Saint-Nicolas.

Il dit :

« Le Gardon qui coule au nord de la ville gallo-romaine est encaissé
depuis *Ste-Anastasie-Russan* jusqu'à *Collias - La - Chapelle*, entre des
montagnes d'une assez forte élévation. *Il suffirait d'établir un barrage
à un point déterminé, et le plus favorablement rapproché de la ville de
Nimes, pour lui faire déverser ses eaux dans le Vistre et de là jusqu'à
Aiguesmortes.*

» Le point le meilleur serait au-dessous et presque vis-à-vis de Poulx,
pour faire refluer l'eau dans le vallon dit *du Loup*, au-dessous du mas
de Cabanne, d'où l'on dirigerait la tranchée vers Courbessac.

» *Cette tranchée n'aurait pas plus de deux mille mètres de longueur ;*
ce serait un jeu pour nos mineurs, qui n'auraient pas à creuser profondément, puisque, par l'effet seul du barrage, les eaux reflueraient
presque au niveau du sol de Courbessac, dont les eaux s'écoulent vers
Nimes.....

» On pourrait, en passant, je ne dis pas rétablir l'ancien aqueduc en
partant de Courbessac, mais en établir un nouveau pour donner de l'eau
aux quartiers les plus élevés de la ville et fournir aux besoins de ses fabriques.

» C'est là le seul moyen de résoudre promptement, efficacement, éco-
nomiquement, d'une manière grandiose et avec une immense utilité, la
question des eaux en faveur de la ville de Nimes ; il ne s'agit pas de quelques pouces d'eau, mais d'un canal de navigation.....

» Des avantages aussi immenses peuvent-ils être mis en parallèle avec

14

ceux d'un simple aqueduc pour lesquels on se montre disposé à sacrifier plusieurs millions, tandis que le canal s'effectuerait à moindre prix.....

» Le rehaussement de la rivière par le barrage ne nuirait à personne : le remou atteindrait à peine le gravier de Russan.....

» Il faudrait seulement protéger le vallon que suit la route d'Uzès (1), par une digue longitudinale qui s'étendrait depuis Saint-Nicolas jusqu'à la montagne qui se trouve au levant de cette plaine, afin que les eaux relevées ne l'envahissent pas..... »

Les idées que M. Simil soutient encore aujourd'hui ne valent pas mieux que celles qu'il a abandonnées.

Est-il facile et peu coûteux de relever de quarante à cinquante mètres le cours d'une rivière comme le Gardon?

De pareils barrages ne sont-ils pas ruineux à établir? Ne sont-ils pas facilement renversés et peut-on les rendre aisément étanches, surtout dans une gorge de roches calcaires à stratification lâche et tourmentée, pleines de failles, de cavernes, d'anfractuosités, de fissures? Le barrage, une fois construit, il n'arriverait pas à l'étiage une goutte d'eau sur son encrêtement.

« On mettra par une digue longitudinale le vallon de la Bégude à l'abri » des eaux relevées. » — C'est très-bien, mais on le transformerait en marécage; car c'est dans le Gardon, *à son niveau actuel*, que s'écoulent les eaux de pluie et les sources existantes. Or, d'une part, M. Simil aurait à élever le Gardon beaucoup plus haut qu'il ne croit pour réduire la longueur de son percé vers Nimes à deux mille mètres, et, par suite, il submergerait les habitations et les propriétés en amont de son barrage;

Ou bien, d'autre part, si l'on n'élève le barrage qu'à la hauteur indispensable pour Nimes, à celle de l'aqueduc romain, il faut exécuter en pleine roche huit à neuf mille mètres de percés, avec des puits de plus de cent mètres de profondeur.

Ce projet que j'ai déjà combattu (2) est donc inadmissible, parce qu'il

(1) Celui de la *Bégude*.
(2) Voyez *Histoire des Eaux*, tom. I, p. 248 à 265. Je n'ai rien à changer à mes jugements de 1843.

est très-coûteux et doublement aléatoire et qu'en temps de crue il ne fournirait que de la mauvaise eau, avec la presque certitude de n'en point
avoir à l'étiage.

Il est facile à un homme d'esprit de créer, d'enluminer dans son cabi-
net de magnifiques entreprises; mais c'est sur le terrain qu'il faut les étudier; car, sans cela, quelques chiffres positifs suffisent pour ruiner le plus
brillant échafaudage (1).

C'est par un procédé bien plus simple encore que MM. Bosc et Vigne
veulent approvisionner Nîmes, en augmentant de beaucoup le débit de la
Fontaine au moyen des eaux du Gardon.

Ils disent :

« Par une disposition exceptionnelle du lit du Gardon, il se trouve que,
peu au-dessous de Saint-Chaptes, tout à coup aux eaux basses, celles-ci se
précipitent dans un gouffre, courant ensuite sous un épais lit de gravier
pour venir reparaître au pont de Saint-Nicolas.

» Or, pour parer à cet inconvénient auquel se trouve lié le sort de la
Fontaine, une faible dépense suffirait :

» Dévier le lit du Gardon pour lui faire éviter le gouffre; former en
aval du pont de Saint-Nicolas un solide barrage : par ce double moyen,

---

(1) Moindre épaisseur de la chaîne de montagnes qui sépare Courbessac du Gardon à
l'altitude de l'aqueduc romain.. 8,600 m. »
Moindre épaisseur de ce massif à l'altitude du village de Courbessac..... ... 7,500 »
Altitude des hémicycles à Nîmes au-dessus du niveau de la mer........... 51 49
Altitude du radier du Castellum divisorium (arrivée de l'aqueduc romain à
Nîmes)... 59 036
Altitude du Gardon au moulin Labaume............................. 30 24
   —   au pont de Saint-Nicolas........................ 34   »
   —   à Russan.. 50 52
   —   à Saint-Chaptes................................. 69 70
   —   à Boucoiran..................................... 89   »
Altitude de Courbessac...................................... 80   »
D'où il résulte que, si l'on pouvait élever le Gardon par un barrage à la hauteur de Courbessac, on noierait les fonds riverains de Saint-Nicolas, Russan, Nozières, Dions, La Calmette, St-Chaptes, La Rouvière, Sauzet, Moussac, Brignon, Saint-Géniès, etc., en *temps
d'eaux moyennes*, et que serait-ce à l'époque des crues ?

l'on rétablirait le lit naturel de la rivière, et, en même temps, on relèverait l'étiage de manière à pouvoir sans cesse approvisionner les conduits souterrains que la Providence a creusés..... »

C'est le projet de M. Foëx, moins la nécessité de faire un percé ruineux. Les conduits souterrains existent partout dans ces collines et c'est ce qui rend impossible la construction d'un grand barrage étanche, ce qui sape et ruine par la base les projets de MM. Simil, Foëx, de Gasparin et bien d'autres. Des anfractuosités nombreuses existent, disons-nous; mais, malheureusement, si quelques-unes se dirigent vers Nîmes, elles n'arrivent pas jusqu'à la Fontaine. Le préjugé que notre source tire son alimentation du Gardon persiste depuis plusieurs siècles : je l'ai déjà combattu; mais, en 1851, j'ai observé et signalé des faits qui le rendent complétement inadmissible; nul ne peut raisonnablement soutenir un pareil système aujourd'hui (1).

Un concurrent qui n'avait jamais paru dans la lice, M. Lyonnet, s'y est présenté avec l'indication d'un grand nombre de changements à apporter à la situation du pays par rapport à ses cours d'eau : et les besoins de Nîmes ne sont pas oubliés. Nous allons rapidement indiquer ses systèmes divers de grandioses entreprises, en analysant le mémoire qu'il a déposé à l'Hôtel-de-Ville, le trente septembre dernier.

« Cet ingénieur civil commence par signaler les bienfaits de l'arrosage dans notre climat sec et brûlant;

» Il passe en revue les moyens d'irrigation applicables, d'après lui, aux départements de l'Ardèche, du Gard, de l'Hérault, et préconise la construction des grands réservoirs sur tous les cours d'eau : l'emploi des machines hydrauliques ne devant être qu'une exception.

» Il laisse le Rhône à l'écart à cause de l'infériorité de son niveau, et passe immédiatement à l'esquisse de huit conceptions des dimensions les plus larges.

» La première, reproduction agrandie du projet de M. Talabot de 1832, et même de celui de M. Jouvin de 1853, ne peut encourir en apparence le reproche du manque d'eau pour son exécution.

(1) Voyez Histoire des Eaux, tom. III, p. 104 et 105.

» M. Lyonnet barre le Gardon d'Anduze et tous ses affluents ; il crée partout de grands bassins de réserve : 1° pour retenir les eaux torrentielles, causes d'inondations désastreuses ; 2° pour maintenir dans la rivière un débit régulier.

» Il croit pouvoir arroser ainsi les deux rives du Gardon, la vallée du Vidourle, celle du Rosny, rétablir l'étang de Lognac, jeter des rigole fécondantes dans le vallon de la Seynes, sur la rive droite du Rhône, sur les hauteurs de Campuget, de Jonquières, de Beaucaire, de Saint-Gilles, de Fourques, pour en arroser tous les territoires ; il veut enfin alimenter Nimes avec profusion.... »

C'est un projet immense assurément : mais, d'abord, il faudrait des capitaux en proportion, et, de plus, soit dit une fois pour toutes :

Dans notre climat, l'eau provenant des réservoirs ne vaut rien pour l'alimentation des villes ;

Pendant l'été, des retenues aussi multipliées seraient une cause d'infection de l'air pour toutes les localités voisines ;

De grands barrages en travers de tous nos cours d'eau torrentiels nous menaceraient de débâcles bien plus dangereuses que les inondations ;

Enfin, tous ces prétendus réservoirs seraient comblés de terre, de gravier, de détritus des sols supérieurs dès la première année, et, au lieu de bassins profonds et utiles, le pays se couvrirait de larges surfaces marécageuses dans lesquelles il faudrait recreuser le lit des torrents.

On ne peut, avec fruit, créer des réservoirs que dans les lieux élevés, incultes, presque inhabités ; il faut les construire en dehors, non au travers des cours d'eau sujets à débordement, n'y amener que l'eau limpide, et, par conséquent, laisser écouler dans leur lit naturel les torrents qui charrient des pierres et du sable.

Seconde conception. « M. Lyonnet propose les mêmes opérations sur le Gardon d'Alais, pour arroser toute sa vallée, celle de la Seynes, les environs d'Uzès, les terres d'Arpaillargues, Collias, St-Bonnet, Meynes, Sernhac, Comps, Bellegarde, St-Gilles, Beaucaire, le littoral de nos étangs et la partie gauche de la vallée du Vistre. »

Mêmes objections que pour les travaux sur le Gardon d'Anduze et ses affluents.

Troisième conception. « Barrages dans la vallée de la Cèse et sur ses affluents, pour leur arrosement et celui des vallées d'Auzon, de la Candouillère, de la Tave ; pour le territoire de Remoulins et jusqu'à Codognan ; pour le bassin houiller d'Alais, *où les souterrains nécessaires rendraient de grands services pour l'écoulement des eaux des mines et pour faciliter l'extraction des charbons.* »

Quatrième conception. « Les roues hydrauliques, la machine à vapeur viennent en aide aux réservoirs. Un barrage de six à sept mètres, à Collias, mettrait des machines en jeu pour élever les eaux dans l'aqueduc romain (1).

» Ou bien les eaux seraient élevées par des machines *jusque sur la montagne* (ce qui serait à plus de cent cinquante mètres), *et conduites à Nimes jusqu'au pied de la Tourmagne, en arrosant les mazets du parcours et fournissant à Nimes cascades, jets d'eau, liquide d'alimentation, forces motrices.....*

» Les eaux de la Seynes et de l'Alzon passeraient en siphon sous le barrage de Collias ; traverseraient, par un percé, la chaine de montagnes entre Collias et St-Gervasy ; iraient déboucher à Marguerittes ; passeraient à Nimes et donneraient au Vistre la puissance d'action industrielle qui lui manque. Une machine à vapeur élèverait de cette dérivation ce qu'il faudrait pour la ville elle-même. *Si la Seynes et l'Alzon ne fournissaient pas assez, on appellerait à son aide l'étang de La Capelle.....* »

Ce sont de très-vastes idées sans doute ; mais où trouver les fonds nécessaires à leur réalisation ? D'ailleurs, l'eau de ce canal ne serait nullement potable.

J'exposerai tout à l'heure le *cinquième* projet ; — je passe au *sixième* :

« Il ne s'agit ici que de réunir les eaux que la pluie verse annuellement sur les *Garrigues*, sur les collines nord-est de Nimes, dans le triangle

(1) Cette proposition, c'est mon projet de 1845, déclaré le meilleur pour Nimes au concours de 1847 ; — mais toute analogie cesse au paragraphe suivant.

formé par la route d'Alais, celle d'Avignon et le Gardon ; de les conduire dans l'étang de Lognac, — et de les filtrer au-dessus de l'aqueduc romain qu'on restaurerait de ce point jusqu'à Nimes. » — Ceci n'est que l'extension de l'une de mes propositions les plus anciennes.

Septième conception. — « Celle-ci, intitulée à juste titre grand barrage de Collias, est la reproduction d'une idée de M. de Gasparin, agrandie par M. l'abbé Simil, agrandie encore par M. Lyonnet. Le projet actuel se compose de barrages sur le Gardon d'Alais et d'Anduze et sur tous leurs affluents, arrosant toutes leurs vallées ; d'un grand réservoir dans la combe de Charlot, pour l'irrigation des plaines de Sauzet et de Dions ; d'un canal élevé pour les terres des communes riveraines depuis Moussac jusqu'à Russan.

» Un barrage *géant* serait établi à Collias, et la plaine de la Bégude submergée ; mais on espère qu'elle se colmaterait bientôt. Le barrage étant élevé de vingt-cinq mètres, et les eaux du Gardon portées à la cote 42 (ce qui est modeste relativement aux idées de M. Simil, qui les élève aux environs de la cote 80), un souterrain de huit à dix kilomètres, mis en communication avec celui qui viendra de Dions, portera les eaux dans la plaine du Vistre, et le viaduc du chemin de fer de Montpellier sera bordé par une véritable rivière.

» Le barrage géant formerait en amont un bassin contenant au moins vingt millions de mètres cubes d'eau, au-dessous de la cote 42, et déduction faite de la perte par évaporation. Ce bassin fournirait de l'eau à deux rigoles, arrosant l'une la rive gauche, l'autre la rive droite du Gardon et du Rhône jusqu'aux marais ; tandis que la rivière que Nimes aurait conquise arroserait son territoire, mettrait en jeu des usines nombreuses et permettrait d'ouvrir un canal de navigation jusqu'à la mer.

» La chute du barrage géant permettrait de pousser de l'eau sur les collines de Nimes, de fournir les mazets, de créer des chutes précieuses à partir du pied de la Tourmagne jusqu'à l'Embarcadère, d'arroser la partie haute de la vallée du Vistre, de restaurer l'étang de Lognac, l'aqueduc romain.

« Le barrage placé aux environs du pont de Saint-Nicolas (1) ne don-
» nerait qu'une réserve de huit millions de mètres cubes d'eau, *qu'on*
» *courrait même le risque de voir disparaître en partie par des infiltra-*
» *tions pour ressortir plus loin* ; l'emplacement de Collias est donc pré-
» férable..... »

D'abord, rien ne prouve que la roche inférieure et latérale fût plus
imperméable à Collias qu'au moulin Labaume sous un pareille pression
d'eau ;

Ce qui est sûr, en second lieu, c'est que la vallée, ainsi barrée,
serait bientôt pleine de graviers et que le réservoir cesserait d'exister.

Par suite, on ne voit pas comment la vallée du bas-Gardon, Beaucaire
et les bords du Rhône pourraient être irrigués, quand le réservoir ne contiendrait que des graviers. Quant aux inondations, le réservoir une
fois plein, soit d'eau, soit de galets (il le serait toujours en automne),
n'influerait plus en rien sur le débit du Gardon dans les grandes crues,
et ce qui serait un danger permanent pour les villes et les populations riveraines, ce serait la rupture de cette construction, qui amènerait incon-
tinent une épouvantable débâcle.

Depuis longtemps, M. Auguste de Gasparin avait proposé de transformer en réservoir les gorges rocheuses du Gardon depuis Dions jusqu'à
Collias, et déjà, en 1849, j'avais fait à ce projet les objections que je
reproduis (2).

La huitième conception de M. Lyonnet consiste dans la construction
de réservoirs nombreux à former entre les montagnes de Lens et
d'Euzet.

Plusieurs de ces constructions seraient réalisables, et j'en accepte d'autant mieux la proposition que je l'avais faite moi-même, il y a quatre ans,
pour quelques-unes de ces localités, dans ma publication sur le service hydraulique ; — mais il faut attentivement peser les considérations de salubrité et de dépense, redouter les percés de montagne de neuf à dix mille

(1) C'est le projet de M. Simil.
(2) *Du Service hydraulique en France, de son importance et de son avenir*, 1re livraison,
p. 98 et 99, — et 2e livraison, p. 365.

mètres , ne pas compter sur des débits constants de quatre mètres cubes
par seconde, sur le fonctionnement, pour de pareilles fournitures, de siphons
passant de la rive gauche à la rive droite du Gardon. Tout cela est possible
au point de vue théorique , sans doute , mais non pas à celui de nos ressources pécuniaires actuelles. N'oublions pas que les budgets ne sont pas
des sources inépuisables , et que , pour l'approvisionnement des villes ,
l'eau des réservoirs ne vaut rien.

Je n'ai plus à examiner que *la cinquième proposition* de M. Lyonnet ,
et je la transcris en entier ; parce que, si tout est loin d'être admissible
dans ses conseils , ceux que j'ai à dessein placés hors de leur rang le sont,
du moins en partie. Mais ici , comme pour le grand barrage de Collias ,
M. Lyonnet a été devancé de plusieurs années. — M. Simil , M. de Gasparin , ont la priorité pour la première entreprise, — comme , pour la seconde, c'est à M. Eugène de Labaume et à moi que cette priorité appartient.
Au reste , on verra que , si dans les idées que je vais faire connaître il
y a beaucoup de choses conformes à celles que j'ai depuis longtemps formulées, il s'en trouve aussi que je ne saurais admettre , ce qui me
force à laisser même cette cinquième proposition de M. Lyonnet dans la
catégorie des projets inadmissibles.

Voici comment il s'exprime :

« L'étang de La Capelle touche à l'ouest le village de ce nom..... Son
plafond, plus élevé de quarante mètres que la ville d'Uzès, est à cent
soixante-et-dix mètres au-dessus du niveau de la mer. Il reçoit chaque année quatre ou cinq millions de mètres cubes d'eau.

» Après de fortes pluies, le fluide dans cet étang couvre parfois une
superficie de deux cents hectares : sa profondeur moyenne est alors de trois
mètres ; en temps ordinaire, il n'occupe que la moitié de cette étendue , sur
une hauteur moyenne de deux mètres. L'évaporation suffit quelquefois
pour en faire disparaître la plus grande partie, lorsque plusieurs années de
sécheresse se succèdent.

» La moitié de la contenance de cet étang, dont le sol est argileux, ne
produit guère ; on l'ensemence avec crainte ; l'autre moitié, au centre,
couverte de vase, a de la valeur. Son dessèchement serait facile et coûte-

15

rait peu ; mais on rencontre de l'opposition chez les propriétaires des vallées par lesquelles il pourrait s'écouler.

» Les montagnes à l'est, au nord et à l'ouest de Saint-Quentin, qui alimentent les ruisseaux d'Alzon et de Seynes, ont une surface d'environ quatorze mille hectares ; elles sont bien boisées et permettraient d'établir à peu de frais plusieurs réservoirs sur l'argile. Leur pente générale est vers la plaine des Fouzes située entre Saint-Quentin et Uzès.

» Il y aurait très-peu de travaux à faire pour diriger de ce côté les eaux de tous ces réservoirs.

»Le ruisseau d'Alzon et les trois sources de la vallée d'Eure font mouvoir dans cette vallée une quinzaine d'usines presque contiguës. On ne permettrait pas sans doute de leur enlever l'eau de ces trois sources, nommées fontaines d'Eure, pour les rendre à l'aqueduc romain, afin qu'il les conduisît, comme autrefois, dans la ville de Nîmes, à moins de donner régulièrement à ces mêmes usines une quantité d'eau égale à celle que fournissent moyennement les trois sources et le ruisseau d'Alzon.—Or, rien n'est plus facile.....

» Dans le vallon argileux boisé et de peu de valeur qui débouche près de Saint-Hippolyte de Montégu, sur un point plus élevé de cinq mètres que la ville d'Uzès et plus bas de trente-cinq que l'étang de La Capelle, j'emmagasinerais l'eau de ce dernier étang que je dessècherais et par lequel passeraient, sans s'arrêter, les eaux des montagnes qui souvent le remplissent (1).

» Ou bien, pour diminuer considérablement et d'une autre manière l'évaporation de l'eau de l'étang de La Capelle, je construirais une chaussée de trois à quatre mètres de hauteur, entourant la partie basse de cet étang ordinairement submergée, et contenant cent hectares. Je formerais alors un bassin capable de recevoir toute l'eau qui se présenterait, et, au besoin, cinq millions de mètres cubes (2). Je ferais un bourrelet de ceinture qui

(1) Je crois beaucoup plus rationnel de corriger les défauts du réservoir tout fait et qui fonctionne, que de dessécher celui-ci pour en construire un autre ailleurs de toutes pièces.

(2) La distribution, en temps utile, de trois millions de mètres cubes d'eau, suffirait non-

forcerait les eaux à se rendre dans le réservoir par plusieurs canaux en relief, ayant leur couronnement au niveau de celui de l'enceinte centrale, et, par ce moyen, les cent hectares restants ainsi desséchés pourraient être toujours cultivés (1).

» Dans le haut du ruisseau d'Alzon, j'arrêterais ses affluents ; — dans les gorges des montagnes au nord de Saint-Quentin, je réunirais aisément le produit des averses qui tombent de ce côté ; — dans la vallée de la Seynes enfin, depuis le serre de Bouquet jusqu'à Serviès, je rassemblerais une très-grande quantité d'eau au moyen de réservoirs établis sur ces divers points (2).

» On ne craindrait plus les inondations qui ravagent souvent la plaine des Fouzes, et les vallées de la Seynes et d'Eure. *On alimenterait régulièrement les usines de cette dernière vallée* (3) ; on donnerait à la ville d'Uzès, si elle le désirait, de l'eau potable et de l'eau d'agrément. L'eau potable serait puisée dans les sources de la Fontaine d'Eure et élevée par une machine hydraulique (4) ; l'eau d'agrément viendrait de l'étang de La Capelle, franchirait la vallée d'Eure au moyen d'un siphon ou d'un aqueduc suspendu sur lequel on pourrait passer à pied (5) ; celle qui ne serait pas utile pour l'arrosage de la ville ou de ses jardins descendrait presque perpen-

seulement pour indemniser les usiniers et les riverains de l'Alzon de la cession de ce que débite actuellement ce cours d'eau, mais encore triplerait ce dont ils jouissent au moment des besoins réels de l'étiage, comme je l'ai déjà prouvé ailleurs.

(1) J'ai proposé un moyen d'amélioration que je crois préférable. — *Histoire des Eaux*, tom. II, p. 133.

(2) Tout ceci se retrouve dans mes projets antérieurs, mais seulement sur une échelle plus en rapport avec les ressources d'argent disponibles.

(3) C'est une idée très-importante dont la priorité m'appartient.

(4) J'ai fait la même proposition.

(5) Passe pour le siphon dont la construction ne serait peut-être pas impossible ; mais pour l'aqueduc suspendu, sans doute sur une arcature, c'est une de ces gigantesques entreprises que les Romains pouvaient exécuter, mais qui est assurément hors de la portée des habitants d'Uzès. — Il faudrait deux mètres cubes d'eau pour arroser deux mille hectares ; l'avenir y pourvoira peut-être ; contentons-nous maintenant de satisfaire aux besoins industriels et domestiques des habitants de Nîmes et d'Uzès : la tâche est assez ardue.....

diculairement de cinquante-cinq mètres de hauteur pour se rendre aux usines.

» On arroserait la belle plaine des Fouzes, contenant au moins deux mille hectares, traversés par le ruisseau d'Alzon.

» On rendrait à la ville de Nimes la fontaine d'Eure conduite, comme autrefois, par l'aqueduc romain. En été, lorsque cette Fontaine produirait moins, *on conduirait sur le premier kilomètre de l'aqueduc romain de l'eau qui filtrerait dans un bassin étroit, à travers d'une couche de sable de 80 cent. d'épaisseur, reposant sur la voûte de l'aqueduc, voûte qui serait criblée de trous pour laisser pénétrer l'eau filtrée* (1).

» Enfin, si avec tout cela on désirait aussi de l'eau pour les fabriques de Nimes et l'arrosage de la plaine du Vistre, on construirait à Collias, comme au projet précédent, un siphon dans un barrage de six à sept mètres de hauteur dont la chute mettrait en mouvement des roues hydrauliques, et un souterrain débouchant dans la plaine du Vistre près de Margueritttes.

» Les ruisseaux d'Alzon et de Seynes, renforcés par les eaux des réservoirs, au lieu de se jeter dans le Gardon à la cote 27 mètres au-dessus du niveau de la mer, après avoir mis en mouvement les usines de la vallée d'Eure et de Seynes, seraient conduits à Collias à la cote 43 (2).

(1) Je revendique, comme m'appartenant, le projet d'amener à Nimes les eaux des sources d'Eure et d'Airan, en donnant comme dédommagement pendant l'étiage aux usiniers et riverains de l'Alzon un produit régulier et triple au moyen du liquide mis en réserve dans l'étang de La Capelle.

Mais je répudie le filtre proposé.

Nous savons que les filtres sont d'un entretien coûteux, qu'ils ne clarifient que très-peu d'eau, et qu'ils ne peuvent désinfecter qu'à l'aide du charbon l'eau marécageuse d'un étang; moyen inadmissible sur les quantités qu'il nous faut.

Mon système est plus économique et plus simple. Je verse dans le haut-Alzon, près de Saint-Victor, la vidange de La Capelle à l'adresse de l'agriculture et de l'industrie; et, d'autre part, pour conduire de l'eau potable à Nimes, je fais ce que faisaient les Romains, je saisis et emprisonne dans des aqueducs l'eau des sources d'Eure et d'Airan à leur point d'émergence.

(2) Mais il faudrait, pour cela, relever les eaux de l'Alzon presque depuis le vis-à-vis de Saint-Maximin.

» Là, toutes ces eaux traverseraient le Gardon dans le siphon du barrage ; — en le quittant, elles entreraient dans le souterrain , puis elles se rendraient à Nîmes par un canal qui irait longer le viaduc du chemin de fer de Montpellier.

» On pourrait même y joindre encore des eaux tirées par Arpaillargues du Gardon (1) et des réservoirs que l'on établirait dans les vallées situées sur la rive gauche de cette rivière et qui passeraient aussi par la vallée d'Eure pour augmenter la force des usines d'Uzès et le volume amené à Nîmes par le souterrain.... »

On voit que M. Lyonnet finit comme il a commencé : — par des conseils trop larges pour être immédiatement applicables , et que , de plus , sa mémoire lui rappelle beaucoup d'idées déjà depuis longtemps émises qu'il regarde assurément de très-bonne foi comme lui appartenant en propre. Je vais donner le complément des preuves de la priorité qui m'appartient *en ce qui concerne la transformation de l'étang de La Capelle en réservoir, à l'effet de remplacer, par son produit, l'eau des fontaines d'Eure qu'on ramènerait à Nîmes par la restauration de l'aqueduc romain.*

M. Eugène de Labaume écrivait le 1er septembre 1856 :

« Par son programme du 19 novembre 1825, Nîmes a mis au concours
» le projet d'amener trois cents pouces d'eau fontainière à une élévation
» suffisante pour qu'on puisse les distribuer, en toutes saisons, dans les
» quartiers les plus élevés de la ville : — il est à regretter qu'aucun des
» concurrents n'ait songé à rétablir l'aqueduc du Pont-du-Gard..

» Pénétré de l'importance de cette grande entreprise, j'ai fait , sur les
» lieux mêmes, des recherches que je vais exposer.

» Après avoir naturellement jeté les yeux sur la fontaine d'Eure , je
» compris que, ses eaux étant tombées dans le domaine public, il ne serait
» pas possible d'en disposer sans attenter à la propriété des habitants
» d'Uzès. Si cette difficulté n'existait pas, rien ne serait plus facile que de
» rétablir l'ouvrage des Romains (2)......

(1) Ce conseil n'est-il pas , à l'insu de l'auteur , un souvenir que lui fournit mon *Histoire des Eaux* ? Voyez tome I , page 288, on l'y trouvera textuellement.

(2) En 1852, j'ai prouvé que les sources d'Eure n'étaient pas tombées dans le domaine

Pour donner aux usiniers de l'Alzon d'autres eaux en compensation de celles d'Eure qu'on leur prendrait, M. de Labaume propose diverses combinaisons inadmissibles ; enfin, mieux inspiré, il dit :

« Il est probable que l'étang de La Capelle est entretenu par des sources » qui n'ont point d'écoulement. La hauteur de cet étang est de 170 mè- » tres ; il serait donc facile d'ajouter ses eaux au volume de celles que l'on » ferait entrer dans les ruisseaux qui forment, en se réunissant, celui » d'Airan ou d'Alzon... »

J'examinai en 1843, les projets de M. de Labaume, et après m'être prononcé contre celles de ses idées qui seraient d'une réalisation trop difficile, je conclus en disant :

« Arrivant au projet d'amener à Uzès les eaux de l'étang de La Ca- » pelle, je n'y trouve aucun inconvénient si leur quantité en vaut » réellement la peine.

» Si cet étang peut fournir de l'eau en abondance, soit par les sources » qu'il renferme, *soit comme réservoir suffisant des eaux pluviales d'hi-* » *ver qu'on prendrait petit à petit pendant l'été* ; si l'on peut en extraire » ainsi quatre ou cinq cents pouces pendant les trois mois de sécheresse, » ce serait une ressource bien précieuse, et notre grand problème serait » résolu.

» Ces cinq cents pouces qu'on aurait confondus avec les eaux d'Uzès, » *et jetés dans leur bassin, on aurait le droit de les reprendre à la nais-* » *sance de l'aqueduc romain, et Nimes recevrait, par ses canaux antiques* » *des eaux suffisantes qui arriveraient sans machines et par leur pente* » *naturelle* (1).....»

Voilà donc qu'en 1843, neuf ans avant M. Lyonnet, j'ai proclamé le premier la convenance *de transformer l'étang de La Capelle en grand réservoir des eaux pluviales pour la solution du problème d'alimentation de la ville de Nimes, n'ayant pas une confiance suffisante dans l'abon-*

public et que rien n'était plus facile que de les acheter de leurs deux propriétaires. — *Histoire des Eaux,* tome IV, livraison. 1ᵉ.

(1) *Histoire des Eaux de Nîmes,* t. I, pages 274, 280 et 281. — Article publié en mai 1843.

dance des sources qui contribuent peut-être à l'entretenir, et sur lesquelles
seules M. Eugène de Labaume avait cru devoir attirer l'attention
publique.

Je suis plusieurs fois revenu sur ce sujet, et notamment d'une manière
explicite et détaillée le 31 mars 1852, — avant que M. Lyonnet s'en
occupât (1), et je disais alors :

« En restaurant l'aqueduc romain, et reprenant les sources d'Eure pour
» Nimes, — au lieu d'une indemnité en argent que les intéressés trouve-
» raient toujours insuffisante, *il serait, à mon avis, plus facile, plus*
» *économique et plus avantageux de rendre aux irrigateurs et aux usi-*
» *niers de l'Alzon beaucoup plus d'eau qu'on ne leur en prendrait.*

» Ils auraient alors plutôt à remercier la ville de Nimes qu'à se plaindre ;
» et voici comment la chose est possible :

» A partir des sources d'Eure, l'Alzon roule pendant neuf mois de
» l'année environ trois quarts de mètres cubes d'eau; mais, pendant les
» trois mois restants, le débit diminue peu à peu, et aux époques où l'eau
» serait la plus précieuse, il se réduit à quinze cents et jusqu'à mille
» pouces.

» Le moindre débit connu pendant les étiages les plus arides a été de
» huit cents pouces et cela dure un temps très-court.

» Nimes prendrait mille pouces ; — exceptionnellement, si l'on veut,
» huit cents pouces seulement.

» Et, pour moins de cinq cent mille francs, on pourrait rendre dans le
» lit de l'Alzon plus du double de ce premier volume, pour l'industrie et
» l'agriculture locales. Certes, personne n'aurait plus à se plaindre.

» Car, pour quinze cent mille francs que lui coûterait la restauration de
» son antique aqueduc, notre cité retrouverait ses eaux de source pures
» et primitives.

» Et, pour les cinq cent mille francs que nous consentirions à dépenser
» de plus, les usiniers actuels de l'Alzon, au lieu d'une force motrice va-
» riable, incertaine, inconstante, faisant défaut précisément au moment

(1) *Hist. des Eaux de Nimes*, t. IV, p. 130 à 135.

» où les commandes sont les plus nombreuses et à plus haut prix, — les
» usiniers de l'Alzon, disons-nous, obtiendraient une force régulière,
» égale et modifiable à volonté, selon les besoins du sol et du commerce.

» Je m'explique :

» Pendant neuf mois de l'année, l'Alzon débite naturellement au moins
» trois mille pouces d'eau ; — Nîmes en prendrait mille, et deux mille
» resteraient dans le lit de la rivière au service de ceux qui en jouissent
» actuellement.

» Mais, à l'étiage, rien ne serait plus facile que de conserver le même
» débit.

» *Pour cela, il n'y aurait qu'à construire un réservoir d'une dimen-*
» *sion suffisante aux origines de l'Alzon.*

» Si l'on veut un demi-mètre cube de débit par seconde,

» Il faudra trente mètres cubes par minute ;

» Dix-huit cents par heure ;

» Quarante-trois mille deux cents par jour ;

» Et, pour trois mois ou quatre-vingt dix jours, trois millions huit cent
» quatre-vingt-huit mille : — un peu plus que la moitié de ce que con-
» tient le bassin de Saint-Ferréol, — un peu plus que ne peut emmaga-
» siner le bassin de Lampy. D'ailleurs la journée de travail des usines de
» l'Alzon n'étant que de douze heures, on pourrait réduire de moitié la
» capacité du réservoir (1).

» Or, les emplacements les plus favorables pour un pareil bassin se
» trouveraient dans les vallons de Castelnau, de Valabrix, *et surtout de*
» *l'étang de La Capelle* qu'on veut dessécher à grands frais dans un but
» d'assainissement et pour en donner l'emplacement à la culture ; à mon
» avis, il serait bien plus avantageux de changer un marais malsain en un
» réservoir salubre ;

(1) Un réservoir d'une capacité de deux millions de mètres cubes, en nombre rond,
n'est pas énorme ; à un mètre de profondeur moyenne, il occuperait 200 hectares — cent
à deux mètres de profondeur, — cinquante seulement à quatre —; et vingt-cinq hectares
à huit mètres de profondeur, ce qui serait les dimensions les plus favorables. L'évaporation annuelle ne serait que d'un quart, que les pluies d'été remplaceraient sans doute ;
car on ne passe guère trois mois sans pluie ou sans orage.

» De profiter pour l'amendement des terres voisines ; des dépôts vaseux
» que les siècles ont accumulés au fond, et d'utiliser, pour l'industrie et
» pour l'irrigation des vallons inférieurs, l'eau qu'on y rassemblerait en
» masse au temps des pluies... »

J'ajoutais la note suivante :

« On remédie à toute insalubrité des grands réservoirs, soit en pé-
» rayant l'intérieur, soit en le taillant en gradins horizontaux ; de ma-
» nière à ce que la couche d'eau ait toujours sur les bords au moins un
» mètre d'épaisseur. Les étangs et marais ne sont insalubres que parce que
» leurs bords, étant peu inclinés, ne se dessèchent que lentement ; que les
» végétaux y croissent et se décomposent, ou que le soleil peut agir sur
» le fond vaseux, au travers de flaques d'eau d'une minime épaisseur. —
» *Couper les bords à angle droit à une profondeur suffisante*, tel est,
» selon moi, le secret de l'assainissement des étangs. (1) »

Je dis de plus aujourd'hui : — Qu'on adopte mon creusement en gradins ;
— ou la chaussée circulaire, avec relèvement des affluents, indiquée par
M. Lyonnet : — dès que la surface de l'étang sera réduite, dès que cent
soixante-et-quinze hectares seront complétement desséchés, qu'il n'y aura
plus qu'une eau profonde, à bords très-inclinés, reléguée dans la partie
la plus éloignée des habitations, — on aura détruit toute cause d'insalubrité
pour les villages de La Capelle et de Masmolène, surtout si l'on entoure
le réservoir de plusieurs rideaux touffus d'arbres à haute et basse tige,
de manière à ce que le vent ne puisse plus raser la surface de l'eau, et
porter vers les habitations le peu qui pourrait rester d'effluves maré-
cageux.

On accomplirait ainsi un triple bienfait :

1° Nimes reprendrait sans contestation toutes les eaux pures d'Airan et
d'Eure, tout ce que débite actuellement l'Alzon ;

2° Uzès verrait doubler en été le volume de ses eaux d'irrigation, la
force motrice de ses chutes hydrauliques, la puissance de son industrie, et

(1) M. Lyonnet n'a déposé le manuscrit de ses projets à l'Hôtel-de-Ville, pour le concours, que le 30 septembre 1852 ; *mon dernier article écrit le 31 mars de la même année,
imprimé immédiatement, avait été distribué en juillet.*

16

rien n'empêcherait qu'on ne prélevât pour lui de la source d'Eure et qu'on ne poussât sur ses places publiques, la quantité d'eau pure qui serait nécessaire aux besoins des habitants ;

3° Deux localités, actuellement décimées par des fièvres marécageuses, La Capelle et Masmolène, acquerraient cent soixante-et-quinze hectares de terres arables, et une salubrité précieuse dont elles n'ont jamais joui ;

4° Enfin si, pour obtenir d'aussi beaux résultats, deux millions et demi ne pouvaient suffire, la munificence impériale a permis à la ville de Nimes d'en consacrer trois à cette entreprise, en ne demandant toutefois que deux millions aux ressources municipales.

On sent qu'un projet aussi bienfaisant, aussi facile à réaliser, n'est nullement à sa place dans la classe des *propositions inadmissibles* : .... Ce n'est qu'accidentellement, après avoir combattu une foule de systèmes plus ou moins erronés, que j'ai été forcé de m'en occuper pour revendiquer les droits de priorité qui m'appartiennent ;

Mais la restauration complète de l'aqueduc romain, la reprise des sources d'Eure et d'Airan, avec cession aux usiniers et riverains de l'Alzon d'eaux bien plus abondantes que celles dont ils jouissent, emmagasinées dans un réservoir formé sur l'emplacement actuel de l'étang de La Capelle, reprendront le rang qui leur appartient à si juste titre quand j'arriverai à la revue des projets praticables pour la ville de Nimes et pouvant satisfaire à tous les besoins.

DEUXIÈME CLASSE.

—

PROJETS EMPLOYANT, POUR ÉLEVER LES EAUX, LA FORCE D'UN COURANT, MOTEUR DES POMPES.

(Projets de M. Bouchet, — chutes d'eau à St-Privat et à Lafoux; — Projets de MM. Surell et Puech, — dérivation à Lafoux, machines au Mas Dulau; — Projets-Teissier, — prise à St-Privat, machines à Lafoux; — prise à Collias, machines à l'est et à l'ouest du Pont-du-Gard; — machines à Lafoux; — chute d'eau et machines au moulin Labaume; — chute d'eau et machines à Collias.)

Notre revue des dérivations de niveau est terminée. Par une conséquence inévitable de la déclivité du Gardon, nous arrivons, en aval de Russan, dans le domaine obligé des appareils mécaniques, des engins à mettre en action par une chute en rivière ou par l'effet de la vapeur.

Nous le savons, lorsque la disposition physique des lieux oblige de recourir à l'emploi des machines élévatoires, le moyen le meilleur de les mettre en mouvement, en thèse générale et abstraction faite de quelques circonstances particulières, c'est assurément l'emploi du moteur hydraulique.

S'il était vrai qu'une dérivation naturelle à niveau suffisant, qu'une simple rigole à pente fût impossible pour Nîmes, — alors on devrait s'occuper de l'établissement d'un barrage ; il faudrait créer une chute d'eau assez puissante pour mettre en action les pompes indispensables.

Une rivière seule peut fournir des éléments de force suffisante, — et la principale différence entre les divers projets à moteur hydraulique consiste dans l'emplacement que chaque investigateur croit le plus convenable, tant pour établir son barrage, que son canal d'amenée et ses machines.

On ne peut pas s'adresser à d'autre cours d'eau que le Gardon ; et, sur celui-ci, on a successivement indiqué comme emplacement de barrages : — le moulin Labaume, — Collias, — le moulin Carrière, — Saint-Privat, — Lafoux.

Pour la pose des appareils mécaniques et des pompes, on a désigné tour à tour : — le moulin Labaume, — Collias, — Saint-Privat, — les deux extrémités du Pont-du-Gard, — Lafoux, — enfin le Mas-Dulau : — avec des biefs plus ou moins longs de fuite et d'amenée.

La plupart de ces projets ont été jugés et bien jugés au concours de 1846. J'ai publié en entier le rapport de M. l'ingénieur en chef Varin sur ce sujet, ainsi que la décision de la commission spéciale (1).

Le projet préféré fut celui qui, pouvant dériver à volonté les eaux du Gardon ou de l'Alzon près de Collias, établissait une chute motrice de 8 m. 50 à l'extrémité nord-est du Pont-du-Gard.

D'après ce jugement de cinq ingénieurs en chef, le conseil municipal adopta, à l'unanimité, ce système dont j'étais l'auteur, et deux compagnies sérieuses se présentèrent pour son exécution à forfait.

Rien n'est changé dans l'état des choses depuis cette époque, et il reste constant :

Que mes projets de dérivation au moulin Carrière et à Saint-Privat, avec machines à Lafoux ; — que ceux de MM. Bouchet, Surell et Puech doivent être mis à l'écart : — et que, pour la prise d'eau sur le Gardon, Collias est le point le plus convenable, comme la culée nord-est du Pont-du-Gard pour l'emplacement des machines.

En voici les motifs :

Projets Bouchet. — Les propositions de M. Bouchet aîné consistaient à utiliser sur place les chutes des moulins de Saint-Privat et de Lafoux, pour réunir dans l'aqueduc romain les eaux que des pompes auraient élevées ; *malheureusement, on ne pouvait obtenir ainsi que trois cents pouces à l'étiage.*

L'auteur évaluait les dépenses à seize cent mille francs ; mais il faudrait en ajouter au moins deux cent mille pour frais d'entretien et de surveillance capitalisés des deux établissements, ce qui porterait les sacrifices de la ville à dix-huit cent mille francs, *et le prix du pouce d'eau à six mille, ce qui est beaucoup trop cher.*

(1) Voyez *Histoire des Eaux*, tom. II, p. 1 à 71.

De plus, le service serait souvent mauvais ou interrompu ; car , pendant quarante à cinquante jours de l'année , l'eau serait bourbeuse et détruirait les machines si on ne les arrêtait pas en temps d'inondation ou de simple crue ; — tandis qu'à l'étiage , ce liquide serait de qualité très-médiocre.

Enfin , les intérêts de la contrée environnante et de la cité nimoise même s'opposent à ce qu'on supprime à la fois les deux usines importantes de *Saint-Privat et de Lafoux.*

Projets Surell et Puech. — Le grand projet de ces Messieurs s'élèverait à 2,410,000 fr. et le petit à deux millions, y compris les frais d'entretien et de surveillance nécessaires pour des fournitures de six cents et de quatre cents pouces , ce qui porterait le pouce d'eau , dans la première hypothèse, à 4,017 fr., et à 5,250 fr. dans la seconde : *ce qui est encore trop coûteux.*

« D'ailleurs , dit la Commission, ces projets n'offrent, ni l'un ni l'autre,
» une garantie suffisante contre une très-forte réduction lors des étiages
» extrêmes.... »

Comme dans le projet Bouchet, les eaux seraient bourbeuses, ou le service interrompu en temps de crue ; car, sans cela , les pompes seraient bientôt détruites et le canal d'amenée envasé.

Pendant les chaleurs , l'eau, à découvert dans ce canal de neuf mille mètres , large, peu profond sur les bords et creusé dans les limons gras de la plaine ; l'eau, disons-nous, se détériorerait plus encore que dans le lit caillouteux de la rivière ; elle serait absolument impotable à l'issue de ce fossé envahi par les herbes et les reptiles ; et recevant, en temps de pluie , le stillicide des engrais de tous les terrains supérieurs.

« La force motrice, à l'étiage , dit le rapport de la Commission, pouvant
» être réduite à moins d'un mètre cube (0 m. 75), on ne pourrait plus
» fournir à Nimes que *deux cent vingt-cinq pouces d'eau* , et, dans ce cas
» *surtout* , la saveur risquerait d'en être beaucoup altérée , à cause de la
» moindre profondeur du liquide dans le canal d'amenée , et du ralentis-
» sement de sa vitesse.

» La nécessité du curage fréquent de ce bief interromprait souvent le
» service..... »

Enfin, la suppression du moulin de Lafoux éprouverait des obstacles
probablement insurmontables.

A la vérité, *comme force motrice*, le Gardon ne sert plus à rien en aval
de Lafoux; mais, comme élément de salubrité, de fraîcheur, de fertilité,
c'est bien autre chose, et les propriétaires de la rive gauche s'opposeraient
à juste titre au détournement complet, sur le bord opposé, des eaux d'été
du torrent.

Certaines communes crurent devoir protester contre le puisage de huit
cents pouces que je voulais qu'on pratiquât au Pont-du-Gard..... Quelles
ne seraient pas les plaintes, lorsqu'on priverait l'un des bords de toute
l'eau de la rivière?.....

Dans un opuscule récent, M. Puech offre à la ville de Nîmes *beaucoup plus d'eau* qu'il ne le faisait en société avec M. Surell, *et pour
moins d'argent* (1) !.....

Je ne puis vérifier la possibilité de la réduction pécuniaire, alors que
ni plans, ni devis n'ont été déposés; je dois croire qu'à cet égard M. Surell
avait fait le mieux possible.

M. Puech rapproche ses machines élévatoires du Gardon pour diminuer
la longueur du canal de fuite .....; n'y aura-t-il pas inconvénient et
danger ?

Il supprime le bassin de repos des eaux, que M. Surell plaçait sous les
pompes; — l'état de celles-ci ne tarderait pas à témoigner contre les inconvénients d'une pareille économie.

La chose essentielle, d'ailleurs, ce n'est pas de dépenser un peu moins,
— *mais d'avoir un volume suffisant d'eau pure.*

Or, la pureté manquerait évidemment pendant les crues trop fréquentes
de la rivière, et, dans ce projet plus que dans tout autre, la salubrité des
eaux se trouverait compromise à l'étiage.

Quand au volume que, maintenant, M. Puech seul offre de fournir,

(1) *Note explicitive et détail estimatif d'un projet de conduite d'eau.* — Nîmes, février
1853, in-8° de 23 pages.

le chiffre en est illusoire, par suite d'erreurs graves qu'il importe de signaler.

Il assure *pouvoir toujours dériver deux mètres cubes du Gardon*, attendu que cette rivière en roule plus de trois, et que, par conséquent, il élèvera constamment 686 pouces d'eau pour Nîmes ; — la brochure va même jusqu'à offrir 857 pouces, par l'adduction de trois mètres cubes d'eau sur les appareils moteurs.

Le relevé que j'ai donné des jaugeages connus du Gardon prouve que la chose est impossible, et qu'on doit se borner aux offres de M. Surell, de six cents et de quatre cents pouces, *qui peuvent même, d'après la Commission, diminuer de près de moitié à l'extrême étiage.*

D'après M. Puech, la chute d'eau qu'il veut établir par sa dérivation depuis Lafoux jusqu'à Montfrin est supérieure à toutes celles qu'on pourrait créer, avec des dépenses équivalentes, en amont de Lafoux. C'est une erreur que j'ai déjà relevée : j'y reviens pour la dernière fois.

Le niveau du Gardon, à Collias, est, au-dessus de celui de la mer, de .... 25^m 00

La cote, sous le Pont-du-Gard, est à 19 80

Au pied du barrage de Lafoux, à 14 60

Sous le pont de Montfrin, à 7 10

Voilà l'état de la rivière, duquel il résulte qu'entre Collias et le Pont-du-Gard on a :

Longueur............ 5,500^m, pente............ 5^m 20

Entre le Pont-du-Gard et Lafoux :

Longueur........... 4,500^m, pente............ 5 20

Entre Lafoux et le pont de Montfrin :

Longueur........... 10,000^m, pente............ 7 50

Dans l'état naturel, la pente, proportionnellement à la distance, est donc moindre en aval de Lafoux qu'en amont, *contrairement à ce qu'on Cavance.*

Le barrage de Lafoux fait probablement sentir son action jusqu'au Pont-du-Gard ; mais, si nous ne faisons qu'une section en amont de Lafoux et une en aval, nous avons :

Section d'amont, longueur 10,000ᵐ, — pente 10ᵐ. 40.
Section d'aval, longueur 10,000ᵐ, — pente 7ᵐ. 50.
On voit combien M. Puech a erré dans son appréciation.

Il dira peut-être : — « Cet auteur n'entend pas parler de l'état naturel de la rivière, mais de celui où on la placera par des travaux appropriés pour en retirer toute l'utilité possible ; — il parle seulement de la hauteur des chutes qu'on pourra créer en amont ou en aval de Lafoux, comparées à la longueur de leurs biefs respectifs et aux dépenses nécessaires pour chaque établissement.... »

Ici l'erreur est plus forte encore.

Je construis le barrage de Collias : — vous achetez celui de Lafoux qui vous coûte plus cher que le mien.

Mon bief d'amenée n'a que cinq mille mètres de longueur ; — le vôtre en a neuf mille : l'économie est encore de mon côté.

Enfin, j'obtenais en 1846 une chute franche de 8 m. 50, quand M. Puech n'en peut créer qu'une de huit, — et, de plus, la Commission a reconnu qu'en exhaussant le barrage de Collias, la chute au Pont-du-Gard pouvait facilement être portée à dix mètres, tandis qu'il est impossible d'exhausser le barrage de Lafoux.

Enfin, si je voulais donner une longueur de dix mille mètres seulement à mon canal d'amenée, c'est-à-dire, si je l'ouvrais sur la rive droite du Gardon, depuis Collias jusqu'à Lafoux, je pourrais avoir plus de quinze mètres de chute utilisable, — tandis que le chiffre de huit est invariable entre Lafoux et Montfrin.

Celui de mes projets que M. Puech critique vainement fut, à juste titre, trouvé le meilleur au concours de 1847, par des motifs que je dois rappeler :

1° Parce qu'il laissait subsister le moulin de Lafoux ;

2° Parce qu'avec le bief le moins long j'obtenais la force motrice la plus considérable ;

3° Parce que, sur le parcours que j'adoptais, je pouvais détourner le plus d'eau avec le moins de dommages ;

4° Parce que le liquide que je fournissais était constamment potable,

— attendu qu'à l'étiage , la dérivation se faisait sur un point du Gardon où son produit n'est pas encore altéré , — et qu'aux époques de crue de cette rivière , je pouvais puiser dans le bas-Alzon dont le débit reste limpide , ou , du moins, est loin d'être chargé d'une proportion aussi forte de sable ou de gravier. Un bief d'amenée , maçonné et voûté jusque sous les machines, conservait au liquide sa pureté initiale ; . . . . .

5° Enfin , et c'est ici l'avantage qui seul eût été déterminant , et dont M. Puech ne parle pas : — *Mes appareils hydrauliques placés au Pont-du-Gard n'avaient à élever l'eau que de trente-sept mètres ; tandis que ceux de M. Puech, placés à Montfrin , ont forcément à le pousser à cinquante-trois !* . . .

On conçoit, en effet , que , nonobstant la hauteur des collines qui séparent la vallée du Gardon de celle du Vistre , plus on remontera l'établissement de puisage le long du cours du premier , et plus on se rapprochera de l'horizontale de Nimes. En principe , et toutes choses d'ailleurs égales , le puisage préférable est celui où l'on prend les eaux au niveau le plus élevé , c'est-à-dire au point le plus en amont possible sur le cours de la rivière.

Entre Collias et Montfrin , la pente naturelle de celle-ci est de dix-huit mètres , et cette quantité à soustraire n'est pas à dédaigner comme amoindrissement de l'effort de puisage.

Je puis porter la crête de mon barrage de prise , à Collias , à la cote. . . . . 55 m. »

Mes pompes , placées au Pont-du-Gard , peuvent puiser à la cote. . . . . 34 »

Le point obligé d'arrivage à Nimes , à un mètre au-dessus du *Castellum divisorium* , est à . . . . 60 »

Le radier de l'aqueduc sur le Pont-du-Gard , point le plus élevé de mon parcours , étant à 65 m. 55. , je ne suis tenu d'élever l'eau qu'à la cote. . . . . 66 »

La différence entre mon point inférieur de départ des eaux ou de puisage , et celui de versement sur le point culminant de l'antique aqueduc , — ou l'effet ascensionnel que mes appa-

17

reils mécaniques doivent produire, est donc de 32 mètres ou,
au maximum, de............................... 33 »

Si nous examinons, au même point de vue, les conditions matérielles
du projet de M. Puech, nous trouvons :

La crête de son barrage à Lafoux, qu'il lui est impossible d'exhausser,
à la cote................................... 18 m. 50

Et, même en donnant à son bief d'amenée une pente moins
considérable que celle que je donne au mien, ses pompes ne
puiseront qu'à la cote.............................. 17 »

Le point obligé d'arrivée à Nimes est, nous l'avons vu, à la
cote... 60 »

Mais, le coteau qui sépare le mas Dulau, emplacement des
appareils hydrauliques, du mas de Pazac où les constructions
nouvelles doivent rejoindre l'aqueduc romain, ce plateau, qu'il
faut nécessairement franchir, s'élève à la cote........... 70 »

La différence entre le lieu de puisement et le point culminant
de l'aqueduc de M. Puech, c'est-à-dire l'effet ascensionnel que
ses machines doivent produire est donc de 53 à 54 mètres... 54 »

De sorte que, quand toutes les autres conditions se trouveraient identiques, la résistance que M. Puech aurait à vaincre serait de cinq, et la
mienne seulement de trois, ou, en d'autres termes, quand il ne pourrait
élever que trois parties d'eau, je pourrais en élever cinq.

Cette infériorité, qui est énorme, devrait suffire, quand elle serait la
seule, pour ranger le projet de M. Puech au rang des systèmes inadmissibles ; mais le volume plus grand de la fourniture n'est pas mon seul
avantage.

En effet, tout en élevant, sans plus d'effort, deux cinquièmes d'eau de
plus que M. Puech, je la fournis irréprochable, tandis que celle du
projet concurrent serait malheureusement impotable au moins un tiers de
l'année.

Projets Teissier.— Je ne dirai qu'un mot maintenant des premiers projets que j'ai faits, suivant lesquels je plaçais mes appareils hydrauliques

soit à Lafoux, soit à la culée sud-ouest du Pont-du-Gard, — soit à Collias, soit au moulin Labaume. J'en ai fourni tous les détails ailleurs, et puisque je les laisse moi-même sur le second plan, *leur préférant, avec le jury de 1847, celui où les pompes élévatoires se trouvent à la culée nord-est du Pont-du-Gard*, je n'ai qu'à exprimer rapidement les motifs de cette préférence.

Mon projet déclaré le meilleur par les juges du concours ne coûtera que deux milllions cinq cent mille francs, — ne lèsera aucun intérêt sérieux, — produira huit cents pouces d'eau fraîche et salubre, et cette unité ne coûtera que 3,125 fr. — C'est évidemment le meilleur de tous ceux où les machines élévatoires sont mises en action par une chute en rivière.

En effet :

1° Mon projet, avec prise d'eau à Saint-Privat et machines à Lafoux, coûterait deux millions, détruirait deux usines nécessaires, *et ne produirait que trois cents pouces d'une eau qui ne serait pas irréprochable et qui reviendrait pourtant à 6,667 fr. le pouce* ;

2° Mon projet de prise d'eau à Collias, avec machines au sud-ouest du Pont-du-Gard, quoiqu'en apparence pareil avec celui où le bief d'amenée est creusé sur la rive gauche et que j'adopte de préférence, — le projet de la rive droite, en un mot, est inférieur à l'autre sous le rapport de la qualité de l'eau ; car, sur la rive droite, on n'a pas la faculté de puiser indifféremment dans le Gardon ou dans l'Alzon, suivant l'occurrence.

Du reste, la quantité puisée et le prix de revient seraient les mêmes sur les deux rives.

3° Par mon projet avec dérivation à Collias, canal d'amenée jusqu'à Lafoux, restitution de ce qui aurait servi comme force motrice dans le bief supérieur de ce moulin, — on aurait une chute de plus de quinze mètres, qui, pour moins de trois millions, permettrait de pousser dans l'aqueduc romain environ douze cents pouces d'eau ne coûtant pas 2,500 fr. le pouce ; mais, sous le rapport de la qualité, nous trouverions les mêmes inconvénients que dans le projet qui précède ;

4° Il en serait de même avec mon projet de prise d'eau à Collias, dont le canal d'amenée serait toujours sur la rive droite, mais dont l'eau motrice ne serait rendue que dans le bief inférieur de Lafoux. Ce projet, donnant une chute franche de dix-sept mètres, et ne coûtant pas deux cent mille francs de plus que celui dont je viens de parler, me fournirait les moyens d'élever environ quinze cents pouces d'eau dans le canal antique, et le prix de revient serait le plus modéré de tous, puisqu'il ne dépasserait pas 2,130 fr. le pouce.

Mais, pendant le tiers de l'année, la qualité de l'eau laisserait à désirer presque autant que dans les projets Bouchet et Puech, et il faudrait sacrifier les deux ateliers importants de mouture de Lafoux et de Saint-Privat.

Enfin, depuis le concours de 1846, j'ai étudié deux projets importants avec chute d'eau puissante, sans bief d'amenée, savoir :

5° Par l'un, les appareils hydrauliques, établis au moulin Labaume, *pourraient* fournir, avec six mètres de chute, neuf cents pouces d'eau à la hauteur de l'aqueduc romain, moyennant quinze cent mille francs de dépense, ce qui ne porterait l'unité qu'à 1,700 fr. environ ;

6° Par l'autre, les machines élévatoires, placées un peu en amont de Collias, pousseraient dans le canal antique, au moyen d'une chute de sept mètres, neuf cents pouces d'eau pour dix-huit cent mille francs, ce qui ne ferait que 2,000 fr. par pouce.

L'eau puisée à Labaume et celle prise à Collias seraient irréprochables en tout temps, excepté pendant les crues ; il semble donc que ces deux projets offrent des avantages plus grands que celui qui fut choisi par la Commission spéciale au concours de 1847. Je ne les avais pas dressés alors et j'ignore quel jugement la Commission en aurait porté ; elle aurait peut-être redouté, comme moi, les chances aléatoires.

En effet, pour communiquer du moulin Labaume à l'aqueduc romain aux environs de Saint-Gervasy, il faudrait un souterrain percé au travers de la chaîne interposée, qui aurait 5,600 mètres de longueur, et dont le puits, à la vérité le plus profond, n'aurait pas moins de 121 mètres.

A Collias, le souterrain serait forcément de six mille mètres, et le puits répondant au faîte de la montagne à franchir en aurait 135.

J'ai calculé le devis des deux entreprises sur les prix que M. Foëx adoptait pour son propre projet et qu'il déclarait suffisants ; je les trouve beaucoup trop faibles ; mais cela rend plus facile la comparaison de mon système, avec celui de l'ingénieur marseillais. Le rapport connu, je pense qu'il serait sage d'ajouter à la prévision de chaque projet un million pour les augmentations probables de la dépense des percés en galerie, des foncements de puits, et surtout pour les chances aléatoires.

A ce compte, les prévisions pour le projet du moulin Labaume seraient de deux millions et demi, ce qui porterait l'eau à 2,777 fr. le pouce ;

Et les prévisions du projet de Collias étant de 2,800,000 fr., le prix de l'unité serait de 3,111 fr., taux encore fort modéré si l'entreprise s'exécutait dans ces limites.

Au reste, à mon avis, l'un de mes projets, — celui du moulin Labaume, ne devrait être essayé que dans le but, qu'en élevant le barrage *de plus de six mètres*, on parviendrait peut-être à pousser plus d'eau dans la galerie et à amoindrir le prix de revient. Mais, ici, commencent des chances aléatoires d'une autre nature, celles de la perméabilité du barrage ou du sol sur lequel on l'établirait.

Quant au projet de Collias, il n'y aurait lieu de l'accepter qu'avec la résolution de tenter la même expérience et dans le cas où l'on en lierait l'exécution avec la reprise des sources d'Eure auxquelles on arriverait en restaurant l'aqueduc romain depuis Nimes jusqu'au ruisseau de Cabrières, en perçant la montagne depuis ce point jusqu'à Collias, enfin en construisant un aqueduc nouveau depuis Collias jusqu'au moulin de Carrière ou de Cabiron sous Uzès (1).

En dehors de ces combinaisons hardies, je pense que la ville doit continuer sa préférence au projet que la Commission de 1847 avait adopté.

Voici, du reste, le prix de revient de l'eau, par pouce, pour chacune des diverses propositions d'emploi de moteur hydraulique faites successivement :

Suivant mon projet de dérivation à Saint-Privat.......... 6,667 f.
Suivant le projet de M. Bouchet, avec machines à St-Privat,

(1) Voyez *Histoire des Eaux de Nimes*, tome IV, de la page 217 à la page 290.

et à Lafoux. . . . . 6,000 f.

Suivant le petit projet de MM. Surell et Puech , avec machines au Mas-Dulau. 5,250

Suivant le grand projet des mêmes, machines au même lieu.. 4,017

D'après mon projet de dérivation à Collias, et chute au Pont-du-Gard. 3,125

Projet pareil sur la rive droite (eau de qualité inférieure) . . . 3,125

Même prise à Collias , chute à Lafoux dans le bief supérieur du moulin *(idem)* 2,500

Même prise, chute à Lafoux dans le bief inférieur *(idem)* . . . 2,130

Chute d'eau et pompes au moulin Labaume. 2,777

Enfin , barrage et appareils élévatoires placés à Collias. 3,111

TROISIÈME CLASSE.

—

PROJETS EMPLOYANT L'ACTION DE LA VAPEUR POUR ÉLEVER LES EAUX.

(Provenance du Rhône : — Système de MM. Ramus, Brouzet, Chaussard. — Provenances du Gardon : — 1° Au pont de Montfrin, — Projet de MM. Ramus et Fauquier ; — 2° à Lafoux ; — Projets Delon , Charles Durand , Didion et Talabot , Dombre , Peyret-Lallier ; — 3° Au Pont-du-Gard, — Projets de Ramus et de M. Simon Durant; — 4° Prise à Collias, machines au Pont-du-Gard, — Projets Teissier ; — 5° Comparaison de l'emplacement des machines à feu à Lafoux et au Pont-du-Gard.)

Il a été reconnu jusqu'à présent que les villes ne doivent accepter qu'à la dernière extrémité, pour leur approvisionnement, l'emploi coûteux et toujours instable de la vapeur.

Nimes peut, heureusement sans de trop grands sacrifices, obtenir de l'eau arrivant par sa pente naturelle, ou, tout au moins, de l'eau qu'on élèverait par l'action pérenne et économique d'un courant, et selon moi :

Quand l'établissement d'une rigole à pente serait deux fois plus coûteux que l'emploi du moteur hydraulique, on devrait la préférer ;

Quand il faudrait, pour celui-ci, dépenser deux fois plus qu'en recourant aux fourneaux et chaudières , il ne faudrait pas hésiter non plus : j'en ai dit les motifs à plusieurs reprises.

Toutefois si , pleins de confiance dans des progrès bien nouveaux et contestables encore ; — si , mettant de côté toutes les considérations de prudence et de sage prévision que je me suis efforcé de faire valoir , on se décidait , vaille que vaille, pour l'emploi du combustible , je dois faire observer qu'après une résolution aussi grave , il resterait encore plusieurs choses très-importantes à examiner , — comme la qualité de l'eau à élever et le lieu dans lequel les appareils peuvent être placés avec le plus d'avantage.

Trois provenances distinctes ont été proposées pour se procurer de l'eau par l'emploi de la vapeur :

Le Rhône , — le sol nimois ou la vallée du Vistre , — et le Gardon.

Certes , au Rhône , l'eau ne saurait manquer et le puisage par les pompes à feu ne porterait préjudice à personne.

Mais le fleuve est plus éloigné de Nîmes que son affluent ;

Mais la ligne de faîte à franchir , pour arriver par le point le plus court de la vallée du Rhône dans celle du Vistre , est plus élevée que les points de passage que les Romains avaient choisis par St-Bonnet et par Lafoux pour arriver dans la vallée du Gardon.

Les conduites forcées seraient beaucoup plus longues et, par conséquent, bien plus coûteuses du côté du fleuve ;

Enfin l'eau de celui-ci , très-peu potable (1) , et habituellement plus sablonneuse que celle du Gardon, userait plus vite les machines.

On sait que le canal de navigation de Beaucaire à Aiguesmortes tire son alimentation du Rhône. En 1846 , M. Puech offrait à M. l'ingénieur Bouvier d'établir une minoterie à l'écluse de Charanconne où se trouve une chute de deux mètres dont il offrait dix mille francs de fermage. — « Quand vous en offririez vingt-mille , lui dit l'ingénieur du canal , je ne » donnerais pas mon consentement, parce que le débit constant de l'eau

(1) On sait que les nombreux étrangers qui fréquentent la foire de Beaucaire sont éprouvés, en arrivant, par la mauvaise qualité de l'eau.

» qui vous serait nécessaire , occasionnerait dans le bassin du canal des
» dépôts considérables, dont l'enlèvement serait trop coûteux....»

» *Deux dragues fonctionnent constamment pour enlever les dépôts*
» *ordinaires (1).* »

Si l'on veut obtenir du Rhône de l'eau limpide , et, *du moins sous ce*
rapport dans tous les temps potables , il est nécessaire de recourir ,
comme on va le faire à Lyon, à l'emploi des galeries filtrantes creusées
dans les graviers de la rive, — ou bien au filtrage domestique, —
moyens coûteux, assujettissants, dont on doit chercher à s'affranchir ,
parce que le peuple néglige toujours ou exécute fort mal l'opération privée, et parce que le filtrage dans un banc naturel de gravier ne réussit pas
partout, et ne persiste pas indéfiniment dans des lieux où , après de
grandes dépenses, on est d'abord parvenu à l'établir avec succès.

La provenance du Rhône doit donc être de prime abord rejetée , ce qui
met hors de cause les systèmes de MM. Ramus et Brouzet que nous avons
déjà décrits et combattus dans notre grand ouvrage (2), et celui de
M. Chaussard, qui n'a été présenté qu'au concours actuel.

Une singulière erreur s'était répandue et accréditée au sujet des propositions de ce dernier.

Il offrit, au mois d'août 1852, d'élever du Rhône par la vapeur et de
conduire à Nimes six mille mètres cubes par vingt-quatre heures , dont il
céderait la moitié à la ville au prix de soixante mille francs par an pour
quatre-vingt-dix ans, se réservant le privilège exclusif de vendre le
reste aux particuliers au prix annuel de dix francs par chaque hectolitre fourni tous les jours.

Là dessus, le public se persuade que M. Chaussard va conduire à
Nimes *six mille pouces d'eau* , dont trois mille seront livrés aux usages
publics, et le reste vendu en détail aux particuliers...... L'enthousiasme eût été légitime, s'il n'avait reposé sur une erreur trop lourde ; car
M. Chaussard ne promettait *à la ville* que cent cinquante pouces, au lieu

(1) Puech. — *Note explicative, etc.* , p. 20.
(2) *Histoire des Eaux*, tome I , p. 346 et p. 978.

de trois mille.... et ne s'en réservait qu'une quantité pareille pour la vendre à son profit.

A la vérité, comme dix francs par an, pour un hectolitre livré tous les jours, produisent deux mille francs de rente par pouce, ou quarante mille francs en capital, — *les cent cinquante pouces réservés représentaient une rente de trois cent mille francs, ou un capital de six millions,* ce qui était encore assez joli, sans compter les soixante mille francs par an que devait fournir la bourse municipale.

La faveur du public cessa dès qu'il comprit la proposition, qui fut modifiée au mois de novembre suivant. «M. Chaussard offrit alors de construire ses appareils pour être en mesure d'amener à Nimes 500 pouces, dont l'édilité ne pourrait acheter moins de cent cinquante, ni plus de trois cent trente.

« La caisse municipale paierait ces eaux, par année, à vingt francs le mètre cube quotidien, ce qui produirait *une rente de soixante mille francs si l'édilité prenait par jour trois mille mètres cubes ou cent cinquante pouces,* — et une rente de cent trente-deux mille francs si elle voulait six mille six cents mètres cubes quotidiens, ou trois cent trente pouces.

» La rétribution devrait se payer pendant quatre-vingt-dix-neuf ans; — mais, si on la doublait, — c'est-à-dire en consentant à payer cent vingt mille francs par an pour cent cinquante pouces, et deux cent soixante mille francs par an pour trois cent trente pouces, la ville deviendrait propriétaire, au bout de trente ans, de tout le matériel de l'entreprise. M. Chaussard se réservait toujours la vente, à son profit, du restant des eaux amenées, c'est-à-dire de trois cent cinquante pouces, ou de cent soixante seulement, suivant ce que l'édilité aurait pris. La vente aux particuliers aurait lieu à raison de dix francs par an pour un hectolitre quotidien, — c'est-à-dire avec la possibilité d'obtenir ainsi un revenu de trois cent vingt mille ou de sept cent mille francs. »

Ainsi, dans l'hypothèse où l'édilité n'aurait pris que cent cinquante pouces, M. Chaussard pouvait retirer, en rente annuelle :

De la ville.................................... 120,000 f.
Des particuliers............................... 700,000
Total...................... 820,000 f.

Et, dans le cas où la ville prendrait trois cent trente pouces, elle paierait . . . . 260,000 f.

Et l'on pourrait avoir des particuliers 320,000

Total . . . . 580,000 f.

Le tout pendant trente ans.

D'après ses propositions du mois d'août 1852, M. Chaussard s'obligeait :

« A établir sur les bords du Rhône et sur un point convenable une ma-
» chine à vapeur assez puissante, pour élever au moins six mille mètres
» cubes d'eau du fleuve à *soixante-cinq mètres*, dans l'espace de vingt-
» quatre heures, et à les conduire, par un canal couvert, jusqu'à l'entrée
» de la ville, à Nimes, près du viaduc du chemin de fer de Montpellier. »

Pour moi, je l'avoue, cet énoncé n'est pas clair.

L'altitude des hémicycles étant de . . . . 51 m. 49

Le radier de l'aqueduc romain à son arrivée à Nimes étant à   59   04

Une hauteur de soixante-cinq mètres, à laquelle la machine à vapeur pousserait l'eau, serait bien suffisante pour Nimes ; — mais, d'autre part, le seuil de l'embarcadère du chemin de fer de Montpellier, n'étant qu'à la cote 38 m. 88, que fera-t-on de l'eau qu'on aura conduite sur ce point ?

La ville y branchera-t-elle des conduites forcées pour ses quartiers supé-rieurs, ou pense-t-on que l'eau, d'abord élevée à soixante-cinq mètres dans un réservoir aux environs de Beaucaire, ne pourrait arriver à Nimes qu'à 38 m. 88, à cause de la charge nécessaire pour les siphons et con-duites du parcours ? — Ce point aurait besoin d'être expliqué.

Dans ses propositions du mois de novembre, M. Chaussard dit :

« Je ne serai pas tenu d'amener les eaux devant servir à la ville *à une*
» *hauteur supérieure à cinquante mètres au-dessus du niveau de la mer*;
» — mais il en serait autrement pour celles destinées aux particuliers qui
» pourraient atteindre continuellement soixante mètres et soixante-dix
» mètres *deux heures par jour.* »

Ceci est plus clair que la première offre, parce qu'il n'est plus dit : « *Qu'on*

» ne *conduira les eaux que jusqu'à l'entrée de la ville près du viaduc du*
» *chemin de fer de Montpellier.* »

M. Chaussard veut — « que tous les bâtiments nécessaires pour bas-
» sins, châteaux d'eau, etc., soient construits sur des emplacements
» appartenant à la ville, et à lui fournis à titre gratuit, ainsi que le droit
» de faire des tranchées dans les rues et places pour y poser les tuyaux
» devant servir à la canalisation et aux branchements des particuliers....
» et cela, par cette considération que tout l'établissement projeté fera
» retour à la ville, avec ses constructions et accessoires, après le terme
» de la concession..... »

C'est un avantage pour la cité, sans doute, que cet abandon en sa
faveur ; mais il ne faudrait pas s'en exagérer la portée, car on sait avec
quelle rapidité se détériorent les appareils à vapeur, et tout ce matériel n'aurait qu'une valeur bien faible au bout de trente ans ; et surtout après
quatre-vingt-dix de fonctionnement. Quand les machines auraient été
consciencieusement entretenues, elles devraient être renouvelées alors ;
car elles seraient inacceptables comme arriérées, par suite des progrès
inévitables de la science pendant un laps de temps aussi long ?....

Enfin, la *Gazette du Bas-Languedoc* du 22 janvier 1855 a publié une
lettre de M. Chaussard où je trouve :

« Je m'oblige à conduire du Rhône à Nîmes, par un canal en maçon-
» nerie couvert sur tout son parcours, dix mille mètres cubes d'eau en
» vingt-quatre heures (cinq cents pouces).

» L'eau sera amenée à *soixante mètres* de hauteur, en prenant pour
» base le niveau de la mer (1).

» L'eau nécessaire à la distribution des maisons particulières sera élevée
» à soixante-et-dix mètres (2).

(1) Suivant les offres du mois d'août dernier, toute l'eau devait être élevée à soixante-
cinq mètres ; — en novembre, on n'offrait plus l'eau de la ville qu'à cinquante ; — et,
en janvier c'est à soixante.

(2) En novembre, une fraction de l'eau destinée aux particuliers était seule élevée à
soixante-et-dix mètres, le reste ne l'était qu'à soixante.

» Après trente ans, les immeubles et tout le matériel de la distri-
» bution d'eau deviendront la propriété de la ville.....

» L'eau livrée aux industriels, sera vendue à raison de cinquante francs
» le mètre cube livré tous les jours (1). »

Ces propositions dernières ne paraissent pas plus acceptables que les
autres : — d'abord à cause des charges qu'elles imposeraient à la ville et
aux particuliers ; en second lieu, et surtout à cause de la mauvaise qualité du liquide qui leur serait fourni.

Si l'on se décide à l'emploi de la machine à vapeur, il est incontestable qu'il vaut mieux demander la fourniture au Gardon qu'au Rhône.
L'eau puisée au moulin Labaume ou à Collias serait naturellement limpide, pure et salubre au moins dix mois de l'année, ce qui dispenserait,
pour ce temps du moins, des frais énormes d'établissement et d'entretien
des galeries filtrantes, et de l'assujétissement des filtres privés.

Pour le temps des inondations, on sait qu'avec mes projets, et mes
projets seuls, on a la faculté de puiser dans l'Alzon quand le Gardon est
trouble, et dans celui-ci quand le produit des rivières d'Uzès est détérioré.

Un débordement simultané du Gard et de l'Alzon est une chose fort
rare, qui ne dure que quelques heures, et alors, d'ailleurs, comme
les pluies ont nécessairement été diluviennes dans toute la contrée,
il n'y a nul inconvénient à suspendre pendant quelque temps le jeu
des appareils mécaniques ; car toutes les sources du parcours de l'aqueduc romain fournissent abondamment en pareille occurrence.

C'est un avantage précieux, qui manque à ceux qui réclament leur
fourniture d'eau au Rhône ; car, aux époques où la mauvaise qualité du
produit du fleuve forcerait d'arrêter les machines, on n'aurait pas sur le
parcours de l'aqueduc que l'on aurait construit des eaux vives et supplémen-
taires à une hauteur suffisante.

(1) Cette diminution de prix pour les industriels n'existait pas dans les propositions
d'août et de novembre ; — malgré cela, le prix de l'eau n'en serait pas moins, pour
ceux-ci, de mille francs le pouce par an, soit vingt mille francs en capital.

Les particuliers paieraient deux mille francs le pouce par an ; soit, en capital, quarante
mille.

Craindre, comme Ramus, le tarissement du bas-Gardon par la machine à vapeur, c'est se préoccuper d'une chimère, tant qu'on n'agira que dans les limites du revenu municipal.

Le puisage au Gardon vaut beaucoup mieux que celui dont le point de départ serait le Rhône, et, par suite, le système premier de Ramus et celui de M. Fauquier, d'après lesquels les pompes étaient établies aux environs du pont de Montfrin, étaient préférables à ceux de M. Chaussart qui place les siennes près de Beaucaire, de M. Brouzet qui les construisait à Comps, au second système de Ramus, qui, de peur d'insuffisance, dérivait du Rhône, par un canal, de l'eau qu'il conduisait dans le Gardon au pied de Montfrin.

Mais l'architecte Charles Durand, MM. Didion et Talabot, Dombre, Peyret-Lallier, ont eu, sur les traces de Delon, une idée bien meilleure encore, quand ils ont successivement proposé de placer à Lafoux des machines à vapeur.

En effet, non-seulement l'eau du Gardon devient plus abondante et plus saine, à mesure qu'on s'éloignant du Rhône on se rapproche du moulin Labaume; — mais, de plus, le point de passage pour arriver de la vallée du Gardon dans celle du Vistre est ici plus facilement abordable et moins élevé que vis-à-vis de Montfrin, comme nous l'avons déjà prouvé.

Si l'on pouvait faire abstraction de la qualité de l'eau, Lafoux serait l'emplacement à choisir pour une machine à feu. L'ingénieur, au point de vue de son art, reconnaît immédiatement les avantages de cette position : c'est ce que fit d'abord Delon, qu'ont suivi MM. Charles Durand, Didion, Talabot et Dombre. Mais il est un autre ordre de considérations d'une importance capitale : le médecin, plus attentif, par devoir, à la qualité du liquide qu'à des différences légères de dépense qui pourraient se présenter, reconnaissant les vices de cette localité au point de vue hygiénique, fera tous ses efforts pour en découvrir une meilleure.

Sous ce rapport, la culée nord-est du Pont-du-Gard, adoptée d'abord par Ramus et M. Simon Durant pour l'emplacement de la machine à feu, est déjà préférable à celui de Lafoux; mais ce n'est point assez, car, sur ce point, on ne pourrait encore éviter l'inconvénient des eaux troubles d'inondation, ni ceux des altérations de l'étiage. Pour avoir de l'eau meilleure, il faut remonter plus haut, le long du cours du Gardon, le point de prise d'eau, si ce n'est l'emplacement des machines. Il faut construire un canal d'amenée maçonné et couvert, qui saisisse à volonté le liquide dans le Gard ou dans l'Alzon, à droite et à gauche du village de Collias.

C'est là, pour la prise d'eau, le point d'élection, le lieu qu'on devra choisir exclusivement à tout autre, dès le moment que, renonçant aux sources d'Eure, on se décidera, soit pour l'emploi des machines hydrauliques, soit pour celui de la vapeur.

Le puisage aux environs de Collias peut n'être pas plus cher que le puisage à Lafoux, comme nous le verrons tout à l'heure, et c'est à Collias seulement que Nimes peut se procurer une fourniture irréprochable, tant par une chute en rivière que par l'emploi du feu :

Ce serait assurément une grande faute que de négliger cette considération de l'ordre le plus élevé.

Au concours de 1847, le seul projet par la vapeur, réellement étudié, fut celui de M. Dombre ; on a vu par quels motifs il fut mis à l'écart : j'y dois ajouter aujourd'hui les considérations sanitaires.

On ne pourrait, dans aucun cas, accepter l'idée de M. Peyret-Lallier, qui, plaçant une machine à vapeur auprès du pont de St-Nicolas, prétendait élever plus de douze cents pouces de l'eau du Gardon à quatre-vingts mètres d'élévation, pour la conduire à Nimes en lui faisant franchir la montagne de Ferron.

Quel que fût d'ailleurs le nombre de chevaux de force que son eau, descendant en cascade de roc en roc, pût offrir à l'industrie nimoise depuis la Tourmagne jusqu'au Vistre :—il sera toujours plus prudent et moins ruineux de ne conduire ce fluide dans la cité qu'à la hauteur de l'ancien bassin de distribution des Romains, sans lui faire franchir des montagnes.

Au moyen d'une prise à Collias, nous pouvons pousser l'eau du Gardon dans l'antique aqueduc, en ne l'élevant que de trente-sept mètres, tandis qu'il faut la pousser à quarante-huit à Lafoux, et que, dans le projet de M. Peyret-Lallier, l'ascension obligée eût été réellement de bien plus de quatre-vingts. C'était très-grave assurément ; mais ce qui l'était beaucoup plus encore : — il conseillait de puiser dans un lieu où, très-souvent pendant l'été, on n'en peut trouver une goutte.

J'ai proposé, le premier, le puisage par la vapeur, effectué tout près de Nimes, sur les eaux qui se trouvent au pied de nos collines dans la vallée même du Vistre, et ce n'est qu'après avoir réfléchi aux inconvénients que pouvait entrainer ce système, que j'ai préféré de beaucoup le puisage au Gardon par l'action du moteur hydraulique. L'établissement des machines à feu et la dépense continue de combustible dépassèraient certainement, à la longue, les frais de restauration partielle de l'aqueduc et ceux d'une chute d'eau en rivière qui, une fois disposée, agit perpétuellement sans frais.

Au reste, si l'on voulait absolument s'en tenir aux eaux souterraines des environs de Nimes, dont la quantité persistante est une espérance et nullement une chose connue, *il faudrait pousser les tranchées bien au-delà du quartier de Grézan ; mais toujours en suivant à peu près le parcours de l'aqueduc.*

Comme le rétablissement de celui-ci serait peu coûteux ; — comme la lame d'eau souterraine s'élève progresssivement à mesure qu'on s'approche du plateau de Lognac ; — l'inconvénient de s'éloigner de la ville serait plus que compensé par l'économie résultant d'un puisage moins profond.

On trouverait bien plus d'eau depuis Lognac jusqu'à Bezouce qu'à Grézan, et, au lieu qu'ici on aura à élever le liquide de vingt-trois mètres pour fournir convenablement la cité, — un puisage de deux ou trois mètres suffirait, au maximum, depuis Bezouce jusqu'à Sernhac.

Toutefois, quelque quantité d'eau qu'on puise au pied de l'Embarcadère, on n'aura pas satisfait aux besoins de la cité, *et Nimes ne pourra pas se dire approvisionné d'eau, tant que les canaux de la Fontaine resteront honteusement à sec pendant six mois de l'année..... La ville est bâtie, elle existe au-dessus, non au-dessous du quartier de l'Embarcadère !....*

C'est à Pazac, c'est sur l'évent du Fouzé que l'essai de la vapeur me parait le plus convenable ; j'ai longuement discuté tous ces points ailleurs et je dois me borner ici à un simple rappel (1).

(1) *Histoire des Eaux de Nimes*, tome 1er, p. 140 à 167, — 169 à 171, — 284, — 406 à

Ces projets qui m'appartiennent, comme beaucoup d'autres, quelqu'un s'en proclamera tôt ou tard l'inventeur, après les avoir trouvés sans trop de peine dans mon grand ouvrage : la table générale des matières que j'ai publiée pourra même faciliter beaucoup les recherches à cet effet.

Enfin, si l'on ne veut pas tenter des expériences aléatoires; — si l'on ne veut pas se livrer à la recherche des eaux du parcours dont la quantité est encore bien douteuse; - — si l'on aime mieux puiser et puiser par la vapeur dans un courant puissant et connu :

Le seul emplacement qui puisse répondre à toutes les conditions d'une fourniture d'eau pour Nimes irréprochable et complète, *c'est celui de la rive gauche du Gardon au voisinage du Pont-du-Gard pour les machines, lesquelles s'alimenteront dans un bief à double prise, dérivant, à volonté, l'eau nécessaire, du Gard ou de l'Alzon, aux environs de Collias.*

Le puisage à Lafoux, le puisage au Pont-du-Gard peuvent seuls être mis en concurrence ; tous ceux qui s'occuperont superficiellement de la question donneront la préférence à la première localité, parce qu'elle est plus voisine de Nimes et plus facilement abordable ;

Mais tous ceux qui étudieront les choses avec plus de maturité et de lumières préfèreront le second point, quoique plus éloigné, pour l'établissement des machines à feu : — d'abord, parce que la hauteur à laquelle il faut y pomper le liquide est beaucoup moindre, — et, surtout, parce que ce n'est qu'à l'aide d'une double dérivation faite aux environs de Collias qu'on peut obtenir une fourniture constamment irréprochable, ce qui est évidemment la condition la plus essentielle de toute entreprise des eaux.

Examinons, toutefois, la différence des déboursés qu'exigerait la réalisation des projets sur l'une et sur l'autre de ces provenances :

I. — *Emploi de la vapeur à Lafoux, pour fournir à Nimes un quart de mètre cube d'eau (—1,080 pouces avec une ascension de quarante-huit*

418, 563. — Tome II, p. 10, — 20, — 93 à 100, — 178 à 189. — Tome III, p. 8 à 102, — 517 à 581, — 601 à 607, 652. — Tome IV, p. 5 à 17.

mètres), dans la supposition, jusqu'ici la plus raisonnable, que les machines consomment quatre kilogrammes de houille par heure et par force de cheval.

Restauration de l'aqueduc romain depuis Nimes jusqu'à
Lafoux..   800,000 fr.
Quatre tuyaux d'ascension, formant ensemble trois cent
vingt mètres de longueur à 100 fr. le mètre............   32,000
Indemnité de puisage dans le bief supérieur du moulin
de Lafoux.......................................   30,000
                                                  _____
    Dépenses d'adduction....................   862,000 fr.
Etablissement à vapeur.
Machines de 160 chevaux à 1,000 fr. chaque d'achat,
pompes comprises, plus moitié de remplacement, en tout
machines de 240 chevaux............   240,000 fr.
Le combustible, pour 160 chevaux seulement, à quatre kilogrammes par force de
cheval et par heure, pour l'année donne
5,530 tonnes qui, à 25 fr. chaque, produisent une dépense annuelle de 138,000 fr.
dont le capital est................... 2,760,000
Entretien des appareils et personnel, par
année 50,000 fr., qui, capitalisés, font...   600,000
                                           _____
    Dépense de l'établissement à vapeur.. 3,600,000 fr.   3,600,000 fr.
                                                          _____
    Dépense totale......................   4,462,000 fr.

II. — *Emploi de la vapeur au Pont-du-Gard, pour fournir à Nimes la même quantité d'eau, toujours en supposant la consommation de quatre kilogrammes de houille (ascension 37 mètres, produit 1,080 pouces).*

Indemnité pour prise de 1,080 pouces, aux propriétaires des moulins Joliclerc, Perrochel sur l'Alzon, — Desportes, de St-Privat et de Lafoux sur le Gardon , suivant l'état des eaux.............. 150,000 fr.

Construction d'un barrage à Collias.............. 50,000

Canal d'amenée de Collias au Pont-du-Gard........ 300,000

Trois tuyaux d'ascension , formant ensemble une longueur de 120 mètres à 100 fr.................... 12,000

Restauration de l'aqueduc romain, de l'extrémité nord-est du Pont-du-Gard jusqu'à Nimes................ 1,000,000

Dépenses d'adduction............... 1,512,000 fr.

Etablissement à vapeur.

Machines de la force de 123 chevaux à mille francs chaque d'achat , plus moitié de remplacement , en tout 184 chevaux, ci.................. 184,000 fr.

Le combustible , pour 123 chevaux seulement , à quatre kilogrammes par force de cheval et par heure, sera pour l'année de 4,250 tonnes, qui, à 25 fr. l'une , réclament une dépense annuelle de 106,250 fr., qui , capitalisés, font..... 2,125,000

Entretien des appareils et personnel , par an 25,000 fr., capitalisés........ 500,000

2,809,000 fr. 2,809,000 fr.

Dépense totale................. 4,321,000 fr.

Ou voit que , *même sous le rapport de la dépense , l'établissement des machines au Pont-du-Gard vaut mieux que celui qu'on aurait pu être tenté de former à Lafoux , de prime abord et sans réflexions suffisantes.* Et, ne l'oublions pas, outre cent quarante mille francs d'économie , on trouve encore au Pont-du-Gard les trois grands avantages :

De la continuité assurée du service ;

D'une eau constamment potable;

Et de s'être beaucoup rapproché d'Uzès , où l'entreprise des eaux de Nimes doit nécessairement aboutir ; car là seulement on atteindra la perfection.

Mais, dira-t-on, — vous vous en tenez toujours à l'ancien système, à la consommation de quatre kilogrammes par heure et par force de cheval, tandis qu'on dépense bien moins de combustible aujourd'hui, — et que la machine à vapeur a fait d'immenses progrès dont vous ne tenez pas compte.

J'ai fait, à cet égard, ma profession de foi ; — mais, enfin, j'admettrai si l'on veut, pour un moment et pour satisfaire à tous les scrupules, — *qu'avec le personnel dont nous pouvons disposer, avec nos charbons du commerce, nous parviendrons à faire marcher nos machines avec un kilogramme de houille par heure et par force de cheval.....*

Voici, dans cet état de perfectionnement *extraordinaire et nouveau*, quelle serait encore la proportion des dépenses entre l'emplacement des machines à Lafoux et leur pose au Pont-du-Gard.

III. — *Emploi, à Lafoux, des machines à feu perfectionnées, toujours pour fournir 1,080 pouces d'eau à Nîmes (ascension, 48 mètres).*

Dépenses d'adduction, comme dans l'hypothèse précédente.. 862,000 fr.

Machines, personnel et entretien, comme par le passé.......................... 840,000 fr.

Dépense en combustible, *le quart seulement de l'ancien système, soit un kilogramme au lieu de quatre*.......... 690,000

1,530,000 fr.	1,530,000

Dépense totale................... 2,392,000 fr.

IV. — *Emploi des machines à feu perfectionnées, pour la même fourniture, mais placées au Pont-du-Gard (quantité, 1,080 pouces ; — ascension, 37 mètres).*

Dépenses d'adduction comme dans l'hypothèse n° II (où nous élevions la même quantité d'eau avec les mêmes procédés, seulement en supposant la consommation du charbon quadruple), ci......... 1,512,000 fr.

Machines , personnel et entretien comme dans l'hypothèse n° II...................... 684,000 fr.

Dépense en combustible , *le quart
seulement*...................... 531,250

                                1,215,250 fr. 1,215,250

         Dépense totale.................. 2,727,250 fr.

Il semble résulter de la comparaison de ces deux tableaux qu'avec la consommation d'un seul kilogramme par heure et par force de cheval , l'établissement du Pont-du-Gard coûterait trois cent trente-cinq mille francs de plus que celui de Lafoux..... C'est très-vrai ; mais cet inconvénient ne manque ni de compensations ni de remèdes.

D'une part, est-il bien prouvé qu'on puisse réellement descendre , même avec les appareils les plus perfectionnés , à une consommation aussi minime en marche constante et durable , avec nos charbons et nos ouvriers ? Or, pour peu que la consommation de charbon s'élevât, les dépenses se mettraient en équilibre.

De plus , pourrait-on mettre en balance la faible différence de trois cent mille francs , avec l'avantage précieux , avec l'intérêt de premier ordre d'une fourniture constante et régulière , d'une fourniture qu'on ne serait pas forcé d'interrompre quinze à vingt fois par an et pendant plusieurs jours chaque fois, aux époques de débordement ou de simple crue ; — avec l'avantage d'avoir de l'eau irréprochable pendant les trois mois d'été, ce qu'on n'obtiendra jamais à Lafoux ?

Enfin , une fois le canal d'amenée construit, on aura gratuitement , au Pont-du-Gard , une chute d'eau de dix mètres, d'un volume puissant pendant neuf mois , et qui donnerait la faculté de ne consommer du charbon que pendant trois mois de l'année ; cette seule circonstance , dont on tirerait assurément parti tôt ou tard , mérite incontestablement la préférence à l'établissement du Pont-du-Gard (1).

(1) L'eau portée à cette hauteur pourrait, d'ailleurs, se vendre à un prix très-élevé pour l'arrosement de la plaine de Remoulins.

Cela est si vrai, que si l'on voulait renoncer à cette chute d'eau puissante, on n'aurait plus de percé à faire, on pourrait placer les machines au nord de la colline de l'*évent*, près de la chapelle de St-Pierre, et non au sud près du Pont-du-Gard, et l'on épargnerait ainsi plus de moitié de la différence qui nous préoccupe (1); mais ce serait, à mon avis, une très-mauvaise économie, et je ne pourrais conseiller d'y avoir recours.

Examinons maintenant, pour connaître l'état des choses dans toutes les suppositions raisonnables, quel pourrait être le coût d'un établissement à Lafoux *élevant six cents pouces d'eau seulement*, en établissant le calcul, tant sur la consommation de quatre kilogrammes, que sur celle d'un seul kilogramme de charbon ;

De plus, quel serait le taux de la dépense pour une fourniture de deux mille deux cents pouces puisés à Lafoux, — c'est-à-dire, de tout ce que pourrait débiter l'aqueduc romain : — qu'on l'obtienne aussi avec une consommation de un ou de quatre kilogrammes ;

Enfin, comme terme de comparaison, dressons le bilan de chaque dépense réclamée par une situation équivalente au Pont-du-Gard.

V. — *Appareils placés à Lafoux, fourniture de six cents pouces, consommation de quatre kilogrammes de charbon (ascension quarante-huit mètres).*

Restauration de l'aqueduc romain....................	800,000 f.
Deux tuyaux d'ascension formant ensemble 160 mètres à 100 fr.......................................	16,000
Indemnité de puisage dans le bief supérieur du moulin de Lafoux.................................	15,000
Dépense d'adduction......................	831,000 f.

Etablissement à vapeur :
Machine de 89 chevaux, plus une moitié de cette force

$$A \; reporter.................... \quad 831,000 \; f.$$

(1) Outre l'économie du percé, on ferait encore celle de toute indemnité au propriétaire des moulins de Saint-Privat, puisque l'eau dérivée à Collias serait versée dans le bief supérieur de ses usines.

Report................... 831,000 f.

en remplacement, soit 134 chevaux à mille francs chaque,
machines placées, pompes comprises....   134,000 f.

Le combustible pour quatre-vingt-neuf
chevaux seulement, à quatre kilogrammes
par force de cheval et par heure, soit
pour l'année 3118 tonnes qui, à 25 fr.
l'une, produisent une dépense annuelle de
77,950 fr. qui, capitalisés, font........   1,559,000

Entretien des appareils et personnel,
20,000 fr. par an qui, capitalisés, font..   400,000

Dépense de l'établissement à vapeur...   2,093,000 f.   2,093,000

Dépense totale.......................   2,924,000 f.

VI. — *Même entreprise`, en supposant la dépense de combustible de un kilo-
gramme seulement.*

Dépense d'adduction comme ci-dessus............   831,000 f.

Achat des machines d'ascension........   134,000 f.

Entretien des appareils et personnel capitalisés............................   400,000

Dépense en combustible, le quart de
celle de l'ancien système..............   589,750

Dépense de l'établissement à vapeur...   925,750 f.   925,750

Dépense totale.............   1,754,750 f.

VII. — *Emploi de la vapeur au Pont-du-Gard pour fournir à Nîmes six cents
pouces d'eau avec la consommation de quatre kilogrammes de charbon
(ascension 37 mètres).*

Indemnité pour prise de cette eau aux propriétaires des divers moulins intéressés, ci.................................... 100,000 f.

Construction d'un barrage à Collias.............. 50,000

Canal d'amenée de Collias au Pont-du-Gard........ 250,000

Deux tuyaux d'ascension formant ensemble une longueur de 80 mètres à 100 fr...................... 8,000

Restauration de l'aqueduc romain depuis Nîmes jusqu'à
la pile nord-est du Pont-du-Gard................. 1,000,000

Établissement à vapeur :

Machines de 67 chevaux, plus une moitié de remplacement, en tout cent chevaux, à mille francs chaque,
ci.............................. 100,000 f.

Entretien des appareils et personnel,
15,000 fr. par an, capitalisés......... 500,000

Le combustible pour 67 chevaux seulement, à quatre kilogrammes par force de
cheval et par heure, soit, pour l'année,
2,347 tonnes qui, à 25 fr. chaque, produisent une dépense annuelle de 58,675 f.,
qui, capitalisée, donne............... 1,173,500

Dépense de l'établissement à vapeur... 1,573,500 f.   1,573,500

Dépense totale............. 2,981,500 f.

VIII. — *Même entreprise en supposant la dépense du combustible de un kilogramme seulement.*

Dépenses d'adduction comme ci-dessus............. 1,408,000 f.

Achat des machines.............. 100,000 f.

Entretien des appareils et personnel capitalisés......................... 500,000

Dépense de combustible, réduite au
quart de celle de l'ancien système........ 293,375

Dépense de l'établissement à vapeur... 693,375 f.   693,275

Dépense totale............. 2,101,375 f.

Maintenant, si, au lieu de nous contenter d'élever *mille quatre-vingts pouces*, ou *six cents*, soit à Lafoux, soit au Pont-du-Gard, nous voulions quadrupler cette dernière quantité, c'est-à-dire élever deux mille quatre cents pouces pour Nîmes, voici comment se raisonneraient les dépenses :

IX. — *Deux mille quatre cents pouces élevés à Lafoux, avec quatre kilogrammes de houille (ascension 48 mètres).*

Restauration de l'aqueduc romain . . . .   800,000 f.

Huit tuyaux d'ascension formant ensemble 640 mètres, à 100 fr   64,000

Indemnité de puisage dans le bief supérieur du moulin de Lafoux . . . .   100,000 f.

        Dépense d'adduction . . . .   964,000 f.

Etablissement à vapeur :

Machines de 356 chevaux, plus une moitié de remplacement, en tout 534 chevaux, à mille francs chaque . . . .   534,000 f.

Entretien des appareils et personnel, par an 40,000 fr. qui, capitalisés, font   800,000

Le combustible de 356 chevaux seulement, à 4 kilogrammes par force de cheval et par heure, est pour l'année 12,472 tonnes, coûtant, à 25 fr. l'une, 311,800, qui, capitalisés, donnent   6,236,000

Dépense de l'établissement à vapeur . . .   7,570,000 f.   7,570,000

        Dépense totale . . . .   8,534,000 f.

X. — *Même entreprise, en supposant la dépense en combustible de un kilogramme seulement.*

Dépense d'adduction . . . .   964,000 f.

Achat des machines . . . .   534,000 f.

        A reporter . . . .   534,000 f.   964,000 f.

Report . . . .   534,000 f.   964,000 f.

Entretien des appareils et personnel ca-
pitalisés   800,000

Dépense en combustible, le quart de
l'ancien système   1,559,000

Dépense de l'établissement à vapeur . . .   2,893,000 f.   2,893,000

Dépenses réunies . . . .   5,857,000 f.

XI. — *Si, au lieu de placer à Lafoux les appareils élévatoires des deux mille quatre cents pouces d'eau, nous les mettions au Pont-du-Gard, les dépenses seraient ce qui suit :*

(Ascension 37 mètres, dépense en combustible quatre kilogrammes.)

Indemnité pour prise d'eau aux propriétaires des diverses usines intéressées . . . .   300,000 f.

Construction d'un barrage à Collias   50,000

Canal d'amenée de Collias au Pont-du-Gard   300,000

Huit tuyaux d'ascension, formant ensemble une lon-
gueur de 320 mètres, à 100 fr.   32,000

Restauration de l'aqueduc romain depuis Nîmes jus-
qu'au-delà du Pont-du-Gard   1,000,000

Dépense d'adduction . . . .   1,682,000 f.

Établissement à vapeur :

Machine de 268 chevaux, plus une moitié de remplacement, en tout 402 chevaux, à mille francs
chaque   402,000

Le combustible pour 268 chevaux seulement, à quatre kilogrammes par force de
cheval et par heure, pour l'année 9,388
tonnes, qui, à 25 fr. l'une, produisent une
dépense annuelle de 234,700 fr., laquelle,

A reporter   402,000   1,682,000 f.

Report................	402,000	1,682,000 f.
capitalisée, donne...............	4,694,000	
Entretien des appareils et personnel, par an 30,000 fr. capitalisés............	600,000	
	5,696,000 f.	5,696,000
Dépense totale..........		7,378,000 f.

XII. — Même entreprise, en supposant la dépense en combustible de 1 kilogramme seulement.

Dépenses d'adduction.........................		1,682,000 f.
Achat des machines...............	402,000 f.	
Entretien des appareils et personnel capitalisés.........................	600,000	
Dépense en combustible, le quart de celle de l'ancien système.............	1,173,500	
Frais de l'établissement à vapeur.....	2,175,500 f.	2,175,500
Dépense totale....................		3,857,500 f.

Il résulte de nos recherches que, suivant qu'on brûlera *quatre* kilogrammes de houille, ou *un seul* par heure et par force de cheval ;

Suivant qu'on choisira, pour l'emplacement des machines, Lafoux ou la culée nord-est du Pont-du-Gard,

On devra se résigner, en employant la machine à feu, aux déboursés qui suivent :

1° Pour avoir *six cents* pouces d'eau (avec quatre kilogrammes de houille) à Lafoux............................... 2,924,000 f.

Au Pont-du-Gard............................ 2,981,500

(Avec un kilogramme de houille) à Lafoux.......... 1,754,750

Au Pont-du-Gard............................ 2,101,375

2° Pour avoir *mille quatre-vingts* pouces d'eau (avec quatre kilogrammes de houille) à Lafoux.............................. 4,462,000 f.

Au Pont-du-Gard................................... 4,321,000

(Avec un kilogramme de houille) à Lafoux........... 2,592,000

Au Pont-du-Gard................................... 2,727,250

3° Pour avoir *deux mille quatre cents* pouces d'eau (avec quatre kilogrammes de houille) à Lafoux........ 8,554,000

Au Pont-du-Gard................................... 7,578,000

(Avec un kilogramme de houille) à Lafoux........... 5,857,000

Au Pont-du-Gard................................... 5,857,500

En résumé, la théorie des machines à feu a fait à notre époque des progrès incontestables, — et, quoique la pratique soit encore loin de se les être complétement appropriés, — il n'en est pas moins vrai qu'on doit s'attendre à voir s'introduire peu à peu, pour les appareils, une grande économie de combustible (1).

De combien sera cette économie, en dernier résultat ? c'est ce qu'on ne sait pas encore ; mais, je crois avoir fait la part très-large en acceptant, pour les machines nouvelles, une consommation de combustible quatre fois moindre que n'en réclamaient les machines anciennes, — c'est-à-dire qu'aux environs de Nimes on puisse arriver à n'employer réellement, pratiquement, d'une manière constante, et pendant des années consécutives, *qu'un kilogramme de houille, au lieu de quatre* par heure et par force de cheval.

C'est conformément à cette concession, assurément bien large, que la moitié des calculs qui précèdent a été établie (2).

(1) On peut lire, sur les découvertes du capitaine Ericson, une note intéressante de M. Gauldrée Boileau, ingénieur des mines, secrétaire de la légation française à Washington, à laquelle M. Combes, ingénieur en chef, professeur à l'école des mines, a joint des extraits d'un journal américain (voyez *Annales des mines* de 1852, t. II, p. 453 à 468). — Mais, en publiant cette note, la commission des annales laisse toute responsabilité à qui de droit.

(2) Un ingénieur, professeur dans le corps des mines, me disait, il y a quelques jours :

Maintenant, en réfléchissant sur les douze entreprises dont la dépense est résumée dans notre tableau synoptique, on ne tarde pas à s'apercevoir qu'on doit d'abord en éliminer six, c'est-à-dire toutes celles par lesquelles on voudrait placer les machines à Lafoux.

Dans cette localité, nous l'avons dit bien souvent, l'eau n'est pas irréprochable à l'étiage ; — pendant quarante ou cinquante jours de l'année, les machines ne pourraient pas fonctionner par suite des inondations ; — le fond de la rivière est vaseux ; — l'écluse des moulins est la quatrième qui retarde ou suspend le cours des eaux depuis la renaissance du Gardon à Labaume, et le bief de Lafoux reçoit le stillicide des terres et des prairies fumées de la plaine des Couasses.

Lafoux devant être abandonné dans les conditions d'un bon service, — il ne nous reste plus que l'emplacement du Pont-du-Gard.

Parmi les six hypothèses qui s'y rapportent, on voit tout de suite qu'on doit abandonner, à cause de l'élévation de la dépense, toute machine à feu qui consommerait quatre kilogrammes de houille par heure et par force de cheval. — Nous sommes, avec ce chiffre, dans les mêmes conditions qu'au concours de 1847, et il avait été fort bien jugé, qu'avec une pareille consommation de combustible, l'emploi du moteur hydraulique devait être incontestablement préféré.

Nous n'avons donc plus à nous préoccuper que des perfectionnements promis par les constructeurs modernes.

Avec leurs machines, nous pourrions espérer deux mille quatre cents pouces d'eau pour un déboursé de 3,857,500 fr., soit quatre millions en nombre rond si nous ajoutons une somme à valoir raisonnable, — et le pouce ne reviendrait qu'à 1,666 fr.

Ce serait très-beau, sans doute, mais je ne pense pas que la ville veuille arriver tout d'un coup jusqu'à une dépense de quatre millions.

Pour 2,727,250 fr., ou près de trois millions avec la somme à valoir,

— « En 1847, quatre kilogrammes dans nos localités et en pratique continue, c'était un » minimum. Dans l'état actuel des choses, descendre jusqu'à un kilogramme, c'est concéder » beaucoup trop ; heureux si nous pouvons bien aller, en n'en brûlant que deux, avec » nos houilles, nos mécaniciens et nos chauffeurs : — Je ne l'espère pas. »

on pourrait obtenir mille quatre-vingts pouces d'eau par une machine à
feu; mettons onze cents pouces pour trois millions : le pouce d'eau reviendrait à 2,727 francs.

Enfin, pour 2,101,575 fr., soit deux millions deux cent mille francs
avec somme à valoir, on élèverait six cents pouces d'eau qui revien-
draient à 3,666 francs.

Voici donc tout ce qu'on peut obtenir en liquide de bonne qualité pour
Nimes, par l'emploi de la machine à feu *très-perfectionnée* :

Quantité.	Dépense.	Prix du pouce.
2,400 pouces.	4,000,000 fr.	1,666 fr.
1,100	3,000,000	2,727
600	2,200,000	3,666

Je pense que la première catégorie sera rejetée à cause de la dépense,
et qu'on n'hésitera qu'entre les deux dernières....

Toutefois, si l'on se rappelle *que*, *par le moteur hydraulique*, *la
ville pouvait avoir huit cents pouces d'eau pour deux millions et demi*,
ce qui ne portait le pouce d'eau qu'à 3,125 francs ;

Si l'on songe que deux compagnies sérieuses et solvables ont offert de
se charger de l'exécution à forfait.. ;

Si l'on veut bien faire attention, qu'une fois le moteur établi, tous les
éléments de l'entreprise sont invariables et que la dépense d'entretien de
l'aqueduc et des appareils peut être garantie à forfait pour un temps
indéterminé... ;

Tandis qu'avec la machine à feu l'on ne trouverait à traiter pour le
fonctionnement, ni pour cinquante ans, ni pour vingt, *ni même pour dix*;

Si l'on réfléchit que nul ne sait à quel prix sera le charbon dans peu
d'années,

Eh! bien, malgré les grands perfectionnements de la machine à feu,
— *que j'ai admis* ;

Malgré l'énorme réduction, en consommation de houille, *de quatre
kilogrammes à un* ;

Après un examen consciencieux et de sang-froid,

Je crois devoir persister, en 1853, dans mes conclusions de 1846 et dire :

1° *L'adduction de niveau des eaux d'Uzès vaut mieux que l'appareil hydraulique établi au Pont-du-Gard* ;

2° *L'appareil hydraulique vaut mieux que la machine à feu* ;

Et j'ajoute : — *Si l'on veut absolument se servir de celle-ci, ce ne doit être que pour une fourniture au-dessus de huit cents pouces, et c'est au Pont-du-Gard uniquement qu'elle peut être convenablement placée.*

Nîmes, le 15 mai 1853.

SECONDE SECTION.

DES PROJETS QUI NE PEUVENT SATISFAIRE A TOUS LES BESOINS.

(*Moulins à vent :* — Propositions de Delon, — de M. Brunel-Jallaguier ; — mes conseils sous ce rapport. — *Puisards :* — Essai de M. Laurent, — conseils de M. Abric. — *Tranchées voisines de Nîmes :* — Travaux de MM. Blanc et Balme, — projets Teissier.)

Lorsque, épuisé par quinze ans de luttes et d'efforts, Delon finit par désespérer de voir établir aux frais du public sa merveilleuse pompe à feu de Lafoux, cette pompe qui devait arroser vingt communes, changer le territoire de Nîmes en oasis, égaler sa fécondité à celle des bords du Nil et du Gange, faire de notre industrie la rivale de celle de Lyon, créer dans nos murs un port de mer qui ferait oublier ceux d'Amsterdam et de Marseille, après avoir alimenté deux ou trois canaux de navigation ;

Lorsqu'il vit, disons-nous, qu'il ne parviendrait jamais à réaliser des conceptions aussi magnifiques, — il amoindrit l'essor de son génie, et, descendant à des conseils plus modestes, il proposa tout bonnement de construire sur la montagne de Mardiel quelques moulins à vent moteurs de pompes qui puiseraient dans le ruisseau de Saint-Bonnet le mince approvisionnement de la ville de Nîmes, qui avait redouté, sans doute, d'être submergée par ses autres projets.

Malheureusement, dans notre pays surtout, le vent, qui souffle beaucoup trop violemment quelquefois, ne le fait que d'une façon fort irrégulière et capricieuse. Pendant la sécheresse, l'air est trop souvent d'une désolante immobilité, ce qui rend impossible, par son action, l'approvisionnement d'une cité considérable.

Mettre en réserve pour les temps de calme plat l'eau montée par un bon vent, exigerait la construction, non pas de bassins, mais de lacs véritables où le liquide ne tarderait pas à se corrompre.

Le projet Delon ne pouvant aboutir, nul ne le combattit, ne le soutint ; rien ne bougea, le vent ne souffla pas dans les voiles de ses moulins.

Maintenant, une idée analogue vient d'être présentée, mais l'auteur conçoit les choses plus en grand.

Ce n'est plus à Mardiel que M. Brunel-Jallaguier place ses appareils *anémiques* élévatoires des eaux ; c'est au sommet du plateau qui domine le Gardon et sur les flancs de la colline dont il baigne la base, à côté du pont de Montfrin.

Il dit :

« La différence de niveau entre l'aqueduc romain à Bezouce et l'eau
» du Gardon sous le pont suspendu est de cinquante mètres, hauteur à
» laquelle il faut l'élever (1). Cette différence de niveau peut paraître
» effrayante, n'ayant aucune chute d'eau ni point élevé dans cet endroit
» contre lequel nous puissions nous fixer comme au Pont-du-Gard ;
» n'ayant qu'un terrain découvert : — mais c'est justement ce qui nous
» favorise et que nous avons cherché, — attendu que nous allons nous
» servir d'un moteur qui ne coûtera rien, *le vent*, et d'une vis d'Archi-
» mède, ou bien mieux d'une roue-volute hydraulique, mise en jeu
» par un moulin à vent à pied fixe, couronne supérieure mobile et à

_____

(1) Il faut l'élever encore de douze mètres au moins pour franchir le plateau qui sépare l'aqueduc du Gardon, vis-à-vis de Montfrin.

» régulateur rameur , — le tout aussi neuf et simple que l'idée du projet,
» ne voulant et pensant être en quoi que ce soit plagiaire ; — que tout
» employé surveillant conduira sans science.

» Mais , — *prévenant votre pensée ,* — l'on y répond en disant : —
» que, dix mois de l'année, il fait plus de vent dans notre pays qu'il n'en
» faudra pour nos moteurs ; — qu'aux mois de novembre et de décembre,
» où il cesse de souffler chez nous à cause de nos brouillards , l'eau de
» notre source est et sera toujours suffisante pour nos besoins (1). J'a-
» joute qu'un réservoir pourrait être fait, n'ayant qu'une chaussée de
» terre , pour retenir l'eau , *dussions-nous la remonter jusqu'à l'étang*
» *de Lognac qu'on rétablirait* (2).

» Pour cela , nous ferons vingt-cinq fossés-écluses plus ou moins rap-
» prochés selon l'ondulation ascendante du terrain , et en escalier , ayant
» une différence de niveau de deux mètres. Le dernier , arrivant sur le
» plateau de Bezouce, atteindra celui de l'aqueduc romain au point où
» l'eau doit être élevée pour arriver par lui à Nîmes. Les moteurs placés
» à l'ouverture des fossés, montant l'eau de l'inférieur au supérieur, opé-
» ration répétée presque en un même lieu , sans changement de vent ni
» obstacle , nous l'élèverons à notre différence de niveau.

» L'on voit que chaque moteur n'aura plus à l'élever à cinquante mètres,
» mais à deux mètres , hauteur qui peut être modifiée. Toute la différence
» est là. Si l'on reconnaît la chose possible , tout est vaincu : — c'est ce
» que nous allons tâcher de démontrer..... »

Suit un calcul tendant à prouver que le mécanisme proposé peut élever
à deux mètres 1,687 pouces fontainiers ; que , par conséquent, *avec vingt-
cinq moulins à vent à roue-volute , on montera du pont de Montfrin
jusqu'à Bezouce cette quantité d'eau au minimum , quand le vent souf-
flera ,* et souvent *au moins le double ;* car , quand le vent sera fort ,
chaque moulin pourra faire tourner deux roues-volutes.....

(1) Excepté en 1851-1852 , par exemple , où , jusqu'au 18 janvier, la source de Némausus fut dans l'état le plus misérable.

(2) Ceci est une réminiscence de mes premières publications.

L'établissement de tout le système : machines, canaux-écluses, aqueduc jusqu'à Nimes, ne doit coûter que 495,000 francs. !..... Ce n'est pas cher assurément.

« Ainsi, avec un demi-million, on peut avoir, sans nuire à personne, » seize cent quatre-vingt-sept pouces fontainiers...... mais la terrible objection contre notre projet, — qu'il ne fait pas toujours du vent, va » de nouveau nous être opposée.

» Alors, en réponse, voici ce qu'il y aurait à faire :
» Sur le parcours de l'aqueduc, les points, comme nous l'avons dit, » ne nous manqueront pas pour y créer notre réservoir dans lequel nos » seize cent quatre-vingt-sept pouces d'eau fontainiers, obtenus malgré » nos déductions par un seul moteur, seraient amenés. N'en prenant que » la moitié, huit cent quarante-trois pouces, pour nos besoins, l'autre » moitié serait pour les jours où il ne ferait pas de vent ; mais, du » moment que notre réservoir serait plein, nous jouirions de toute » la quantité, c'est-à-dire de 1687 pouces, *surtout en été*, *époque du* » *vent*.

» Après s'en être servi pour notre industrie ou agrément, la vente qu'on » en ferait pour l'arrosage, la déviant du lit du Vistre, paîerait bien » l'intérêt de l'argent dépensé ; ce qui la procurerait gratis à la ville, qui, » avec la faculté qu'elle aurait d'augmenter ses moteurs, *pourrait en* » *outre convertir le lit du Vistre en canal navigable*, *qui se rallierait à* » *celui de la Radelle.....*

» Tout cela peut se faire, vu que l'eau ne manquera jamais où nous » la prenons, étant sûrs de nos moteurs, desquels on retirera toujours une » augmentation de puissance aux époques où nous avons plus de sèche- » resse, attendu que le vent nous quitte quand l'humidité arrive, ainsi » que les eaux de notre fontaine. ....»

Certainement, le projet de Delon sur les moulins à vent de Mardiel était insuffisant ; mais, du moins, il n'était pas coûteux.

Quoi qu'en dise M. Brunel-Jallaguier, le vent est fort loin de souffler, chez nous, les trois-quarts de l'année, ce qui est fort heureux ; car le pays serait inhabitable. Il est bien loin de souffler, même un jour sur trois,

21

pendant le temps de la chaleur..... Il faut donc rabattre infiniment des quantités d'eau promises.

Chaque moulin à vent de Delon devait élever sa portion d'eau à toute la hauteur nécessaire : — quarante-huit mètres s'il puisait dans le Gardon, — la moitié s'il se servait d'une pompe à feu ou du ruisseau de Saint-Bonnet, pour remplir un bassin au pied de la montagne, près de l'auberge de Bouis ; il ne pouvait donc monter que très-peu d'eau.

M. Brunel-Jallaguier s'est dit : « En faisant fonctionner vingt-cinq » moulins à la fois, chacun n'élèvera l'eau que de deux mètres, et » j'en aurai ainsi plus de seize cents pouces » ; — malheureusement, de nombreux obstacles se dressent contre cette espérance et rendent sa réalisation impossible.

D'abord, la hauteur nécessaire à laquelle il faudrait porter l'eau serait d'au moins soixante mètres, puisée sous le pont de Montfrin, et non de cinquante, à moins qu'on n'ouvrît par une tranchée le sommet du plateau de Pazac.

En second lieu, vingt-cinq ou trente moulins à vent exigeraient autant de surveillants, — personnel nombreux qui occasionnerait les frais les plus considérables, et dont on n'a pas tenu compte.

Enfin tous ces moulins, étagés sur le flanc de la montagne depuis le sommet du plateau jusqu'au thalweg de la vallée, seraient loin de recevoir la même impulsion du vent. Ceux du haut tourneraient beaucoup plus souvent que ceux du bas, et seraient loin de recevoir toute l'eau qu'ils pourraient transmettre. On n'aurait qu'une chaîne discordante, un ramassis d'engins sans harmonie dans leur action. Quand certains fossés-écluses seraient pleins, les moulins destinés à les vider ne tourneraient pas ; ou bien, quand les moulins supérieurs tourneraient, les bassins dans lesquels ils devraient puiser ne contiendraient pas une goutte de liquide.

Le système de Delon doit être rejeté comme insuffisant pour une alimentation convenable ; mais celui de M. Brunel-Jallaguier est inacceptable à tous les points de vue.

Est-ce à dire, toutefois, qu'on ne puisse tirer parti de la force du vent ?

Ce n'est pas ainsi que je l'entends ; et, s'il est déraisonnable de compter sur son action pour alimenter une ville comme Nîmes , il ne serait pourtant pas impossible d'en obtenir un secours favorable , en ne considérant cet agent naturel que comme un moyen auxiliaire, comme une force, accessoire sans doute , mais d'un emploi peu coûteux dans certaines conditions et que , par conséquent , on aurait tort de dédaigner.

Or, voici mon système à moi , à ce point de vue subordonné , et à ce point de vue seulement.

On sait que , depuis 1845 , je propose de dériver à Collias une partie de l'eau du Gardon, que je veux conduire au Pont-du-Gard pour servir de force motrice , en y créant une chute de dix mètres.

Les pompes qui puiseront dans mon canal adducteur n'ont à élever les eaux que de trente-sept mètres pour les porter dans l'aqueduc romain. J'emploie à titre de moteur une chute d'eau , de préférence ; et je n'ai recours à la machine à feu que si je ne puis faire autrement.

Mais qui m'empêche , d'autre part, de profiter , sur le coteau que mon canal d'amenée doit traverser en souterrain , de la force du vent, *quand il souffle* ? et il souffle assez souvent dans la direction de la vallée du Gardon , dans les gorges de Saint-Privat et sur les coteaux qui la dominent.

La chute hydraulique ou les fourneaux produisent un effet continu , donnent sans interruption ce qu'on a jugé nécessaire à l'alimentation de Nîmes , et je ne regarde le produit du vent que comme une simple chance d'augmentation , un crément dont il est bon de profiter. Pendant le temps où le vent souffle , l'aqueduc peut se remplir par son effet , s'il n'est pas plein , ou peut former ainsi une réserve utile pour quelques jours ; — si déjà l'aqueduc est plein , son débit augmente à Nîmes , ce qui est une bonne fortune pour ses habitants , pour les usiniers du Vistre , pour les riverains.

On peut , d'ailleurs , profiter des jours du vent pour renouveler à fond le contenu des lavoirs , des bassins , des canaux de la Fontaine ; on peut laver la ville à grande eau ; en un mot, on profite du mieux de tous côtés d'une bonne fortune passagère.

Jusque-là tout est bien : — la faute serait de regarder comme certain
ce qui n'est que douteux, comme constant ce qui est variable; en un mot,
de vouloir faire la base de l'alimentation de ce qui n'en peut être que l'accessoire.

Sans s'exposer donc à de trop grandes déceptions, ni se laisser aller à
l'enthousiasme, il pourra convenir d'établir sur notre canal d'amenée
quelques pompes foulantes dont l'action soit soumise à l'impulsion du vent.
Si l'effet en était fructueux, on pourrait les multiplier sur toute la longueur du coteau *de l'évent*, depuis les roches qui dominent Saint-Pierre
jusqu'au Pont-du-Gard : les puits d'aérage du souterrain seraient des places
toutes trouvées.

Chaque pompe avec son moulin à vent ne coûterait qu'une dizaine de
mille francs ; les ailes pouvant s'orienter d'elles-mêmes, une surveillance
continue ne serait pas indispensable, parce que le canal d'amenée ne sera
jamais à sec et ne contiendra que de l'eau pure.

Tel est mon emplacement, tel est mon système avec l'emploi du vent,
insuffisant par lui-même, je le répète ; mais auxiliaire peu coûteux, dont
on aurait tort, sans doute, de ne pas profiter.

Voici mon calcul qui diffère de celui de M. Brunel-Jallaguier :

Un mètre cube d'eau, qui chute continuellement de la hauteur d'un
mètre, peut fabriquer, avec un bon moulin à eau, cent quintaux de farine
par vingt-quatre heures.

Un moulin à vent ne va pas, en moyenne, cent jours par année, soit
le quart du temps en nombre rond, et ne fait guère que cinquante quintaux
de mouture par vingt-quatre heures.

Le produit en farine, par le vent, ou le travail produit, n'est donc, à
boulevue, que le huitième de celui du moulin à eau ci-dessus.

Cette évaluation va nous servir à calculer la quantité de liquide
qu'il serait possible d'élever par des pompes que l'air mettrait en mouvement.

Un mètre cube par seconde, chutant d'un mètre, ou mille kilogrammètres, n'élèveront, même à l'aide des meilleures machines, que la moitié

dé leur masse à la hauteur de chute , soit............... 500 litres,
et à trente-sept mètres , 500/37es, soit.................. 13 1|2,
soit cinquante-huit pouces.

Comme la force du vent , supposée continue , ne serait guère que le huitième de celle de l'eau , le produit de chaque appareil à voile , en effet constant , ne doit pas être estimé plus de sept à huit pouces.

Il faudrait donc une dizaine de moulins à vent au Pont-du-Gard pour fournir une quantité notable d'eau en flux continu , quatre-vingts pouces environ , et les frais d'établissement ou de personnel seraient en disproportion avec le profit.

Mais il en serait autrement si l'on plaçait ces appareils sur le plateau de Lognac. Là , si on réunissait au pied de l'aqueduc les eaux infiltrées dans le sol , il ne faudrait pas les élever de plus de deux mètres, et chaque moulin à vent fournirait dix-huit fois plus d'eau qu'au Pont-du-Gard , environ cent quarante pouces. *Il conviendrait d'en établir pour élever tout le fluide que le plateau peut recéler.* L'aqueduc , depuis Lognac jusqu'à Nîmes, serait un très-bon réservoir compensateur dont on profiterait pour rendre à peu près égale à Nîmes la distribution , malgré qu'en réalité l'atmosphère fût tantôt agitée et tantôt calme.

Dans un lieu où des eaux pérennes se trouvent presqu'au niveau de l'aqueduc , comme à Lognac , l'action d'une force motrice gratuite ne doit pas être négligée , quelle que soit d'ailleurs son irrégularité , surtout lorsqu'on possède un réservoir tout fait , comme l'aqueduc.

L'emploi du moulin à vent pourrait aussi convenir sur le Fouze : en supposant que le contenu de cet évent ne s'abaissât pas par le puisage de beaucoup au-dessous du niveau de l'aqueduc romain et fournit de l'eau en abondance à quelques mètres en contre-bas.

L'essai que nous proposons nous ramène naturellement aux expériences récemment tentées au voisinage de ce gouffre souterrain.

Propositions de M. Laurent. — Vers la fin de l'année 1850 , M. Laurent, se disant hydroscope , offrit au conseil municipal de Nîmes — « de

» mettre à découvert à ses frais dans le délai de trois mois , à ses risques
» et périls, et sans pouvoir réclamer dans aucun cas ni avances de fonds,
» ni indemnité, *un courant d'eau, qui devrait fournir en minimum et au*
» *plus bas étiage cent cinquante pouces , soit deux mille litres par mi-*
» *nute* (1).

» La tranchée , pratiquée par lui à cet effet , aurait au moins vingt-
» quatre mètres de longueur, cinq de largeur à l'ouverture , et quatre de
» largeur au fond.

» Ce cours d'eau devait être situé *dans un périmètre de deux cent qua-*
» *tre-vingts mètres au-dessous du Fouze* près de St-Gervazy, et couler à
» un niveau qui permit de l'amener facilement par sa pente naturelle
» dans l'ancien aqueduc romain près du Mas-Belon..... »

Le conseil municipal fit, dans l'intérêt de la justice , ajouter à cette
proposition : — « *Ledit cours d'eau étant indépendant du Fouze et du*
» *Fouzeron, déjà connus , et indiqués comme moyens dans les publica-*
» *tions de M. Jules Teissier......* »

Je n'ai nulle confiance en l'hydroscopie. J'admets qu'il y a des hydroscopes de bonne foi , c'est-à-dire qui croient eux-mêmes à une puissance
d'intuition qu'ils n'ont pas ; — mais , d'autre part , cette faculté spéciale
prétendue n'a-t-elle pas été dans tous les temps une mine exploitée avec
profit par un charlatanisme dont il serait bien temps qu'on fit définitive-
ment justice. Pour moi, je croyais ce produit de l'ignorance des temps
anciens relégué de nos jours dans les campagnes sans communications
faciles avec les foyers de lumières, les centres de grande population.

Quoi qu'il en soit, M. Laurent est, sans nul doute, un hydroscope de
bonne foi , puisqu'il a voulu donner à ses dépens la preuve de sa science.
C'est par là que le conseil municipal a été séduit , et , malheureusement
pour l'explorateur , le traité suivant lui fut accordé par les motifs que
voici :

« Vu les inconvénients toujours croissants qu'entraînent la pénurie

(1) C'était déjà une grande réduction ; une première offre avait été de quatre cents
pouces ; mais, on le voit. celle-ci était un minimum.

» d'eau et le désir de la population tout entière de voir cesser le plus tôt
» possible ce fâcheux état de choses ;

   » Considérant que, bien que ne reposant que sur la parole d'un
» homme, le projet du sieur Laurent n'en présente pas moins quelques
» chances heureuses ;

   » Considérant que ce projet se rapproche évidemment d'un certain
» *ordre d'idées; qu'il suppose la reconstruction partielle de l'aqueduc ro-*
» *main, et peut être regardé comme un acheminement vers la restaura-*
» *tion complète dudit aqueduc ;*

   » Considérant, enfin, que les termes essentiellement rigoureux du
» traité n'engagent que très-conditionnellement la ville de Nimes et l'a-
» britent suffisamment contre toute responsabilité,

   » Délibère ;

   » La ville remplira les formalités pour que M. Laurent soit mis en pos-
» session du terrain où doit être ouverte la tranchée.....

   » Le cours d'eau, une fois mis à jour, sera itérativement et régulière-
» ment jaugé à l'étiage....

   » La ville serait dégagée de tout ce qu'elle va promettre, si le cours
» d'eau était inférieur à cent cinquante pouces......

   » Mais, s'il donnait cette quantité au niveau de l'aqueduc, elle creuse-
» rait, dans le délai d'un an, le canal nécessaire pour faire couler l'eau
» dans celui des Romains...

   » Si les travaux de ce canal de jonction coûtaient plus de quarante
» mille francs, l'excédant serait à la charge de M. Laurent....

   » Les eaux seront de nouveau jaugées, et pendant un an, dès qu'elles
» couleront dans l'aqueduc romain...

   » Si les jaugeages faits, sans exception, démontrent que cent cinquante
» pouces, en minimum, ont coulé à l'étiage sans interruption quelconque
» et par leur pente naturelle dans l'aqueduc, la ville s'oblige à payer à
» M. Laurent une somme de cent mille francs, répartie en cinq annuités.

   » Pendant ces cinq années les épreuves seront répétées, et, s'il était
» prouvé qu'à une époque quelconque le débit a été de moins de cent

» cinquante pouces, il serait retenu sur le dernier paiement autant de fois
» sept cent cinquante francs qu'il y aurait de pouces de moins....

» Toute quantité excédant le minimum promis appartiendra à la ville
» sans rétribution.....

» Les droits d'enregistrement seront supportés par M. Laurent.... »

Telle est, en substance, la délibération du conseil municipal de Nimes
du 18 février 1831.

J'y vis certainement un acte de délicate justice à mon égard, dans la
condition formulée *que les eaux que M. Laurent indiquera seront indépendantes du Fouze et du Fouzeron*, sur lesquels j'ai fait de si persévérantes
études ;

J'y vis un acheminement, par moi si désiré, vers la restauration complète de l'aqueduc ; — car, si l'hydroscope avait réussi, — quand on
aurait eu cent cinquante pouces d'eau et que l'aqueduc aurait été re-
construit jusqu'à St-Gervasy, on aurait certainement poussé au-delà.
Quoi qu'en dise le traité, la ville aurait fait ces travaux, non-seulement
pour les cent cinquante pouces promis, mais pour cent, mais pour cinquante
même, et, de plus, à mesure qu'on aurait mieux connu l'insuffisance de
la fourniture de M. Laurent, on se serait empressé, pour la compléter,
de restaurer l'antique aqueduc jusqu'à Bezouce, jusqu'à Lognac, et même
jusqu'au Gardon.

Ce traité assurait donc indirectement le triomphe de mon système, et
de plus il pouvait éclairer l'une des parties de la question que j'ai le plus
sérieusement étudiées, et sur laquelle je me suis incessamment efforcé de
fixer l'attention publique, c'est-à-dire faire connaître les ressources qu'offre
le Fouze comme moyen d'alimentation.

Autoriser la tranchée de M. Laurent *dans un périmètre de deux cent
quatre-vingts mètres en aval du Fouze*, c'était permettre à l'hydroscope de
la creuser tangente à l'évent : or, il était presque sûr, même pour ceux
qui n'étaient pas hydroscopes, qu'une tranchée ouverte à proximité de
celui-ci en soutirerait immédiatement les eaux, et que, si le Fouze recélait
un courant souterrain, le produit en serait appelé dans la profonde excavation faite de main d'homme.

M. Laurent ouvrit sa tranchée en travers du Canabou, au thalweg de la vallée, *à quarante-deux mètres seulement en aval du Fouze*, *et juste à l'endroit où*, *quand cet évent dégorge avec force*, *des bouillonnements d'eau se font jour dans le lit du ruisseau*.....

Tout le monde s'attendait à voir l'eau du Fouze arriver dans la tranchée ouverte, en suivant les fissures de la roche à mesure que l'excavation serait poussée au-dessous du niveau du liquide de l'évent... Il n'en fut rien : la roche se trouva plus compacte qu'on ne le pensait; le relèvement géologique des couches était en sens contraire de ce qu'il aurait fallu pour faciliter la marche de l'eau qui ne filtra qu'en minime volume.

La tentative échoua donc, puisqu'on pouvait avec deux pompes à bras épuiser les six ou huit pouces d'eau que fournissait la tranchée *creusée infructueusement plus bas que le radier de l'aqueduc romain.* Pendant cette opération, le Fouze ne baissait que très-lentement, *ce qui prouvait que la communication n'était pas facile*, — et, *lorsqu'on cessait de pomper dans la tranchée*, l'eau y remontait peu à peu au niveau de celle de l'évent.

Chacun put alors se convaincre que la tranchée n'avait fait découvrir aucune source nouvelle ; que le peu d'eau qui arrivait dans cette excavation venait du Fouze, mais que, comme ce fluide une fois parvenu au niveau de son point de départ était immobile tant dans la tranchée que dans l'évent, on n'en savait pas plus que par le passé ;

Chacun vit clairement que le moyen employé ne pouvait conduire à une connaissance utile : — qu'il n'était possible d'y parvenir qu'en éprouvant par un puisage énergique et prolongé la masse liquide sur l'évent lui-même, ou bien en lui donnant un écoulement par une tranchée, depuis l'intérieur du Fouze jusqu'au radier de l'aqueduc romain.

Bien longtemps avant que M. Laurent eût l'idée de faire des excavations en aval du Fouze, j'avais proposé d'ouvrir une tranchée depuis cet évent jusqu'au canal antique, pour profiter de tout courant d'eau souterrain supérieur à ce canal, s'il en existait un, ou tout au moins pour profiter de l'eau pure accumulée dans les anfractuosités de la roche. On aurait peut-

22

être trouvé dans ces cavernes inexplorées un élément précieux pour la fourniture de Nîmes, et les travaux réalisés ainsi n'auraient pas été sans utilité.

Si l'on reculait devant la dépense d'une tranchée de mille mètres de longueur, j'avais proposé d'essayer tout au moins d'abaisser par le puisage le contenu du Fouze jusqu'au niveau de l'aqueduc romain. On aurait pu savoir à peu de frais par là ce qu'il était susceptible de fournir, et l'on aurait consécutivement ouvert la tranchée si la masse d'eau en eût valu la peine.

Au lieu de cela, M. Laurent s'est pris à creuser dans le Canabou, à quarante mètres en aval du Fouze, une grande excavation sans issue : l'eau de celui-ci n'y a que péniblement filtré, et dix mille francs de dépense n'ont rien appris.....

Quand la roche aurait été facilement perméable, quand le Fouze et l'excavation de M. Laurent auraient librement communiqué, l'eau se serait tout simplement mise de niveau dans les deux cavités, et comme elle aurait toujours été sans écoulement et immobile, on n'en aurait pas su davantage.

Le succès espéré par M. Laurent était assurément impossible par les moyens qu'il a pris ; — mais enfin, s'il avait trouvé l'eau promise, qui n'eût évidemment été qu'une dépendance du Fouze, il hâtait la restauration de l'antique aqueduc et le triomphe de mon système : — son insuccès, d'autre part, a prouvé que le problème des eaux de Saint-Gervasy ne pouvait être résolu que par les moyens que j'avais indiqués.

Si, comme beaucoup de gens s'y attendaient, le Fouze avait crevé dans le puisard de M. Laurent ; — si cet envahissement avait été subit, on aurait crié au miracle, au succès ; mais, une fois le puisard plein au niveau de l'eau du Fouze, le liquide se serait trouvé en repos dans les deux branches d'un siphon renversé ; il aurait fallu, comme auparavant, pour en apprécier la quantité, soit pomper sur la tranchée, soit ouvrir une issue à son contenu jusqu'à l'aqueduc. Mais les mêmes expériences, entreprises de prime abord sur le Fouze, avaient le même but, la même utilité : le changement dans le point de départ n'était qu'un jeu d'enfant ou de dupe.

Supposons que M. Laurent, se ravisant, eût transformé son puisard en tranchée qu'il aurait poussée jusqu'à l'aqueduc, et que le volume d'eau transmis eût de l'importance ; qu'on eût pu jauger alors les cent cinquante pouces promis, par exemple.....

Le vulgaire aurait pu s'émerveiller, mais les gens sensés y auraient vu clair, et le conseil municipal aurait gardé son argent, « parce que l'eau » trouvée n'eût été nullement indépendante du Fouze, indiqué déjà comme » moyen d'alimentation par M. Teissier..... »

Bien que le traité fait par la ville avec M. Laurent dût hâter, sous tous les rapports, le triomphe de mes idées, la réalisation de mes projets ; — cependant, je dois en convenir, je le vis conclure avec peine : — il me semblait qu'on accordait ainsi une beaucoup trop honorable sanction à des assurances chimériques auxquelles on n'aurait dû répondre en aucune manière.

Je me disais : si l'hydroscope est un charlatan, ce traité va devenir un titre entre ses mains, une arme puissante pour abuser de la crédulité des campagnards, des ignorants, — un moyen dangereux pour faire des dupes.

Si M. Laurent, au contraire, est de bonne foi, ce qu'il regardera comme un assentiment à ses idées ne peut que fortifier ses erreurs et ses préjugés, — il n'en courra qu'avec plus d'ardeur à la poursuite de sa chimère.

Il se ruinera dans ses préventions, et la ville de Nîmes l'y aura, pour ainsi dire, encouragé.

Il est de fait que, d'une part, un temps précieux a été perdu, et que, de l'autre, l'hydroscope a fait une perte considérable en beaux deniers comptants. J'ignore s'il a été dépouillé tout à la fois de ses préjugés et de son argent.

Conseils de M. Abric. — Le 9 avril 1852, M. Abric adressa à M. le Maire de Nimes et à MM. les membres du conseil municipal la lettre suivante :

« Messieurs,

» Depuis plus de vingt ans, soit par moi-même, soit de concert avec MM. Valz et Fauquier, je n'ai pas cessé de m'occuper de l'importante question d'amener à Nimes de nouvelles eaux indispensables à ses premiers besoins, et dont, d'année en année, la nécessité se fait plus vivement sentir.

» J'ai suivi, avec intérêt, les études persévérantes et consciencieuses de M. Jules Teissier, et quoique, sur bien des points, mes convictions ne se trouvent pas entièrement conformes aux siennes, j'ai coopéré autant qu'il a dépendu de moi, en ma qualité de membre du précédent conseil municipal, à l'adoption de son projet de rétablissement de l'ancien aqueduc romain.

» Rendre le Pont-du-Gard à son ancienne destination, redonner la vie à un monument qui rappelle à un si haut degré l'antique splendeur de la cité, et le reconquérir après tant de siècles d'abandon et d'oubli, est une œuvre qui doit nécessairement frapper tous les esprits et obtenir toutes les sympathies.

» Ce projet présente cependant le double inconvénient de la somme à dépenser et de l'obligation de se servir de machines pour porter les eaux à un niveau fort élevé (1).

» Si la ville se décide à l'emploi de ces moyens artificiels pour se procurer de nouvelles eaux, elle n'aura besoin ni de les aller prendre si loin, ni de les élever à grands frais à une si grande hauteur. Elle les trouvera sous son propre sol, et sur presque tous les points de son enceinte. En effet, il suffit d'arriver à une profondeur de dix-huit à vingt mètres, suivant le quartier, pour atteindre la nappe d'eau inépuisable qui alimente plusieurs puits que les plus grandes sécheresses ne peuvent altérer, et dont le niveau, arrivé à un certain point, ne peut plus être abaissé.

» L'an dernier, à l'époque de l'étiage, au moment où la Fontaine était arrivée à son minimum de fourniture, lorsque la majeure partie des puits de la ville se trouvaient entièrement à sec, la noria de M. Victor Saltet,

---

(1) La restauration *partielle* de l'aqueduc romain exigerait seule l'emploi des machines ; mais, avec la restauration *complète*, on n'en a aucun besoin. Quant à la somme à dépenser, même pour reprendre les sources d'Eure, elle n'est nullement au-dessus des ressources de la ville depuis la promesse de subvention gouvernementale, *qui ne nous avait pas été faite quand M. Abric écrivait.* Ce dernier projet réunit donc tous les avantages énumérés par M. Abric, sans avoir aucun des inconvénients qu'il signale.

à côté du Marché aux Bœufs, que j'ai mesurée avec soin, donnait, nonobstant le manque de beaucoup de godets et leur état d'imperfection, environ trente-cinq pouces d'eau.

» Cette noria est mise en mouvement par une petite machine à vapeur affectée au service de l'usine, et le propriétaire m'assura que, l'été précédent, ayant voulu faire nettoyer son puits, qui a dix-sept mètres de profondeur, il n'avait pas été possible de parvenir à le mettre à sec, quoique la machine eût fonctionné nuit et jour.

» L'ancien puits à roue de M. Reynaud, aujourd'hui recouvert par un des arceaux du débarcadère du chemin de fer de Montpellier, et celui qui dessert la station du chemin de fer d'Alais, à l'embranchement des Trois-Gardes, se trouvent dans le même cas. Une pompe à manége est établie sur ce dernier puits qui suffit au service des locomotives et des ateliers. Quelle que soit la quantité d'eau qu'on en tire, elle n'est jamais abaissée au-dessous de 60 centimètres.

» Il paraît que la nappe est courante et se renouvelle constamment.

» Les nombreuses norias affectées au service des jardins potagers, qui, depuis ce dernier point jusqu'au pont biais du chemin de Montpellier, contournent la ville, quoique d'une moindre profondeur (1), fournissent une masse d'eau considérable, notamment celles du quartier Cité-Foule.

» Dans le temps, M. Fauquier, capitaine de génie, et moi, nous avons mesuré la quantité d'eau qu'on en tire, et nous avons trouvé que, mises en mouvement, elles donnent, en moyenne, de douze à quinze pouces fontainiers. Cette fourniture ne se trouverait pas compromise ou diminuée, et l'on ne porterait aucun préjudice à l'arrosage de ces jardins, puisque la nappe d'eau dont j'entends parler se trouve au-dessous de la couche de poudingues (2) qui, dans la presque totalité des puits à roue qui les desservent, n'a pas été atteinte et percée.

_____

(1) De onze à quatorze mètres.

(2) « Couche de tuf, bien connue des creuseurs de puits sous le nom de *coudène* et au-
» dessous de laquelle se trouve l'eau qui remonte comme dans les puits artésiens, mélée
» de sable et de gravier. » — (Cette couche n'est ni un poudingue, ni un tuf, *mais une
brèche calcaire.*— J. T.)

» Plusieurs puits dans l'intérieur de la ville , trois à ma connaissance, dans les rues Pavée et du Séminaire, fournissent la preuve de l'existence de cette nappe d'eau souterraine. Le puits de la maison connue sous le nom de *Calendre anglaise*, appartenant à feu M. Barthélemy , se trouvait entièrement à sec ; le propriétaire le fit approfondir en 1849, et , à vingt mètres, la couche de poudingue percée, l'eau s'éleva immédiatement de six ou sept mètres, niveau au-dessous duquel elle n'a jamais été abaissée. Deux puits du voisinage, approfondis de la même manière, ont obtenu le même résultat, et voici la conséquence que je tire de ces données :

» La ville devrait , sur le point jugé le plus convenable , sous l'Esplanade par exemple, en mettant à profit le puits-à-roues abandonné appartenant à M. Bolze , faire continuer son foncement avec le secours d'une machine à molettes et le pousser à toute la profondeur à laquelle l'affluence des eaux permettrait d'atteindre : essayer ensuite leur épuisement au moyen d'une petite machine à vapeur , et, si l'on y parvient, pousser des galeries latérales dans différentes directions , pour amener dans le puisard la plus grande masse d'eau qu'il serait possible d'y réunir. On arriverait enfin à mesurer la fourniture totale que cet essai pourrait donner.

» Je crois qu'elle serait bien plus considérable qu'on ne le pense, et , dans tous les cas, la dépense qui ne saurait être bien forte, serait loin d'être perdue. La quantité d'eau obtenue par ce moyen, quelque minime qu'elle se trouvât comparativement aux besoins généraux de la ville , serait au moins suffisante pour alimenter convenablement notre fontaine monumentale , déparée par l'exiguité des rares et minces filets qui ne semblent couler que pour faire apparaître et regretter davantage, s'il est possible , l'absence des eaux si nécessaires pour lui donner l'alimentation et la vie (1).

» Ce secours permettrait également l'établissement si utile d'un nouveau lavoir d'une certaine importance , et peut-être même de bains publics, à la construction desquels l'Etat viendrait concourir.

(1) L'exiguité des jets de la fontaine de l'Esplanade est regrettable sans doute , mais la mise à sec des bassins et des canaux de la fontaine de Némausus l'est bien plus encore. Il est honteux que l'une des plus belles promenades du monde soit dans l'état de tristesse et de dénuement où la sècheresse la place pendant six mois chaque année.   J. T.

» Il n'est pas douteux que, dans tous les cas, on devra en tirer des services plus ou moins considérables....

» ...... Si cette première tentative réussit, comme il y a lieu de l'espérer ; si l'on en obtient une ressource de soixante à quatre-vingts pouces
d'eau, deux autres établissements pareils sur deux autres points de la ville,
l'un au Marché aux Bœufs, l'autre au chemin d'Arles, par exemple,
donneraient, avec une grande économie sur tous les projets antérieurs, à
une hauteur déterminée, et en limitant, suivant la saison, la dépense aux
besoins journaliers et présents, toute la quantité d'eau nécessaire, tant
pour les usages domestiques que pour ceux de l'industrie.

» Ce simple aperçu suffit pour donner une idée du projet, et permettre
d'en apprécier les résultats probables.— Il serait superflu d'entrer ici dans
des détails de l'exécution qui serait aussi simple que facile. Quant à la dépense, on peut également s'en rendre compte et la calculer avec la plus
grande exactitude. »

Les idées ne se produisent pas d'un seul jet dans l'esprit, et, quand
elles s'y développent, leur premier germe a souvent été déposé depuis
bien des années.

M. Abric disait, en 1832, au conseil municipal de Nîmes : — « Un
puits-à-roue complétement garni de ses pots, attelé d'une mule allant
d'un pas ordinaire, donne, terme moyen, deux cent quarante à deux cent
cinquante litres d'eau par minute, ce qui répond à dix-huit ou dix-neuf
pouces de fontainier.

» D'un autre côté, il résulte des renseignements fournis par divers jardiniers, qu'il faut seize heures d'action de ce puits-à-roue pour arroser
huit émines de jardin, ou vingt-quatre heures pour une salmée. Il faut
donc dix-huit pouces pour l'arrosage de douze émines, ou vingt-sept pouces pour un hectare.

» Mais comme, faute de temps (1), on ne peut guère arroser la même
partie que tous les trois jours, c'est un courant continu de neuf à dix

(2) Ce n'est pas faute de temps, mais parce qu'on a bien assez d'eau avec une quantité
qui revient à neuf pouces, en flux continu, par hectare.   **J. T.**

pouces qu'il faudrait pour remplacer le puits-à-roue employé au service de chaque jardin potager d'un hectare. Ils sont à peu près de cette étendue les uns dans les autres, et comme il y en a environ quatre-vingts situés entre le chemin de Beaucaire et celui de Montpellier, ils absorberaient la totalité des huit cents pouces d'eau proposés (1). »

Cette observation, qui confirme et étend celles de MM. Blachier, Barnier de Valcaude, Maréchal et autres, sur l'abondance d'eau que le sol de Nimes peut fournir, n'avait pas été faite dans ce sens par M. Abric : — *il voulait seulement prouver en 1852, que, puisque les jardiniers de Nimes élevaient à grands frais par des norias huit cents pouces d'eau souterraine, on ne saurait être en peine de vendre, dans la localité, huit cents pouces d'eau à la surface, que M. Valz amènerait de Boucoiran par une dérivation de niveau.*

Conduire l'eau du Gardon à Nimes, c'était tont l'opposé du système des puisards préconisé maintenant pour éviter les frais d'une dérivation longue et difficile, et M. Abric, qui défendait, en 1852, le projet de M. Valz, ne pouvait se faire le promoteur d'un projet tout à fait contraire.

M. Charles Rey avait seul proposé d'établir des machines à vapeur sur de grands puits, pour l'alimentation municipale, — lorsque, acceptant d'une manière plus large que mes devanciers l'idée de rechercher et d'élever les eaux souterraines voisines de la ville, complétant, étendant, rectifiant, systématisant les opinions de Clapiès, d'Angrave, de MM. Vincent et Baumes, — *j'ai publié, en 1843, un projet complet de tranchées au sud et à l'est de Nimes et d'élévation des eaux par la vapeur dans son voisinage immédiat ou même dans son enceinte.*

Si, pour l'approvisionnement de la cité, j'ai redouté et je redoute encore l'insuffisance de mon propre système, celui de M. Abric me paraît bien moins acceptable assurément : — je vais rapidement indiquer mon opinion à ce sujet.

« La ville n'aurait besoin, dit M. Abric, ni d'aller prendre les eaux

(1) *Rapport au conseil municipal sur le côté financier des projets d'amener de nouvelles eaux à la ville de Nimes,* — fait par M. Abric en 1832.

» aussi loin que le Pont-du-Gard, — ni de les élever aussi haut, — si
» elle se décide à l'emploi des machines, en les prenant sous son pro-
» pre sol à dix-huit ou vingt mètres de profondeur. »

Ces deux assertions sont vraies : — Tout canal adducteur serait inutile
dans ce système, — et, quant à l'ascension de l'eau, il suffirait de la
pousser à vingt-huit ou trente mètres pour qu'elle atteignit la hauteur
d'arrivée de l'ancien aqueduc romain, c'est-à-dire pour pouvoir desservir
tous les quartiers, — il suffirait de la pousser à dix-neuf ou vingt mètres
pour la mêler à celle de la source de Némausus......

Là n'est pas la difficulté, là ne se placent pas les objections véritables ;
— les voici :

Le Gardon est assurément plus intarissable que les puits de notre cité,
— et, comme il fournira de plus la force motrice nécessaire à l'élévation
d'une partie de ses eaux, *il n'est pas impossible qu'il en coûte moins pour*
élever au Pont-du-Gard par une chute en rivière et pour conduire à
Nîmes huit cents pouces d'eau, par exemple, — qu'il n'en coûterait pour
trouver, pour réunir à Nîmes même et pour y élever par la vapeur la
même quantité de liquide.

Les choses ne sont donc pas aussi simples qu'elles le paraissent au premier coup d'œil : — j'ai déjà fait ailleurs la comparaison des deux moyens,
au point de vue du produit et de la dépense.

Mais, il y a plus, je ne crois pas qu'il y ait des puits intarissables à
Nîmes : nos sécheresses seules en mettent, tous les cinq ou six ans, les
quatre cinquièmes hors de cause.

Pour ceux qui résistent :

Quand celui de M. Saltet, dont j'ai, du reste, signalé l'excellence il y
a plus de dix années, fournirait tous les jours, ce qui n'est pas, trente-
cinq pouces d'eau, — comme la machine s'arrête la nuit, nous n'aurions
encore un effet connu que de dix-sept à dix-huit pouces. Le fonctionnement continu pour le mettre à sec n'a duré que quelques jours......

La pompe à manége du chemin de fer ne fournit pas six pouces en flux
continu...

Le puits-à-roue de M. Reynaud, plusieurs fois signalé par M. Rey et

23

par moi à l'attention publique, sur lequel j'avais, avant M. Abric, sollicité la ville de faire des expériences, — ce puits-à-roue fléchit comme les autres. Lorsque M. Saunier, ayant pris à ferme le jardin qu'il alimentait et voulant arroser de plus une terre voisine, entreprit de le faire tourner le jour seulement, mais sans relâche, en faisant relayer deux mulets, il ne put résister à ce puisage extraordinaire.

Les puits de l'intérieur de la ville : de la rue Pavée, de celle du Séminaire, de la Calendre anglaise n'ont jamais été puisés qu'avec des seaux ou des pompes à bras, ce qui n'élève que des quantités d'eau insignifiantes.

Le phénomène du surgissement du liquide, lorsqu'on perce la seconde couche de brèche qui se trouve au pied de nos collines, est connu de tous nos *puisatiers* ; il a lieu à tous les creusements de puisards qui se font dans la plaine, ce qui n'empêche pas que, quand la sécheresse se prolonge et que les norias tournent longtemps, l'eau ne baisse peu à peu, et qu'ils ne tarissent pour la plupart.

Il serait très-imprudent, je crois, d'approfondir beaucoup un ou plusieurs des bons puits qui se trouvent dans l'enceinte de la ville et d'y établir un puisage considérable et continu. Plusieurs de ces puits sont en communication avec la source de Nemausus à laquelle on doit redouter d'apporter une atteinte quelconque. Bien que, dans la ville, la communication de l'eau d'un puits à l'autre ne s'effectue souvent qu'avec difficulté, ce qui fait qu'il y en a de bons et de mauvais à côté les uns des autres et que les plus profonds ne sont pas toujours les meilleurs : il n'en est pas moins vrai qu'il y en a beaucoup de solidaires, et que l'eau qu'on accumulerait sur un point manquerait bientôt sur tous les autres.

Il en est de même des norias de la plaine : — si l'une d'elles était approfondie à outrance et pompée à merci, les norias voisines seraient mises à sec. Malgré cela l'eau montée ne serait pas suffisante : *il faudrait, ainsi que j'ai été forcé de le conseiller, compléter ce système étroit, soit en poussant de droite et de gauche des galeries souterraines dans la plaine, comme on l'a fait à Liverpool* (1), *soit, ce qui serait plus sûr et moins coûteux,*

(1) *Hist. des Eaux*, t. I p. 491.

en exécutant peu à peu , et jusqu'à ce qu'on eût réuni la quantité d'eau suffisante , une tranchée profonde au sud et à l'est de la ville.

C'est mon projet de 1843 , qui avait des inconvénients sans doute : mais , en l'amoindrissant , on le réduit à l'insuffisance , et c'est à quoi tendent les conseils de M. Abric , les travaux de MM. Blanc et Balme.

Qu'on ne se le dissimule pas , avec de simples puisards , avec de courtes tranchées , on n'aura que peu d'eau *qui sera proportionnellement fort chère* : on ne peut obtenir une fourniture suffisante qu'en exécutant le système *tel que je l'ai conçu :* mais , dès-lors , au produit des travaux voisins, je préfère celui des tranchées éloignées , *parce que le liquide se trouve à un niveau supérieur.* — Quant à la quantité , il n'y a de suffisant d'une manière certaine que le puisement au Gardon , parce qu'aux environs du Pont-du-Gard, il est très-considérable.

Pour ce qui serait d'ouvrir des puisards dans plusieurs quartiers , munis d'autant de machines à vapeur ; — quant à créer un établissement seulement pour alimenter un lavoir et la fontaine monumentale de l'Esplanade , ce sont des moyens pauvres , insuffisants , précaires , incomplets , peu dignes d'une ville comme Nimes , peu en harmonie avec la position où la munificence impériale nous a placés.

Dans ce système fragmentaire , chaque quartier ne manquerait pas de réclamer sa distribution d'eau , sa machine à feu. — Or les frais d'établissement , de roulement, d'entretien de plusieurs petits ateliers, sont beaucoup plus considérables , proportionnellement aux produits , que ceux d'une seule grande entreprise. La ville dépenserait beaucoup pour être mal approvisionnée , — et la plupart de ses pompes travailleraient à sec ou devraient chômer, quand viendraient les grandes sécheresses.

J'arrête ici ma publication :

La mort inopinée d'un père vénéré m'ôte la liberté , la force , la volonté d'aller plus loin.

Que me restait-il à faire encore ?

Je devais m'occuper :

1° Du dernier des projets que je regarde comme insuffisants , — *les tranchées voisines de la ville* ;

2° Je voulais exposer avec plus de détail encore *les projets exécutables qui peuvent satisfaire à tous les besoins , aux désirs raisonnables de la cité* ;

3° J'avais à formuler *une conclusion générale et définitive* , tant pour ma publication actuelle que pour mes travaux antérieurs.

Obligé de renoncer à de pareils développements, je vais m'efforcer d'indiquer d'une façon rapide mes idées sur tous ces points. J'aurais fait mieux dans des circonstances moins douloureuses ; toutefois le lecteur qui , comprenant ma position, sera désireux de connaître la vérité dans tous ses détails, pourra trouver, avec quelques recherches dans ce que j'ai précédemment écrit, ce qu'il m'est impossible d'exposer ou d'analyser aujourd'hui d'une manière complète et saisissante.

J'ai hâte d'en finir.

1. — *Tranchées sur le sol nimois , au pied de nos collines orientales ou dans la plaine du Vistre.*

Parmi les projets qui ne sauraient pourvoir à une alimentation convenable et suffisante pour Nimes , je suis forcé de placer celui *des tranchées de Grézan.*

D'abord les eaux se trouvent, en ce lieu, à un niveau plus bas que celui de la ville proprement dite ;

De plus , la quantité mise à découvert jusqu'ici est insignifiante à l'étiage ;

Enfin, en supposant qu'un jour on pût , à force de travail , réunir assez de liquide , et qu'on se résignât à l'élever par une machine à vapeur : — pour un produit égal, les frais de l'entreprise seraient aussi considérables , et le dommage causé aux propriétaires voisins risquerait d'être bien autrement important , que si l'on s'adresse tout simplement au Gardon *pour* la fourniture de Nimes.

Si l'on veut obtenir une quantité d'eau suffisante et l'élever à un convenable niveau, il faut sortir du système étroit d'une courte tranchée qu'on a préconisé jusqu'ici ; il faut lui donner un développement bien plus considérable ; il est indispensable de la prolonger de beaucoup, soit au midi, soit à l'est de la ville.

On ne se procurera le volume de liquide dont on a besoin, qu'en poussant les fouilles jusqu'à Marguerittes, jusqu'à Manduel, ou mieux jusqu'à Bezouce. ... Mais, qu'on y prenne garde :

Ce qu'on appelle *le projet de Grézan* ne fut d'abord que le diminutif de ma proposition de longues tranchées dans la plaine ; c'était seulement un rameau détaché du plus ancien de mes projets : — branche, en naissant, frêle et chétive, mais retenant bien, toutefois, l'empreinte originaire. En grandissant, elle ressemblera de plus en plus à la souche d'où elle émane *et l'on ne pourra trouver, en définitive, qu'un autre lui-même dans un projet issu du mien.*

En 1842, je formulai clairement un système qu'on n'a fait que rendre insuffisant en l'amoindrissant, outre mesure. Dans cet ordre d'idées, la priorité de tout ce qui peut être utile m'appartient, et toute allégation contraire serait une injustice ou une erreur dont la réfutation me serait facile.

En 1843, j'ai franchement signalé les inconvénients d'un puisement d'eau large et permanent dans les tranchées, et j'ai formulé sans hésitation une opinion que je partage encore : *c'est qu'il est plus sûr, moins nuisible, et qu'en définitive il ne sera pas plus coûteux de demander au Gardon l'approvisionnement d'eau nécessaire à Nîmes, que de le chercher comme un filon d'or en fouillant dans la campagne environnante, en desséchant le sol de la banlieue à une grande profondeur.*

Si l'on met en balance les avantages et les inconvénients, mon projet, *réduit et tronqué comme on l'exécute à Grézan*, ne peut produire de grandes pertes, mais ne peut aussi donner que de trop faibles produits.

Tandis que, comme je l'avais conçu, les tranchées exécutées dans toute leur étendue fourniraient peut-être à la fin une masse d'eau suffisante ; — mais les fouilles, mais l'aqueduc, mais les machines élévatoires nécessaires et leur entretien coûteraient si cher, — l'aspiration incessante de huit cents pouces d'eau pourrait avoir de tels inconvénients pour les propriétés du voisinage , — *la possession de ces eaux , en supposant qu'on parvînt à les trouver , à les réunir , serait même si précaire ,* — que je regarde et regarderai toujours la provenance du Gardon comme infiniment préférable.

J'ai donc placé dans tous mes écrits , depuis 1843 , et je laisse encore aujourd'hui sur le second plan le système de puisement dans le sol voisin pour la fourniture de Nîmes.

Toutefois , bien qu'un projet soit d'un ordre inférieur , bien qu'on reconnaisse qu'il doit céder le pas à des systèmes plus fructueux, cela n'empêche pas de l'améliorer, quand l'occasion s'en présente, de chercher à en amoindrir les inconvénients , à le rapprocher , par des modifications successives , de ceux qu'on a dû judicieusement lui préférer.

C'est ce que je me suis efforcé de faire en 1851. L'étude attentive du sol nimois a modifié mes idées premières et m'a convaincu : — que, si l'on adoptait le creusement de tranchées concurremment avec l'emploi de la machine à vapeur , — il serait avantageux de porter l'établissement plus loin de Nîmes que je ne l'avais d'abord conseillé ; de le placer aux environs de Bezouce ou de Lognac , en versant le produit dans l'aqueduc romain , *et cela , parce que la masse d'eau infiltrée dans le sol s'élève à mesure qu'on s'éloigne de notre cité , et parce que la diminution de la profondeur du puisage fait plus que compenser les frais corrélatifs de la restauration de l'aqueduc.*

Si la ville adopte jamais le système des tranchées , mon projet de 1842 ou celui de 1851 seront exécutés peu à peu par la force des choses , et, comme on ira successivement du rameau à la branche, puis de la branche au tronc, il est juste que chacun sache à qui l'arbre dont on profite appartient en réalité (1).

(1) Voyez *Histoire des Eaux* , tom. I , p. 140 à 167, — 171 à 176 , — 284 à 291 , — 406 à 427.
Tome II , p. 10-29-93 à 101 , — 178 à 184.
Tome III , p. 1 à 60 , — 88 à 101 , — 515 à 581.
Tome IV, p. 5 à 17.

II. — *Projets exécutables , pouvant le mieux répondre aux besoins , aux désirs raisonnables de la cité.*

Les projets exécutables et suffisants , ceux entre lesquels seulement la ville de Nîmes doit borner sagement son choix , se réduisent à trois :

La restauration complète de l'aqueduc romain ; avec reprise des sources d'Airan et d'Eure ;

Le puisement à volonté de l'eau du Gardon prise à Collias , ou de celle du bas-Alzon , par des machines placées au Pont-du-Gard et mises en mouvement au moyen d'une chute en rivière ;

Enfin , le puisement des mêmes eaux sur le même point , en employant l'action du feu comme force motrice.

On peut choisir entre ces trois systèmes , on peut même les combiner, et porter ainsi la fourniture au volume du débit complet de l'aqueduc romain ; il serait inutile de revenir sur ces points , plusieurs fois longue-ment traités (1).

(1) Voici le tarif des dépenses , porté à un taux qu'on n'atteindra certainement pas dans l'exécution :

Reconstruction de l'aqueduc romain , *au maximum* , comme nous l'avons si souvent prouvé... 1,800,000 fr.
Ascension de l'eau nécessaire à Uzès............................ 100,000
Transformation de l'étang de La Capelle en réservoir d'alimentation.... 600,000
Somme à valoir surérogatoire outre celle déjà comprise dans le devis de chaque objet... 500,000

    Dépense totale................................... 3,000,000 fr.

Dont le gouvernement donnera , comme Sa Majesté l'a généreusement promis.. 1,000,000 fr.
Et la ville de Nîmes fournira le complément , qui ne sera selon moi que de 1,600,000 fr. ; mais qui pourra tout au plus aller à............... 2,000,000

    Somme suffisant à couvrir toutes les éventualités.......... 3,000,000 fr.

Et Nîmes obtiendrait ainsi non-seulement les sources d'Eure , mais encore celles

On sait que , parmi ces trois projets , celui que j'ai toujours hautement préféré , et dont je proclame depuis douze ans l'excellence , *c'est la restauration complète de l'aqueduc romain.* Je me suis efforcé d'aplanir tous les obstacles , de réfuter toutes les objections ; je suis même parvenu , ce qui paraissait impossible , à concilier , par une heureuse inspiration , les intérêts de la ville de Nimes avec ceux des habitants d'Uzès, des propriétaires riverains et des usiniers de l'Alzon , qui ont paru si longtemps dans un antagonisme irrémédiable.

Que faut-il faire pour cela ?

En même temps que Nimes reprendra les sources d'Airan et d'Eure ;

En même temps qu'Uzès élèvera dans ses murs l'eau qui lui est nécessaire pour les usages municipaux ,

Il n'y aura qu'à distribuer aux riverains , aux usiniers de l'Alzon, beaucoup plus qu'ils n'auront perdu en liquide favorable à l'agriculture , à l'industrie. . . . .

Mais , pour régulariser le débit de ce cours d'eau , pour l'amoindrir en hiver , pour l'augmenter à l'étiage , pour établir un régime fructueux et constant , il est indispensable de transformer l'étang de La Capelle en un vaste bassin d'alimentation et de réserve.

Avec un pareil secours , tout sera possible et facile.

Qu'en coûtera-t-il pour approvisionner ainsi Nimes et Uzès d'eaux salubres ;

d'Airan , le débit actuel de l'Alzon , tout ce que les Romains purent jamais conduire dans notre ville ;

Et cela sans résistance , sans opposition raisonnable possible.

En effet , si , d'une part , Nimes acquiert l'élément le plus essentiel d'une prospérité réelle , Uzès , que perdra-t-il ?

L'eau de l'Alzon ne sera dérivée que sur le barrage du moulin de La Tour , après qu'on aura pourvu à la fourniture municipale.

Mais , que dis-je ? — Si l'Alzon est de nouveau conduit à Nimes , — un Alzon nouveau, inoffensif pendant l'hiver, d'un débit régulier et soutenu pendant l'été , viendra , aux époques où l'eau s'amoindrit beaucoup trop pour les riverains et pour les fabriques dans l'état actuel , — viendra doubler , à l'époque des sècheresses , les ressources et les profits de l'agriculture et de l'industrie ! . . . . .

Pour doubler, à l'étiage, la force industrielle et les moyens d'arrosage de l'Alzon ,

C'est-à-dire pour fonder , à perpétuité , l'approvisionnement irréprochable et splendide de la cité de Némausus ;

Pour augmenter l'agrément et la salubrité d'Uzès , les ressources manufacturières et agricoles de la contrée environnante ;

Pour assainir les villages de La Capelle et de Masmolène ; pour amener au bien-être , à la santé, à la prospérité des populations tout entières ?...

Nous l'avons vu, — IL N'EN COUTERAIT PAS TROIS MILLIONS , et , dès-lors, incontestablement , ce projet est le meilleur de tous.....

Restauration de l'aqueduc romain , ce qui est aujourd'hui facile ;

A défaut , établissement, au Pont-du-Gard , de pompes mues par une chute d'eau ;

A défaut encore, puisement sur le même point, par l'action du feu ;

Tel est , en trois lignes , le résumé de mes travaux et de mes recherches de douze années.

CONCLUSION.

Qu'aurais-je maintenant besoin d'une conclusion développée ?

Il est des choses qui se sentent bien mieux qu'elles ne s'expriment ;

Il est des faits dont l'évidence frappe tous les esprits non prévenus.

Un large approvisionnement d'eau salubre étant pour toute population agglomérée une condition essentielle de son existence , on ne saurait y pourvoir convenablement par des procédés mesquins, par des constructions précaires , par des ressources aléatoires. Comme les villes ne meurent pas , elles doivent fonder les établissements nécessaires à leur existence dans des vues et des conditions de pérennité.

24

Nimes , la cité des œuvres romaines , des indestructibles monuments , doit forcément mettre les constructions de notre âge en harmonie avec celles des siècles passés.

Fils dégénérés, serions-nous les héritiers indignes de l'une des entreprises les plus utiles , les plus nobles de nos aïeux , de cet aqueduc de dix lieues qu'ils ont su créer , que nous n'avons qu'à rétablir ?

Enfin , croit-on que le gouvernement s'associerait volontiers , par une subvention considérable , à un projet d'ordre inférieur où l'on ne trouverait ni l'abondance des produits , ni la hardiesse de la conception , ni les garanties de la durée ?

Pense-t-on que , si l'aqueduc romain n'avait pas existé , — sans le prestige qui s'attache à sa magnifique arcature , connue et célèbre dans le monde entier , j'aurais pu m'enhardir à solliciter la protection du chef de l'Etat , à lui demander des secours pour notre ville , surtout s'il m'eût fallu péniblement exposer les détails de quelque projet obscur ou sans noblesse ?

Suppose-t-on qu'en dehors des idées de grandeur , d'utilité , de puissance ; qu'en dehors des témoignages retentissants de l'histoire , de la célébrité des constructions du Peuple roi , — de ces monuments au pied desquels , dans la ville éternelle , le prince Louis-Napoléon a si souvent médité , lorsqu'il était exilé et malheureux.....

Qu'en dehors de ces souvenirs , de ces inspirations , de ces sympathies , nous eussions été si promptement , si généreusement dotés des faveurs impériales ?....

J'ai tout dit maintenant , et je serai compris , je l'espère , bien que la fin de mon travail soit incomplète , que le malheur me force à la tronquer.

Je n'ai plus qu'à me dévouer au silence , désormais , en brisant la plume qui hier encore traçait sous mes doigts , avec ardeur , l'ouvrage auquel j'ai consacré les années viriles de mon existence , ces publications qui m'ont coûté tant de sacrifices et de labeurs, et pendant la durée desquelles le sort m'a cruellement ravi mon père, ma mère, ma fille unique et bien aimée !....

Aujourd'hui, triste, découragé, isolé dans ce monde, dominé par des devoirs nouveaux, je finis, en exprimant toutefois ce vœu de mon cœur et de ma raison :

Que Nîmes accomplisse enfin une entreprise digne de lui !.....

Digne du Prince qui le secourt et le protége !....

Anduze, le 1er juin 1853.

TABLE DES MATIÈRES.

TOME QUATRIÈME.

(1) Pour la table générale des onze livraisons in-8° et de la première livraison in-4°, voyez la fin de celle intitulée : *Restauration complète de l'aqueduc romain.*

QUATRIÈME ET DERNIÈRE LIVRAISON, intitulée : **De l'état actuel de la question des Eaux de Nimes, et des principes généraux d'approvisionnement pour les populations agglomérées.**

(1853, in-4° de 191 pages.)

Fin de la table des matières des quatorze livraisons de mon ouvrage sur LES EAUX DE NÎMES